北大社 "十三五"职业教育规划教材

高职高专土建专业"互联网+"创新规划教材

建筑构造与识图

主编◎孙 伟

副主编◎张美微 张 磊

主编◎孟祥彧 杨轶材 邓 娜

北京大学出版社

PEKING UNIVERSITY PRESS

内 容 简 介

本书精选了建筑工程典型实例，根据我国建筑业的最新标准和规范，图文并茂地讲解了民用建筑细部构造的最新动态和最新做法，着重对学生基本知识的传授和实用技能的培养。书中还通过现代技术，以"互联网+教材"的思路开发了 APP 客户端，应用 3ds Max和 BIM 等多种工具，对书中的平面图进行了三维模型的构建，对练习题进行了扩展，使读者对于"建筑构造与识图"的学习不仅仅局限于教材，还可得到更直观的认识和了解。

本书可作为高职高专技术学校、成人教育学院等的建筑工程类专业的教材和教学参考书，也可作为从事建筑施工的技术人员、管理人员、建筑工程监理及装饰等人员的学习用书或参考书。

图书在版编目(CIP)数据

建筑构造与识图/孙伟主编．—北京：北京大学出版社，2017.1
(高职高专土建专业"互联网+"创新规划教材)
ISBN 978-7-301-27838-3

Ⅰ．①建…　Ⅱ．①孙…　Ⅲ．①建筑结构—高等职业教育—教材②建筑制图—识图—高等职业教育—教材　Ⅳ．①TU22②TU204

中国版本图书馆 CIP 数据核字(2016)第 301673 号

书　　　　名	建筑构造与识图	
	JIANZHU GOUZAO YU SHITU	
著作责任者	孙　伟　主编	
策 划 编 辑	杨星璐	
责 任 编 辑	伍大维	
数 字 编 辑	孟　雅	
标 准 书 号	ISBN 978-7-301-27838-3	
出 版 发 行	北京大学出版社	
地　　　　址	北京市海淀区成府路 205 号　100871	
网　　　　址	http://www.pup.cn　新浪微博：@北京大学出版社	
电 子 信 箱	pup_6@163.com	
电　　　　话	邮购部 010-62752015　发行部 010-62750672　编辑部 010-62750667	
印 刷 者	北京市科星印刷有限责任公司	
经 销 者	新华书店	
	787 毫米×1092 毫米　16 开本　18.75 印张　438 千字	
	2017 年 1 月第 1 版　2020 年 3 月修订　2021 年 6 月第 11 次印刷	
定　　　　价	48.00 元	

本书为北京大学出版社"高职高专土建专业'互联网＋'创新规划教材"之一。本书依据国家最新相关标准、规范编写，主要涉及的新标准、规范有 GB/T 50002 — 2013《建筑模数协调标准》、GB 50016 — 2014《建筑设计防火规范》、GB/T 50037 — 2013《建筑地面设计规范》、GB/T 50345 — 2012《屋面工程技术规范》、GB 50763 — 2012《无障碍设计规范》、JGJ 155 — 2013《种植屋面工程技术规程》、GB/T 50378—2006《绿色建筑评价标准》等。

"建筑构造与识图"是建筑类专业的主要专业课，与生产实际有十分密切的联系。随着建筑技术的迅速发展，新材料、新工艺、新技术不断得到应用，与建筑、装饰工程相关的新标准、新规范、新技术也不断修订与更新。本书在编写过程中，在参考同类教材相似内容的基础上，力争反映我国当前在建筑构造方面的新技术、新材料、新工艺以及建筑设计的发展动态，同时增加了一些工程实例照片及工程实践中运用较多的与建筑装饰有关的新构造，如无障碍设计、飘窗构造、后浇带构造、屋面排烟风道构造、屋顶风井构造等；在工程识读图方面，以一套实际施工图纸的讲解来教学，学生可以边学习具体施工图识读，边练习一般识图方法。本书努力做到将内容与专业岗位的现实需求紧密结合，体现"学中练、练中做、做中学"相结合的项目化培养模式。

为了使学生更加直观地理解建筑细部构造，也为了方便教学讲解，我们还以"互联网+ 教材"的模式开发了与本书配套的 APP 客户端，读者可以扫描封二左下角的二维码进行下载。APP 客户端通过虚拟现实的手段，采用全息识别技术，应用 3ds Max 等多种工具，将书中的平面图转化成可 360°旋转的三维模型。除了虚拟现实的三维模型之外，本书的知识拓展内容也包含在 APP 中，读者可以进行自我测试和练习。本书重在激发学生勇于学习的热情，提高学生的学习兴趣，使学生们达到知识不断积累、能力层层递进的效果。

具体操作方法如下：读者在打开 APP 客户端之后，将摄像头对准标有""标志的图片，即可多角度地查看三维交互模型，所有可扫描的图侧切口均有彩色色块，便于读者查找。书中附有二维码的地方，可以通过手机的二维码扫描

【资源索引】

APP 或手机微信"扫一扫"功能进行扫描识别，查看对应知识点的拓展阅读资料及案例图片所对应的彩图。

本次修订增加了全书思维导图及各项目知识思维导图，更加直观形象地表达了本课程知识点之间的联系和学习重点，使本书的知识框架体系更加系统，有利于学生的学习和教师的教学设计。

本书共分 11 个项目，49 个任务，主要内容包括绪论，建筑平面、立面、剖面设计，基础与地下室构造，墙体构造，楼板层与地坪面构造，屋顶构造，楼梯与电梯构造，门窗构造，变形缝构造，建筑施工图识读与绿色建筑，每个项目后面有项目小结和练习题。本书还赠送"互联网+"资源包，包括"互联网+"PPT、"互联网+"学习包、"互联网+"知识拓展包等相关资源，供读者学习与参考。

本书由哈尔滨铁道职业技术学院孙伟主编，张美微、张磊副主编；孟祥彧、杨轶材、邓娜参编。具体分工如下：孙伟编写项目 4、项目 8 至项目 10，张美微编写项目 1 至项目 3；张磊编写项目 5 至项目 7；孟祥彧编写项目 11。黑龙江省轻工设计院高级工程师杨轶材、邓娜负责项目 10 中建筑施工图的绘制。本书在编写过程中得到了有关施工与设计单位技术人员的热情帮助，在此一并表示衷心的感谢。

限于编者水平，加上时间仓促，本书难免存在疏漏之处，恳请读者批评指正，在此谨表谢意。

编　者

2020 年 2 月

目 录

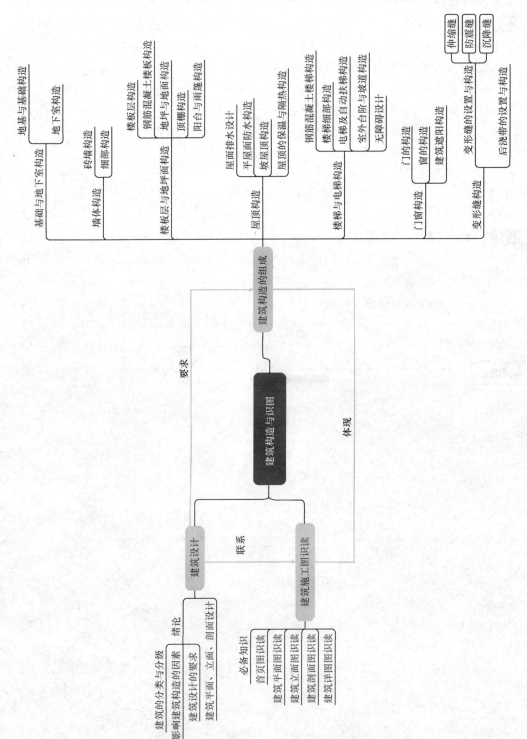

建筑构造与识图

建筑设计
必备知识
首页图识读
建筑平面图识读
建筑立面图识读
建筑剖面图识读
建筑详图图识读

建筑施工图识读

联系

体现

要求

建筑构造的组成

绪论
建筑的分类与分级
影响建筑构造的因素
建筑设计的要求
建筑平面、立面、剖面设计

基础与地下室构造
地基与基础构造
地下室构造

墙体构造
砖墙构造
细部构造

楼板层与地坪面构造
楼板层构造
钢筋混凝土楼板构造
地坪与地面构造
顶棚构造
阳台与雨篷构造

屋顶构造
屋面排水设计
平屋面防水构造
坡屋顶构造
屋顶的保温与隔热构造

楼梯与电梯构造
钢筋混凝土楼梯构造
楼梯细部构造
电梯及自动扶梯构造
室外台阶与坡道构造
无障碍设计

门窗构造
门的构造
窗的构造
建筑遮阳构造

变形缝构造
变形缝的设置与构造
伸缩缝
防震缝
沉降缝
后浇带的设置与构造

全书思维导图

项目 **1** 绪论

思维导图

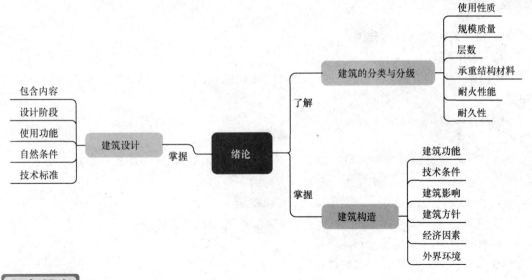

任务提出

我国建筑体系是以木结构为特色的独立的建筑艺术，在城市规划、建筑组群、单体建筑，以及材料、结构等方面的艺术处理均取得了辉煌的成就。传统建筑中的各种屋顶造型、飞檐翼角、斗拱彩画、朱柱金顶、内外装修门及园林景物等，充分体现出了中国建筑艺术的纯熟和感染力。七千年前，河姆渡文化中即有榫卯和企口做法；半坡村已有前堂后室之分；殷商时已出现高大宫室；西周时已使用砖瓦，并有四合院布局；春秋战国时期更有建筑图传世，京邑台榭宫室内外梁柱、斗拱上均作装饰，墙壁上饰以壁画；秦汉时期木构建筑日趋成熟，建筑宏伟壮观，装饰丰富，舒展优美，出现了阿房宫、未央宫等庞大的建筑组群；魏晋、南北朝时期佛寺、佛塔迅速发展，形式多样，屋脊出现了鸱吻饰件；隋唐时期建筑采用琉璃瓦，更是富丽堂皇，当时所建的南禅寺大殿、佛光寺大殿迄今犹存，举世瞩目；五代、两宋时期都市建筑兴盛，商业繁荣，豪华的酒楼、店铺各有飞阁栏槛，风格秀丽；明清时代的宫殿苑囿和私家园林保存至今者尚多，建筑亦较宋代华丽烦琐，威严自在。近现代中国建筑艺术则在继承优秀传统与吸收当今世界建筑艺术的长处的实践中，不断发展，有所创新。

自近代以来，西方多元的建筑文化汹涌而来，中华民族的传统建筑风格受到了强烈的冲击，可以说近代是中国建筑风格的转型时期。通过对西方建筑风格的克隆、变异与融合的过程，中国现代建筑将传统的木构架体系与西方的混凝土结构相融合，将儒家思想影响的院落布局与西方的独立别墅相融合，经过一个世纪的努力，已逐渐形成了自己的风格。

任务 1.1 建筑的分类与分级

1.1.1 建筑的分类

1. 按建筑的使用性质分类

1）民用建筑

民用建筑是指供人们工作、学习、生活、居住的建筑物。民用建筑根据建筑物的使用功能，又可以分为居住建筑和公共建筑两大类。

（1）居住建筑。居住建筑是指供人们生活起居用的建筑物，如住宅、别墅（图 1-1）、宿舍、公寓等。

（2）公共建筑。公共建筑是指供人们进行各种政治、经济、文化等社会活动的建筑物，其中包括：

① 行政办公建筑：机关、企事业单位的办公楼、写字楼等。

② 文教建筑：图书馆（图 1-2）、文化宫、学校（图 1-3）等。

③ 托幼建筑：托儿所、幼儿园等。

④ 科研建筑：科研楼、实验楼、设计楼等。

⑤ 医疗建筑：医院（图 1-4）、康复中心、急救中心、门诊部、疗养院等。

图 1-1　别墅

图 1-2　某职业技术学院图书馆

图1-3 某职业技术学院教学主楼　　　　　　　　**图1-4 某大型医院**

⑥ 商业建筑：商场（图1-5）、商店、餐厅、洗浴中心、美容中心等。

⑦ 观演建筑：电影院、剧院、音乐厅等。

⑧ 展览建筑：博物馆、展览馆等。

⑨ 体育建筑：体育馆、体育场、健身房、游泳馆等。

⑩ 旅馆建筑：旅馆、宾馆、招待所等。

⑪ 交通建筑：汽车站、火车站（图1-6）、地铁站、高铁站、机场等。

图1-5 某大型商场

图1-6 哈尔滨西客站

⑫ 广播通信建筑：电信楼、广播电视台、邮电局等。

⑬ 纪念性的建筑：纪念碑、纪念堂、陵园、故居等。

⑭ 园林建筑：公园、动物园、植物园、海洋馆、游乐场、旅游景点建筑等。

2）工业建筑

【生产性建筑分类】

工业建筑是供人们从事各类工业生产活动的各种建筑物、构筑物的总称。通常将这些生产用的建筑物称为工业厂房，也称厂房类建筑，如生产车间、变电站、锅炉房、仓库等。厂房类建筑又可以分为单层厂房和多层厂房两大类。

3）农业建筑

农业建筑是指供农（牧）业生产和加工用的建筑，如种子库、温室、畜禽饲养场、农副产品加工厂、粮食与饲料加工站、农机修理厂（站）等。

2. 按建筑规模与数量分类

（1）大量性建筑：是指建筑规模不大，与人们生活密切相关的分布面广的建筑。其具有数量多、相似性大的特点，如住宅、中小学教学楼、食堂、中小型医院、中小型影剧院等。

（2）大型性建筑：是指规模大、耗资多的建筑，具有数量少、单体面积大、个性强的特点，如大型体育馆、大型影剧院、航空港、博览馆等。与大量性建筑相比，其修建数量是很有限的，这类建筑在一个国家或一个地区具有代表性，对城市面貌的影响也较大。

3. 按建筑层数分类

（1）低层建筑：一般指 1～3 层的住宅建筑。

（2）多层建筑：一般指 4～6 层的住宅建筑。

（3）中高层建筑：一般指 7～9 层的住宅建筑。

（4）高层建筑：一般指 10 层及 10 层以上的住宅建筑。公共建筑及综合性建筑总高度超过 24m 的为高层建筑（不包括建筑高度超过 24m 的单层公共建筑）。

（5）超高层建筑：建筑物高度超过 100m 时，不论住宅或公共建筑均为超高层建筑，如纽约原世界贸易中心（图 1-7）。

图 1-7　纽约原世界贸易中心

4. 按主要承重结构材料分类

【木结构建筑】（1）木结构建筑（图 1-8）：指竖向承重结构和横向承重结构均采用木料的建筑，具有自重轻、构造简捷、施工方便等优点，但易腐蚀、易燃、易爆、耐久性差、大量使用会破坏森林资源，故较少采用。木结构建筑适用于盛产木材的地区或有特殊要求的建筑。

图 1-8　木结构房屋

（2）砌体结构建筑：由砖砌体建造而成。原材料来源广泛，易于就地取材和废物利用，能节约钢材、水泥和降低造价，施工较方便，并具有良好的耐火、耐久性和保温、隔热、隔声性能。其缺点是砌体强度低、自重大，砌筑工作繁重，砂浆与块材之间黏结力较弱，抗震性能也较差，占用农田多。砌体结构建筑适用于允许使用黏土实心砖的地区。

【著名的砖石结构建筑】

（3）混合结构建筑：指采用两种或两种以上材料作承重结构的建筑，如由砖墙、木楼板构成的砖木结构建筑，由砖墙、钢筋混凝土楼板构成的砖混结构建筑。其中砖混结构在大量性民用建筑中应用最广泛，多用于层数不多（6层以下）的民用建筑及小型工业厂房。

（4）钢筋混凝土结构建筑：是指建筑物的主要承重构件梁、柱、楼板、基础全部采用钢筋混凝土制作。梁、楼板、柱、基础组成一个承重的框架，因此也称框架结构，用于高层或大跨度房屋建筑中。其优点是整体性好，刚度大，耐久性、耐火性能较好；缺点是费工、费模板、施工期长。

【砖木结构、砖混结构、钢筋混凝土结构建筑】

（5）钢结构建筑：主要承重构件均用型钢制成，如鸟巢（图 1-9）。其具有强度高、重量轻、平面布局灵活、抗震性能好、施工速度快等优点。其缺点是耐火性差、要做防腐处理、造价高、国内缺少成熟的技术等。钢结构建筑适用于大跨度、大空间及高层建筑。

【钢结构建筑与钢-混凝土组合结构建筑】

图 1-9　鸟巢

建筑的分级

建筑物的等级，一般按耐久性和耐火性进行划分。

1. 按耐久性能分

建筑物的耐久等级，主要根据建筑物的重要性和规模大小划分，并以此作为基建投资和建筑设计的重要依据。

耐久等级的指标是使用年限，使用年限的长短是依据建筑物的性质决定的。影响建筑寿命长短的主要因素，是结构构件的选材和结构体系。

根据 GB 50352—2019《民用建筑设计统一标准》中第 3.2.1 条的规定，民用建筑的设计使用年限应符合表 1-1 的规定。

表 1-1　设计使用年限分类

建筑类别	设计使用年限/年	示　　例
1	5	临时性建筑
2	25	易于替换结构构件的建筑
3	50	普通建筑和构筑物
4	100	纪念性建筑和特别重要的建筑

2. 按耐火性能分

建筑物的耐火等级是衡量建筑物耐火程度的标准，它是由组成建筑物的构件的燃烧性能和耐火极限的最低值决定的。划分建筑物耐火等级的目的，在于根据建筑物的用途提出不同的耐火等级要求，做到既有利于安全又有利于节约基本建设投资。

根据 GB 50016—2014《建筑设计防火规范》中的规定，民用建筑的耐火等级可分为一、二、三、四级，见表 1-2。

表 1-2　不同耐火等级建筑相应构件的燃烧性能和耐火极限　　　　单位：h

构件名称		耐火等级			
		一级	二级	三级	四级
墙	防火墙	不燃烧体 3.00	不燃烧体 3.00	不燃烧体 3.00	不燃烧体 3.00
	承重墙	不燃烧体 3.00	不燃烧体 2.50	不燃烧体 2.00	难燃烧体 0.50
	非承重墙	不燃烧体 1.00	不燃烧体 1.00	不燃烧体 0.50	燃烧体
	楼梯间和前室的墙、电梯井的墙、住宅建筑单元之间的墙和分户墙	不燃烧体 2.00	不燃烧体 2.00	不燃烧体 1.50	难燃烧体 0.50
	疏散走道两侧的隔墙	不燃烧体 1.00	不燃烧体 1.00	不燃烧体 0.50	难燃烧体 0.25
	房间隔墙	不燃烧体 0.75	不燃烧体 0.50	难燃烧体 0.50	难燃烧体 0.25

（续）

构件名称	耐火等级			
	一级	二级	三级	四级
柱	不燃烧体 3.00	不燃烧体 2.50	不燃烧体 2.00	难燃烧体 0.50
梁	不燃烧体 2.00	不燃烧体 1.50	不燃烧体 1.00	难燃烧体 0.50
楼板	不燃烧体 1.50	不燃烧体 1.00	不燃烧体 0.50	燃烧体
屋顶承重构件	不燃烧体 1.50	不燃烧体 1.00	可燃烧体 0.50	燃烧体
疏散楼梯	不燃烧体 1.50	不燃烧体 1.00	不燃烧体 0.50	燃烧体
吊顶（包括吊顶格栅）	不燃烧体 0.25	难燃烧体 0.25	难燃烧体 0.15	燃烧体

注：除 GB 50016—2014《建筑设计防火规范》另有规定外，以木柱承重且以不燃烧材料作为墙体的建筑物，其耐火等级应按四级确定。

一级的耐火性能最好，四级最差。性能重要、规模宏大或者具有代表性的建筑，通常按耐火等级一、二级进行设计；大量性或一般性的建筑，按二、三级设计；次要或临时的建筑，按四级设计。

（1）建筑构件的燃烧性能，是指建筑构件受到火的作用以后参与燃烧的能力。它可分为如下三类。

① 不燃烧体：指用不燃烧材料做成的建筑构件，如天然石材、人工石材、金属材料等。

② 难燃烧体：指用难燃烧的材料做成的建筑构件，或虽用燃烧材料做成，但用不燃烧材料作为保护层的构件。难燃烧材料是指在空气中受到火烧或高温作用时难起火、微燃、难炭化，当火源移走后燃烧或微燃立即停止的材料，如沥青混凝土构件、木板条抹灰的构件（经过防火处理的木材）、用有机物填充的混凝土和水泥刨花板等。

③ 燃烧体：指用容易燃烧的材料做成的建筑构件。燃烧材料是指在空气中受到火烧或高温作用时立即起火或微燃，且火源移走后仍继续燃烧或微燃的材料，如木材、纸板、胶合板等。

（2）建筑构件的耐火极限：是指建筑构件按"时间-温度"标准曲线进行耐火试验，从受到火的作用时起，到失去支持能力或失去隔火作用时为止的这段时间，用小时（h）表示。

任务 1.2 建筑物的组成构件

一座建筑物主要由基础、墙或柱、楼板层、楼梯、屋顶及门窗等部分组成，如图 1-10 所示。这些构件处在不同的部位，发挥各自的作用。除上述基本组成部分外，还有阳台、雨篷、散水、勒脚等构配件设施。

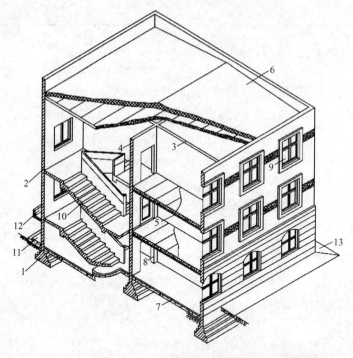

图1-10　建筑物的基本组成

1—基础；2—外墙；3—内横墙；4—内纵墙；5—楼板；6—屋顶；7—地坪；

8—门；9—窗；10—楼梯；11—台阶；12—雨篷；13—散水

1. 基础

基础是建筑物最下部的承重构件，承受着建筑物的全部荷载，并将这些荷载传给地基。

2. 墙

墙体是建筑中竖直方向的构件，是建筑物的重要组成部分，它的主要作用是承重、围护及分隔空间。墙作为承重构件，承受着建筑物由屋顶或楼板层传来的荷载，并将其传给基础；作为围护构件，外墙起着抵御自然界各种因素对室内的侵袭作用；作为分隔构件，内墙起着分隔空间、隔声、遮挡视线等作用。

3. 楼板层

楼板层是建筑中水平方向的承重构件。楼板层承受着人、家具设备及构件自身的荷载，并将其传递给墙或梁，同时对墙体起着水平支撑的作用。

4. 楼梯

楼梯是建筑的垂直交通设施，其作用是供人们上下楼层和紧急疏散。

5. 屋顶

屋顶是建筑物顶部的围护构件，抵抗风、雨、雪的侵袭和太阳辐射热的影响，又是承重构件，承受风、雪和自身的荷载，并将其传递给墙或梁、柱。

6. 门窗

门和窗均是非承重构件。门具有供人们通行和分隔房间的作用，窗主要用于采光和通风，并具有保温、隔声等功能。

任务 1.3 建筑的基本构成要素和建筑方针

1.3.1 建筑的基本构成要素

建筑是建筑物与构筑物的总称，是人们为了满足社会生活需要，利用所掌握的物质技术手段，并运用一定的科学规律、风水理念和美学法则等创造的人工环境。

【建筑的功能、技术、艺术及之间的关系】

凡是直接供人们在其内进行生产、生活或其他活动的房屋或场所，都称为建筑物，如住宅、学校等；不具备、不包含或不提供人类居住功能的人工建筑物，或人们一般不直接在其内进行活动的场所，则称为构筑物，如水塔、过滤池、烟囱等。

本书所指的建筑，主要是房屋建筑。尽管各类建筑物和构筑物有许多差别，但其共同点都是为满足人类社会活动的需要，利用物质技术条件，按照科学法则和审美要求等建造的相对稳定的人为空间。由此可以看出，无论建筑物还是构筑物，都由三个基本要素构成，即建筑功能、物质技术条件和建筑形象。

1. 建筑功能

建筑功能是人们建造房屋的目的，也是建筑在物质方面和精神方面必须满足的使用要求，如居住、饮食、娱乐、会议等各种活动对建筑的基本要求，是决定建筑形式的基本因素。建筑各房间的大小、相互间的联系方式等，都应该满足建筑的功能要求。

在古代社会，由于人类居住等活动分化不细，建筑功能的发展也并不十分成熟，如中国古代木构架大屋顶式建筑形式，几乎可适应当时所有的建筑功能，包括居住、办公等。

随着社会的不断发展和物质文化生活水平的提高，建筑功能也日益复杂化、多样化。不同类型的建筑有不同的使用要求，如交通建筑要求人流线路流畅，观演建筑要求有良好的视听环境等；同时，建筑必须满足人体尺度和人体活动所需的空间尺度要求，以及满足人的生理要求，如朝向、保温、隔热、隔声、防潮、防水、采光、通风、照明等。除此之外，还要考虑人们在各类型建筑中的使用特点。

2. 物质技术条件

建筑的物质条件和技术条件，是实现建筑设计和施工的条件和手段。物质基础包括建筑材料与制品、建筑设备和施工机具等；技术条件包括建筑设计理论、工程计算理论、建筑施工技术和管理理论等。其中建筑材料是物质基础，结构是构成建筑空间环境的骨架，建筑设备是保证建筑达到某种要求的技术条件，建筑施工技术是实现建筑生产的过程和方法。

工业革命后，建筑材料的大规模工业化生产，钢材、水泥、玻璃等的广泛应用，交通运输的发达，都是现代建筑产生和发展的物质生产因素。

现代科学的发展，建筑材料、施工机械、结构技术、防水技术的进步，使建筑不仅可以向高空、地下、海洋发展，而且为建筑艺术创作开辟了广阔的天地。纵观建筑发展进程，不难看出，每一个科技的进步，都将带来新的建筑科技革命。

3. 建筑形象

建筑形象常常通过建筑环境的布局，建筑群体的组合，建筑物的立面造型、平面布置、空间组织和内外装饰，以及建筑材料所表现的色彩、质感、肌理、光影等多方面的处理，形成一种综合性的艺术。良好的建筑形象，能给人以精神上的满足和享受。建筑形象不只是美观的问题，还应该反映时代的生产力水平、文化生活水平和社会精神面貌。成功的建筑应当表现出时代特征、民族特点、地方特征、文化色彩，并与周围的建筑和环境有机融合与协调，能经受住时间的考验。

上述三个基本构成要素中，满足功能要求是建筑的主要目的，是主导因素，它对物质技术条件和建筑形象起决定作用；物质技术条件是实现建筑功能的手段，它对建筑功能起制约或促进的作用；建筑形象则是建筑功能、物质技术条件及艺术内容的综合表现，在优秀的建筑作品中，这三者是辩证统一的关系。

1.3.2　建筑方针

早在两千多年前，维特鲁威在《建筑十书》中就提出了"实用、坚固、美观"的建筑方针，成为建筑经典思想，至今仍指导着建筑事业的发展。新中国成立初期，我国曾提出"适用、经济、在可能条件下注意美观"的建筑方针，该方针对我国的建筑发展具有重要意义。然而时至今日，我国的国情发生了巨大变化，随着人们的需求、社会的变革、科技的进步、经济的发展，新时代的建筑方针已成长为"适用、安全、经济、美观"，此方针是评价建筑创意设计和建设效益的基本准则。贯彻该建筑方针的思路，是要体现回归城市理想、历史责任，回归永恒价值、文化特征、科学精神，以及回归社会期待和生态环境的要求，以满足社会职能，真正服务和造福于社会民众。

任务 1.4　影响建筑构造的因素

1. 外界环境

1）外力作用

直接作用到建筑上的外力又称荷载，如结构自重、雪荷载、风荷载等。

荷载有不同的分类方法。按随时间的变化，分恒载（如结构自重）、活荷载（如人、家具、设备、雪荷载等）、特殊荷载（如地震、台风等）；按结构的反应，分静荷载和动荷载；按荷载作用方向，分垂直荷载（如结构自重）、水平荷载（如风荷载）。

荷载的大小和种类，对构件的尺寸和形状及建筑结构形式的选择有重大影响。

2）自然气候

自然气候的影响，是指日照、温度、湿度、降雨、降雪、冰冻、地下水等因素对建筑物造成的影响。对于这些影响，在进行房屋设计时，必须采取相应的防护措施，如防水、防潮、保温、隔热、防震、防温度变形等。

3）人为因素

人们从事的各种活动（如火灾、爆炸、噪声、机械振动、化学腐蚀等），都会影响建筑物的构造。因此，在进行建筑构造设计时，必须针对这些影响因素采取相应的防护措施（如防火、防爆、隔声、防振、防腐等），以防止建筑物遭受不应有的损失。

2. 建筑技术条件

建筑技术条件是指材料技术、结构技术、施工技术等。随着材料技术的日新月异、结构技术的不断发展、施工技术的代代进步，建筑构造也变得丰富多彩，如具有自然采光功能的中庭（图 1-11）、集现代感和装饰效果为一体的新型墙体——玻璃幕墙（图 1-12）。

图 1-11　某职业技术学院综合楼中庭

图 1-12　中央电视台总部大楼

3. 经济因素

随着经济的发展、人们生活水平的日益提高，人们对建筑的使用要求也越来越高，促使建筑标准也不断变化，如家用电器、高档装修、智能系统的普及，对建筑构造提出了新的要求。

任务 1.5　建筑设计的内容和依据

1.5.1　建筑设计的内容

在古代，建筑技术和社会分工比较单纯，建筑设计和建筑施工并没有很明确的界限，施工的组织者和指挥者往往也就是设计者。

在近代，建筑设计和建筑施工分离开来，各自成为专门学科。这在西方是从文艺复兴时期开始萌芽，到产业革命时期才逐渐成熟；在中国则是清代后期在外来的影响下逐步形成的。

随着社会的发展和科学技术的进步，建筑所包含的内容、所要解决的问题越来越复杂，涉及的相关学科越来越多，材料上、技术上的变化越来越迅速，建筑物往往要求在短时期内竣工并投入使用，客观上需要更为细致的社会分工，这就促使建筑设计逐渐形成专业，成为一门独立的分支学科。

广义的建筑设计是指设计一个建筑物或建筑群所要做的全部工作。由于科学技术的发展，在建筑上利用各种科学技术的成果越来越广泛深入，设计工作常涉及建筑学、结构学以及给水、排水、供暖、空气调节、电气、燃气、消防、自动化控制管理、建筑声学、建筑光学、建筑热工学、工程估算、园林绿化等方面的知识，需要各种科学技术人才的密切协作。

但通常所说的建筑设计，是指"建筑学"范围内的工作，它所要解决的问题，包括建筑物内部各种使用功能和使用空间的合理安排，建筑物与周围环境、各种外部条件的协调配合，内部和外表的艺术效果，各个细部的构造方式，建筑与结构、设备等相关技术的综合协调，以及如何以更少的材料、更少的劳动力、更少的投资、更少的时间来实现上述要求。

设计师在进行建筑设计时，面临的矛盾有：内容和形式之间的矛盾；需要和可能之间的矛盾；投资者、使用者、施工制作、城市规划等方面和设计之间，以及它们彼此之间由于对建筑物考虑角度不同而产生的矛盾；建筑物单体和群体之间、内部和外部之间的矛盾；各个技术工种之间在技术要求上的矛盾；建筑的适用、经济、坚固、美观这几个基本要素本身之间的矛盾；建筑物内部各种不同使用功能之间的矛盾；建筑物局部和整体、各局部之间的矛盾等。这些矛盾构成了非常错综复杂的局面。

所以建筑设计工作的核心，就是要寻找解决上述种种矛盾的最佳方案。通过长期的实践，建筑设计者创造、积累了一整套科学的方法和手段，可以用图纸、建筑模型或其他手段将设计意图确切地表达出来，充分暴露隐藏的矛盾，从而发现问题，同有关专业技术人员交换意见，使矛盾得到解决。此外，为了寻求最佳的设计方案，还需要提出多种方案进行比较。方案比较是建筑设计中常用的方法，从整体到每个细节，以及对待每个问题，设计者一般都要设想几个备选方案。

为了使建筑设计顺利进行，少走弯路，少出差错，取得良好的成果，在众多矛盾和问题中，先考虑什么，后考虑什么，大体上要有个程序。根据长期实践得到的经验，设计工作的着重点一般是从宏观到微观、从整体到局部、从大处到细节、从功能体型到具体构造步步深入的。

为此，设计工作的全过程分为几个阶段：搜集资料、确定初步方案、确定初步设计、绘制技术设计施工图和详图等，一步步循序渐进。这就是建筑设计的基本程序。

1.5.2　建筑设计的依据

1. 使用功能

1）人体尺度和人体活动所需的空间尺度

建筑物中家具、设备的尺寸，踏步、窗台的高度，门洞、走廊、楼梯的宽度和高度，以至各类房间的高度和面积大小，都和人体尺度以及人体活动所需的空间尺度直接或间接地相关，因此人体尺度和人体活动所需的空间尺度是确定建筑空间的基本依据之一。不同国家、不同地区的人体的平均尺度是不同的。据相关资料，我国成年男子和女子的平均高度分别为 1670mm 和 1560mm，如图 1-13 所示。

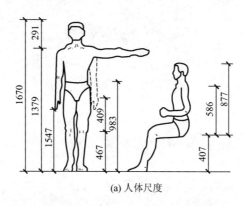

(a) 人体尺度

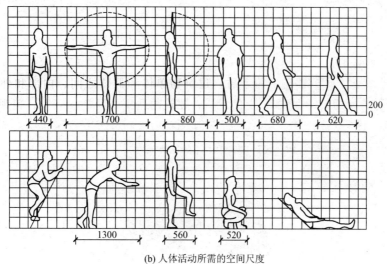

(b) 人体活动所需的空间尺度

图 1-13　人体尺度和人体活动所需的空间尺度（单位：mm）

2）家具、设备的尺寸和使用它们的必要空间

家具、设备的尺寸，以及人们在使用家具和设备时，在它们近旁必要的活动空间，是确定房间内部使用面积的重要依据，如图 1-14 所示。

家具是指人类维持正常生活、从事生产实践和开展社会活动必不可少的一类器具。它的主要功能是实用，应具有舒适、方便、安全、美观的属性，所以家具的设计应以人体工程学为依据，使其符合人体基本尺寸和从事各种活动范围所需的尺寸，如图 1-15 所示。

【人体工程学】

2. 自然条件

1）气候条件

建设地区的温度、湿度、日照、雨雪、风向、风速等是建筑设计的重要依据，对建筑设计有较大的影响。例如，南方炎热地区，建筑设计要考虑隔热、通风，建筑风格多

【风向频率玫瑰图】

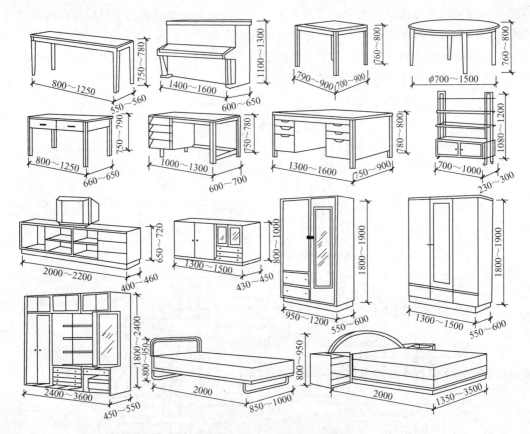

图 1-14　民用建筑中常用的家具尺寸（单位：mm）

图 1-15　人体工程学应用产品展示

以通透为主；北方寒冷地区则要考虑保温防寒，建筑风格趋向紧凑。日照与风向通常是确定房屋朝向和间距的主要因素。雨雪量的多少对建筑的屋顶形式与构造也有一定影响。

2）地形、地质及地震烈度

基地的平缓或起伏、地质构成、土壤特性和地基允许承载力的大小，对建筑物的平面组合、结构布置及建筑体型都有明显的影响。

地震对建筑的破坏作用很大，有的是毁灭性的（如唐山大地震），因此，为保证建筑的坚固性，建筑体型组合、细部设计等工作需要考虑抗震措施。

3）水文条件

水文条件是指地下水位的高低及地下水的性质，它们直接影响到建筑物基础的埋置深度和地下室的防潮防水构造。地下水中含有腐蚀性物质时，基础应采取防腐措施。

3. 技术和设计标准的要求

建筑设计应遵循国家制定的标准、规范、规程以及各地或各部门颁发的标准，如《暖通空调制图标准》《建筑照明设计标准》《建筑设计防火规范》《体育馆声学设计及测量规程》《民用建筑设计通则》等。

建筑工业化是指用现代工业的生产方式来建造房屋，它的内容包括建筑设计标准化、构件生产工厂化、施工机械化和管理科学化四个方面。为保证建筑设计标准化和构件生产工厂化，建筑物及其各组成的尺寸必须统一协调，为此我国制定了 GB/T 50002—2013《建筑模数协调标准》作为建筑设计的依据。

建筑模数是指建筑设计中选定的尺寸单位，作为尺度协调中的增值单位，它是建筑设计、建筑施工、建筑材料与制品、建筑设备、建筑组合件等各部门进行尺度协调的基础，其目的是使构配件安装相互吻合，并有互换性。

1）基本模数

基本模数是模数协调时选用的基本尺寸单位，数值规定为 100mm，其符号为 M，即 1M 等于 100mm。整个建筑物或其中一部分以及建筑组合件的模数化尺寸，均应是基本模数的倍数。基本模数主要用于门窗洞口、层高等。

2）扩大模数

扩大模数指基本模数的整倍数。其基数应符合下列规定。

（1）水平扩大模数为 2M、3M、6M、12M、15M、30M、60M，相应的尺寸分别为 200mm、300mm、600mm、1200mm、1500mm、3000mm、6000mm。

（2）竖向扩大模数的基数为 3M 与 6M，相应的尺寸为 300mm 和 600mm。

扩大模数主要用于建筑物的跨度（进深）、柱距（开间）、建筑物高度、层高及构配件尺寸等。

3）分模数

分模数的基数为（1/10）M、（1/5）M、（1/2）M，相应的尺寸为 10mm、20mm、50mm。分模数主要用于构造节点、构配件的断面尺寸等。

基本模数、扩大模数和分模数构成了一个完整的模数系列，称作模数制。除特殊情况外，建筑中所有的尺寸都必须符合模数数列的规定。

◀ 项目小结 ▶

建筑构件的燃烧性能是指建筑构件受到火的作用以后参与燃烧的能力。它分为不燃烧体、难燃烧体、燃烧体三类。

建筑的基本构成要素是建筑功能、物质技术条件和建筑形象，这三者是辩证统一的关系。

我国的建筑方针是"适用、安全、经济、美观"。

练习题

一、填空题

1. 我国的建筑方针是_____、_____、_____、_____。

2. 建筑的基本构成要素有_____、_____和建筑形象。

3. 7～9层为_____建筑。

4. 民用建筑根据其使用功能，可以分为_____和_____两大类。

5. 建筑物的耐火等级，主要取决于房屋主要构件的_____和_____。

6. 按照建筑设计防火规范，建筑物的耐火等级分_____级。

7. 民用建筑设计通则中，按照设计使用年限将民用建筑分为_____类。

8. 建筑物是由_____、_____、_____、_____和_____、_____等几部分组成的。

二、选择题

1. 建筑物最下面的部分是_____。

A. 首层地面　　　　　　　　B. 首层墙或柱

C. 基础　　　　　　　　　　D. 地基

2. 民用建筑包括居住建筑和公共建筑，下面属于居住建筑的是_____。

A. 幼儿园　　　　　　　　　B. 疗养院

C. 宿舍　　　　　　　　　　D. 旅馆

3. 建筑物的设计使用年限是50年，适用于_____。

A. 临时性结构　　　　　　　B. 易于替换的结构构件

C. 普通房屋和构筑物　　　　D. 纪念性建筑和特别重要的建筑结构

4. 下列建筑构件中，仅作为围护构件使用的是_____。

A. 墙　　　B. 门和窗　　　C. 基础　　　D. 楼板

5. 组成房屋各部分的构件，归纳起来有_____两方面作用。

A. 围护、通风采光　　　　　B. 承重、围护

C. 通行、围护　　　　　　　D. 承重、通风采光

【项目1　在线答题】

项目 2 建筑平面、立面、剖面设计

思维导图

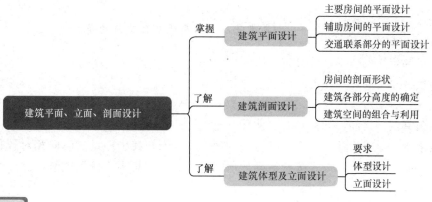

建筑平面、立面、剖面设计

掌握 —— 建筑平面设计
- 主要房间的平面设计
- 辅助房间的平面设计
- 交通联系部分的平面设计

了解 —— 建筑剖面设计
- 房间的剖面形状
- 建筑各部分高度的确定
- 建筑空间的组合与利用

了解 —— 建筑体型及立面设计
- 要求
- 体型设计
- 立面设计

任务提出

　　人的一生，绝大部分时间是在建筑中度过的，建筑就像是一个巨大的空心雕塑，不同于普通的雕塑艺术，人们可以进入建筑中来感受它给人们带来的各种不同的效果。因此，建筑设计成为建筑的主角。

　　建筑是为人服务的，人创造了建筑，建筑反过来又影响了人。这是建筑设计的主要目的和根本意义。

　　作为一名初学者，首先应把握基本原则，保证建筑设计的基本合理性，这是保证设计质量的基础。原则问题可以分为两类：一是职业规范及国家规范，二是以人为本的原则。

任务 2.1　建筑平面设计

各类民用建筑，从组成平面各部分面积的使用性质来分析，可归纳为使用部分、交通联系部分及建筑构件所占部分。

使用部分是指各类建筑物中的主要房间和辅助房间。主要房间是建筑的核心，根据其用途不同，形成了不同类型的建筑物，如学校的教室、住宅中的卧室等；辅助房间是为主要房间提供服务而设置的，如住宅中的厨房、卫生间等。

交通联系部分是联系建筑物中各房间之间、楼层之间、房间内外之间的通行面积，如走廊、楼梯、门厅等。

2.1.1　主要房间的平面设计

主要房间的平面设计应考虑以下方面的问题。

1. 房间的分类和设计要求

主要房间按功能要求，可分为：

（1）生活用房间，如住宅的卧室、宾馆的客房等；

（2）工作、学习用的房间，如学校的教室、实验室、办公室等；

（3）公共活动房间，如商场的营业厅、电影院的观众厅等。

一般来讲，对于生活、工作和学习用的房间，人们在其中停留的时间相对较长，要求安静，少干扰，朝向好；对于公共活动的房间，人流比较集中，使用频繁，因此必须考虑安全疏散的问题。

对主要房间的平面设计，主要包括以下要求：

（1）房间的面积、形状和尺寸要满足室内使用活动和家具、设备合理布置的要求；

（2）门窗的大小和位置，要考虑出入方便、疏散安全、采光通风良好的要求；

（3）房间的构成应使结构布置合理，施工方便，同时要利于房间之间的组合，所用材料要符合相应的建筑标准；

（4）地面、墙面等要考虑人们的审美要求。

2. 房间的面积

房间面积的大小，主要是由房间内部活动特点、使用人数、家具设备的尺寸和数量等因素决定的。

根据房间内部的使用特点，房间内部的面积可分为以下部分（图2-1）：

（1）家具设备所占的面积；

（2）人们在室内的使用活动面积（包括使用家具及设备时，近旁所需的面积）；

（3）房间内部的交通面积。

在设计工作中，房间面积的确定要依据我国有关部门及各地区制订的面积定额指标（表2-1），同时要结合房间的使用要求、家具设备的数量和尺寸、使用者的活动和交通面积等情况。

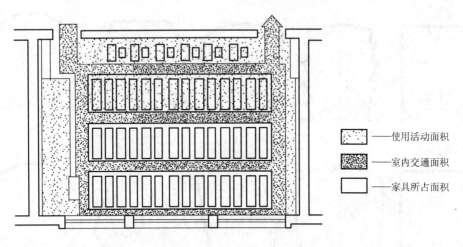

图 2-1 某中学教室平面图

表 2-1 部分民用建筑房间面积定额参考指标

项目 建筑类型	房间名称	面积定额/(m²·人)	备 注
中小学	普通教室	1~1.2	小学取下限
办公楼	一般办公室	3.5	不包括走道
	会议室	0.5	无会议桌
		2.3	有会议桌
铁路旅客站	普通候车室	1.1~1.3	
图书馆	普通阅览室	1.8~2.5	4~6座双面阅览桌

3. 房间的平面形状

民用建筑常用的房间平面形状，有矩形、圆形、方形、多边形等，在设计工作中，需考虑其功能要求、结构形式、施工技术和经济指标等多种因素。

对于房间数量较多、面积不大，同时需要多个房间上下、左右相互组合的建筑，房间的平面形状通常采用矩形平面，如卧室、宿舍、办公室等。大部分民用建筑房间采用矩形平面的原因是：

【普通建筑房间的平面形状常采用矩形】

（1）矩形平面形状简洁，便于家具布置和设备安排，能充分利用室内有效面积，有较大的灵活性；

（2）房间的开间和进深易于协调统一，有利于建筑平面和空间的组合；

（3）结构布置简单，便于施工。

对于建筑物中功能要求特殊、面积很大的房间，又不需要相同的多个房间进行组合的，此类房间平面可采用多种形状，其平面形状首先应满足该类建筑的特殊功能及视听要求，如杂技场、体育馆比赛大厅、影剧院的观众厅（图2-2）等。

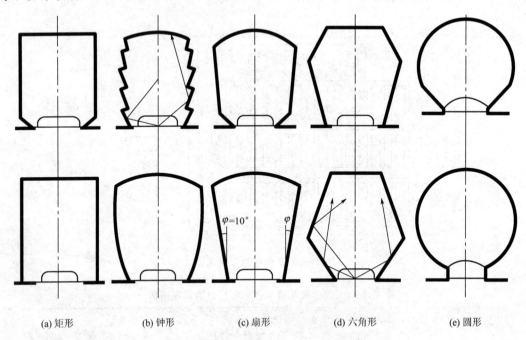

(a) 矩形　　　(b) 钟形　　　(c) 扇形　　　(d) 六角形　　　(e) 圆形

图2-2　观众厅的平面形状

4. 房间的尺寸

在民用建筑中，对于常用的矩形平面来说，房间的平面尺寸一般不用长和宽表示，而用开间和进深表示。开间也称面宽，是指房间在建筑外立面上所占的宽度，垂直于开间的房间深度尺寸则称为进深。开间和进深的尺寸并不是指房间的净宽、净深尺寸，而是指房间的轴线尺寸（图2-3）。

确定房间的平面尺寸，应考虑以下内容。

（1）满足家具设备的布置需求，同时保证活动空间的要求。家具和设备的尺寸、数量及布置方式对房间的平面尺寸有着直接的影响，如医院病房主要是满足病床布置及医护活动的要求，3～4人的病房开间尺寸通常取3.30～3.60m，6～8人的病房开间尺寸通常取5.70～6.00m，如图2-4所示。

（2）有的房间如教室、礼堂、观众厅等的平面尺寸，除满足家具布置及人们活动要求外，还应保证良好的视听条件。

（3）要满足采光要求。

（4）应具有经济合理的结构布置。

（5）符合建筑模数协调统一标准的要求。

5. 房间门窗的设置

门的主要作用是联系和分隔室内外空间、通风、采光等，在设计中，主要应解决门的宽度、数量、位置及开启方式等问题。窗的主要作用是采光、通风、观望等，窗的大小、数量、形状及位置都直接影响采光、通风及建筑的立面造型。

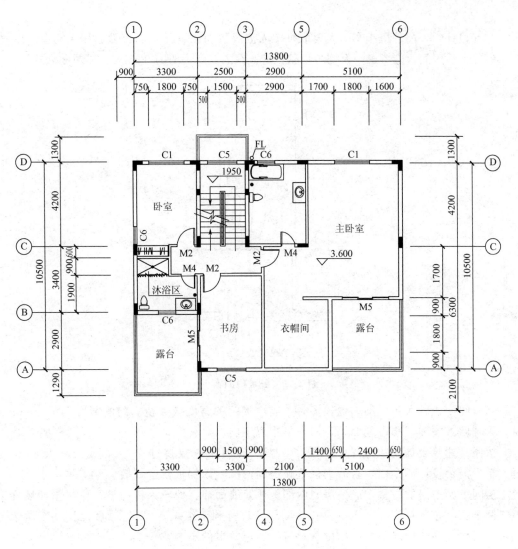

图 2 - 3　开间和进深（单位：mm）

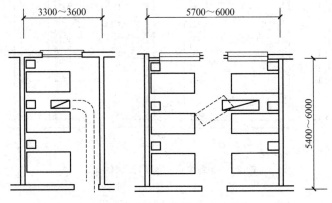

图 2 - 4　病房的开间和进深尺寸（单位：mm）

1）门

平面设计中，门的最小宽度主要取决于人流股数和家具设备的尺寸。如住宅中的卧室、起居室等生活房间，应考虑一人携带物品通行，门的宽度一般为 900mm，如图 2-5 所示。

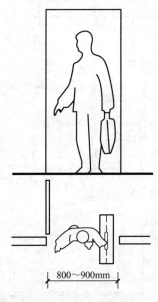

| 800～900mm |

图 2-5　卧室门的宽度

当房间面积较大、活动人数较多时，应增加门的宽度或数量。门的宽度大于 1000mm 时，为开启方便和减小占地面积，通常采用双扇门。

按照《建筑设计防火规范》的要求，当房间使用人数超过 50 人，或面积大于 60m² 时，至少需要设计两个门，且分别设置在房间两端，以保证安全疏散。

房间平面中门的位置，应使房间内部交通路线简捷，便于人流疏散；应尽量使墙面完整，便于家具布置且充分利用室内有效面积；应有利于组织室内穿堂风。图 2-6 所示为在房间面积相同的情况下，门的位置对房间使用效果的影响。

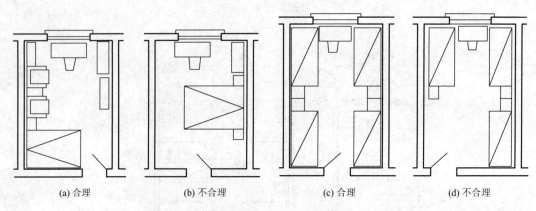

(a) 合理　　　(b) 不合理　　　(c) 合理　　　(d) 不合理

图 2-6　卧室、宿舍门位置的比较

2）窗

房间中窗的大小和位置，主要根据室内采光、通风、房间的使用要求及面积等因素来考虑。采光方面，窗的大小直接影响到室内照度是否足够，窗的位置关系到室内照度是否均匀。各类房间照度要求，是由室内使用上精确细密的程度来确定的。由于影响室内照度强弱的因素主要是窗户面积的大小，因此，通常以窗口透光部分的面积和房间地面面积之比（即采光面积比），来初步确定或校验窗面积的大小，见表2-2。

表2-2 民用建筑中房间使用性质的采光分级和采光面积比

采光等级	视觉工作特征		房间名称	天然照度系数	采光面积比
	工作或活动要求精确程度	要求识别的最小尺寸/mm			
I	极精密	<0.2	绘画室、制图室、画廊、手术室	5～7	1/5～1/3
II	精密	0.2～1	阅览室、医务室、健身房、专业实验室	3～5	1/6～1/4
III	中等精密	1～10	办公室、会议室、营业厅	2～3	1/8～1/6
IV	粗糙	1～10	观众厅、休息厅、盥洗室、厕所	1～2	1/10～1/8
V	极粗糙		储藏室、门厅、走廊、楼梯间	0.25～1	1/10以下

窗在平面中的位置，直接影响到房间沿外墙（开间）方向来的照度是否均匀、有无暗角和眩光。如果房间的进深较大，同样面积的矩形窗户竖向设置，可使房间进深方向的照度比较均匀。中小学教室在一侧采光的条件下，窗户应位于学生左侧；窗间墙的宽度从照度均匀考虑，一般不宜过大（具体窗间墙尺寸的确定需要综合考虑房屋结构或抗震要求等因素）；同时，窗户和挂黑板墙面之间的距离要适当，这段距离太小会使黑板上产生眩光，距离太大又会形成暗角，如图2-7所示。

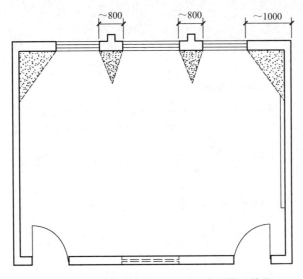

图2-7 一侧采光的教室中窗在平面中的位置（单位：mm）

建筑物室内的自然通风，除了和建筑朝向、间距、平面布局等因素有关外，房间中窗的位置对室内通风效果的影响也很重要，通常利用门窗之间或房间两侧相对应的窗户来组织穿堂风，门窗的相对位置采用对面通直布置时，室内气流通畅，同时要尽可能使穿堂风通过室内使用活动部分的空间，如图 2-8 所示。

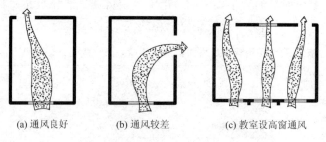

(a) 通风良好　　　　(b) 通风较差　　　　(c) 教室设高窗通风

图 2-8　窗的位置图

2.1.2　辅助房间的平面设计

辅助房间是为主要房间提供服务的，如厕所、浴室、厨房、配电间等。此类房间的平面设计和主要房间基本相同，但由于房间内大都有管道和设备，因此其布置会受到影响。

在建筑平面中，辅助房间虽然属于次要地位，但却是不可缺少的部分，若处理不好，会影响建筑的使用。因此，辅助房间的设计应处理好以下问题：在保证正常使用的前提下，将其安排在较差的位置，如北面；与主要房间联系方便，如公共建筑的卫生间应既隐蔽又方便；尽量减少噪声或不良气味对主要房间的影响；合理控制辅助房间的建筑标准，如面积、高度、装修等。

1. 卫生间

卫生间是建筑中最常见的辅助房间，主要分为住宅用卫生间和公共建筑的卫生间两大类。

卫生洁具有大便器、小便器、洗手盆、污水池等。卫生设备的数量主要取决于使用对象、使用人数及使用特点。一般民用建筑每个卫生洁具可供使用的人数，参考表 2-3。具体设计时，需结合调查研究确定其数量。

表 2-3　部分民用建筑厕所设备数量参考指标

建筑类型	男小便器 /(人/个)	男大便器 /(人/个)	女大便器 /(人/个)	洗水盆或水龙头 /(人/个)	男女比例	备　　注
旅馆	20	20	12			男女比例按设计要求
宿舍	20	20	15	15		男女比例按实际使用要求
中小学	40	40	25	100	1：1	小学数量应稍多
火车站	80	80	50	150	2：1	

(续)

建筑类型	男小便器 /(人/个)	男大便器 /(人/个)	女大便器 /(人/个)	洗水盆或水龙头 /(人/个)	男女比例	备　注
办公楼	50	50	30	50～80	3：1～5：1	
影剧院	35	75	50	140	2：1～3：1	
门诊部	50	100	50	150	1：1	总人数按全日门诊人次计算
幼托		5～10	2～5	1：1		

注：一个小便器折合 0.6m 长小便槽。

2. 厨房

厨房的主要功能是炊事，有时兼有进餐、洗涤等功能。通常根据厨房的操作程序布置台板、水池、炉具等设备。厨房的布置形式有单排、双排、L 形、U 形等，如图 2 - 9 所示。

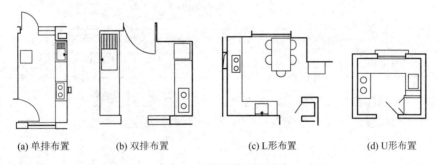

(a) 单排布置　　　　(b) 双排布置　　　　　　(c) L 形布置　　　　　(d) U 形布置

图 2 - 9　厨房布置形式

厨房设计应满足以下要求：

（1）应按操作流程布置，并保证必要的使用空间；

（2）充分利用厨房的空间布置储藏设施，如吊柜等；

（3）家具设备的布置及尺度要符合人体工程学的要求，以便于操作；

（4）有良好的自然采光和通风条件；

（5）墙面、地面应考虑防水，便于清洁。

2.1.3　交通联系部分的平面设计

一幢建筑物除了有满足使用要求的各房间外，还需要有交通联系部分把各房间以及室内外之间联系起来。建筑内部的交通联系部分，包括水平交通联系部分（如走廊）、垂直交通联系部分（如楼梯、坡道、电梯）及交通枢纽部分（如门厅、过厅）。

交通联系部分设计的主要要求是：交通路线简捷明确，通行方便；人流通畅，便于疏散；满足一定的采光通风要求；力求节省交通面积，同时考虑空间处理等造型问题。

1. 过道（走廊）

过道（走廊）连接各房间、楼梯和门厅等部分，以解决房屋中水平联系和疏散的问题。

过道的宽度应符合人流通畅和建筑防火要求，通常单股人流的通行宽度为550～600mm。在通行人数少的住宅中，考虑两人相对通过和搬运家具的需要，过道的最小宽度宜为1100～1200mm。在通行人数较多的公共建筑中，按各类建筑的使用特点、平面组合要求、通行人流股数，同时结合调查结果，确定其宽度。设计过道的宽度时，还应根据建筑物的耐火等级、建筑层数和通行人数的多少，进行防火要求最小宽度的校核，见表2-4。

表2-4 每层的房间疏散门、安全出口、疏散走道和疏散
楼梯的每百人最小疏散净宽度　　　　　　　单位：m/百人

建筑层数		建筑的耐火等级		
		一、二级	三级	四级
地上楼层	1～2层	0.65	0.75	1.00
	3层	0.75	1.00	—
	≥4层	1.00	1.25	—
地下楼层	与地面出入口的高差 $\Delta H \leq 10$m	0.75	—	—
	与地面出入口的高差 $\Delta H > 10$m	1.00	—	—

根据不同建筑类型的使用特点，兼有其他使用功能的过道宽度应适当增大，如教学楼的过道兼有课间休息的功能，医院门诊的走廊兼有候诊的功能（图2-10）。

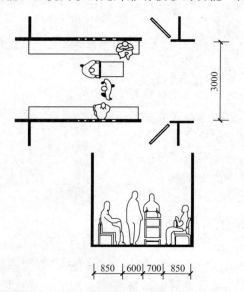

图2-10 兼有候诊功能的医院走廊宽度（单位：mm）

公共建筑中，直通疏散走道的房间疏散门至最近安全出口的直线距离不应大于表2-5的规定。

表 2-5 直通疏散走道的房间疏散门至最近安全出口的直线距离   单位：m

名　　称			位于两个安全出口之间的疏散门			位于袋形走道两侧或尽端的疏散门		
			耐火等级			耐火等级		
			一、二级	三级	四级	一、二级	三级	四级
托儿所、幼儿园、老年人建筑			25	20	15	20	15	10
歌舞娱乐放映游艺场所			25	20	15	9	—	—
医疗建筑	单、多层		35	30	25	20	15	10
	高层	病房部分	24	—	—	12	—	—
		其他部分	30	—	—	15	—	—
教学建筑	单、多层		35	30	25	22	20	10
	高层		30	—	—	15	—	—
高层旅馆、展览建筑			30	—	—	15	—	—
其他建筑	单、多层		40	35	25	22	20	15
	高层		40	—	—	20	—	—

注：1. 建筑内开向敞开式外廊的房间疏散门至最近安全出口的直线距离可以按本表的规定增加 5m。

2. 直通疏散走道的房间疏散门至最近敞开楼梯间的直线距离，当房间位于两个楼梯间之间时，应按本表的规定减少 5m；当房间位于袋形走道两侧或尽端时，应按本表的规定减少 2m。

3. 建筑物内全部设置自动喷水灭火系统时，其安全疏散距离可按本表规定增加 25%。

走廊一般应具备天然采光和自然通风条件。两侧布置房间的走廊，当走廊一端设有采光口时，其长度不应超过 20m；当走廊两端均有采光口时，其长度不应超过 40m。如果满足不了上述要求，应在走廊中段适当部位增设采光口或用人工照明补充。开敞楼梯间、走廊两侧的高窗、门的亮子均可视为增设的采光口。

2. 楼梯

楼梯是建筑中连接各层的垂直交通设施，是人流疏散的必经之路。楼梯设计主要根据使用要求和人流通行情况，确定梯段和休息平台的宽度、选择适当的楼梯形式、考虑楼梯的数量及楼梯间的平面位置和空间组合。

1）楼梯的形式

楼梯形式的选择，主要以房间的使用要求为依据。两跑楼梯由于面积紧凑、使用方便，是民用建筑中常用的楼梯形式。当建筑物的层高较高，或利用楼梯间顶部天窗采光时，常采用三跑楼梯。一些旅馆、会场、剧院等公共建筑，经常把楼梯和门厅、休息厅等结合设置，此时，楼梯可根据室内空间组合的要求采用比较多样的形式，如图书馆门厅中比较庄重的直跑大平台楼梯［图 2-11(a)］、酒店门厅中比较轻快的弧形楼梯［图 2-11(b)］。

2）楼梯的宽度、位置和数量

楼梯的宽度，是根据通行人数的多少和建筑防火要求决定的。所有梯段宽度的尺寸，都要按防火要求的最小宽度进行校核，其具体尺寸与对过道的要求相同（表 2-4）。楼梯

(a) 某职业技术学院图书馆门厅楼梯　　　　　　　　　(b) 某酒店门厅楼梯

图 2-11　不同形式的楼梯

平台的宽度，除考虑人流通行外，还要考虑搬运家具的方便，因此，其宽度不应小于梯段宽。

　　楼梯在建筑平面中的数量和位置是设计中的关键问题，关系到交通路线是否顺畅安全、建筑面积的利用是否经济合理。该数量主要根据楼层人数多少和建筑防火要求来确定。

　　楼梯位置应与出入口关系紧密、连接方便且位置明显，当建筑中设有多部楼梯时，应主次分明，其分布应符合人流通行要求。由于人们只是短暂地经过，因此，楼梯间可布置在朝向较差的一面，但应有自然采光和通风。

　　建筑物垂直交通设施除楼梯外，还有坡道、电梯和自动扶梯等。坡道通常用于人流大量集中的公共建筑，如大型体育馆的部分疏散通道，可采用坡道解决垂直交通联系，如图 2-12 所示；电梯通常用在多层或高层建筑中，如有特殊使用要求的住院处；自动扶梯常用于使用频繁且人流连续的商场、火车站等，如图 2-13 所示。

图 2-12　北京航空航天大学体育馆残疾人坡道　　　　图 2-13　某职业学院食堂扶梯

3. 门厅

门厅作为建筑物内部的交通枢纽，主要是接纳、分配人流，衔接水平和垂直方向的交通以及室内外空间的过渡。由于各建筑物使用性质不同，门厅还兼有其他功能，如医院门厅常设挂号、收费等房间，酒店门厅兼有登记、会客、休息等功能（图2-14），有的门厅还兼有展览、陈列的作用。除此之外，门厅作为建筑物的主要出入口，不同的空间形式有不同的特点，带给人的感受也不同。严谨规整、对称的空间，给人以平静、庄严之感，而不规则的空间则给人以自然、随意之感。因此，门厅是建筑设计重点处理的内容。

图2-14 兼有登记、会客、休息功能的酒店门厅

对于门厅的设计，应考虑以下内容。

（1）面积。门厅的面积应根据建筑的使用性质、规模和质量标准等因素来确定，设计时可参考有关面积定额指标（表2-6），同时要考虑经济条件和美观等要求。

表2-6 部分民用建筑门厅面积参考指标

建 筑 名 称	面 积 定 额	备 注
中小学校	$0.06\sim0.08\text{m}^2$/每生	
食堂	$0.08\sim0.18\text{m}^2$/每座	包括洗手池、小卖部
城市综合医院	11m^2/每日百人次	包括衣帽间和询问处
旅馆	$0.2\sim0.5\text{m}^2$/床	
电影院	0.13m^2/每个观众	

（2）布局。门厅的布局可分为对称式和不对称式两种。

对称式布局有明显的轴线，门厅布置在中轴线上（图2-15），主导方向明确，给人庄重、严肃之感，适用于办公楼、图书馆等建筑。不对称式布局没有明显轴线，门厅布置灵活自由，给人以活泼、新奇的感觉，常用于医院、旅馆等建筑中。

【门厅】

图 2 – 15 对称式大厅

（3）设计要求：

① 位置应明显突出；

② 导向明确，交通路线简捷通畅，减少相互交叉和干扰；

③ 良好的采光、通风条件；

④ 重视门厅内的空间组合和建筑造型要求；

⑤ 注意防雨、防寒等要求；

⑥ 按防火规范的要求，门厅对外出口的宽度不得小于通向该门厅的过道、楼梯宽度的总和，人流较集中的公共建筑，门厅对外出入口的宽度，一般按每百人 0.6m 计算。

2.1.4 建筑平面组合设计

平面组合设计就是根据功能要求，同时考虑建筑结构、设备、经济和美观等因素，并结合基地环境，将使用部分和交通部分有机联系起来，使之成为使用方便、结构合理、体型简洁、构图完整、造价经济的建筑。

平面组合设计的影响因素主要有使用功能、结构形式、设备管线、建筑造型、基地环境等，必须综合考虑以上因素，方能设计出合理的平面图。

1. 建筑平面的功能分析

平面组合设计的核心是建筑的使用功能，主要体现在功能分区和交通流线两方面。

（1）功能分区合理。建筑功能分区是将建筑各房间按其功能不同进行分类，并根据它们的联系程度不同进行划分，使其分区明确，且联系方便。

在平面组合中，由于房间的功能要求不同，各房间的组合关系有以下几种。

① 主次关系。各房间按使用性质和重要性不同，必然存在主次之分。在平面组合时，应分清主次，合理安排其位置。对于主要房间，应布置在朝向较好的位置，并有良好的采光、通风条件；次要房间可布置在朝向、采光、通风等条件较差的位置。

② 内外关系。建筑中各房间，有的对外联系密切，直接为公众服务，应布置在靠近

【各房间的主次关系】

入口、位置明显且出入方便的地方；有的对内联系密切，供内部使用，应布置在靠内的比较隐蔽的部位，避开主要人流路线。

③ 联系与分隔。建筑中各房间，根据其使用性质和联系程度不同，分为如下几种：联系密切、间接联系、明确分隔、既联系又相对分隔。平面组合设计时，要正确处理好它们的关系，以确定各房间的适当位置。

（2）流线组织明确。民用建筑交通流线，分为人流、货流两类。交通流线的组织直接影响平面的布局，因此，应做到流线简捷通畅，不迂回逆行，尽量避免交叉干扰。

2. 建筑平面组合的形式

各类建筑由于使用功能不同，各房间的相互关系也不同，平面组合就是以房间的功能特点和交通流线的组织为依据，将各房间组合起来。常见的组合形式有以下几种。

1）走廊式组合

走廊式组合是通过走廊联系各房间，其特点是使用空间和交通联系部分明确分开，各房间不被穿越，相对独立，通过走廊相互联系，可较好地满足各房间单独使用的要求，如图 2-16 所示。这种组合方式，适用于单个房间面积较小、相同功能房间较多、房间之间的活动相对独立的建筑，如办公楼、学校、旅馆、宿舍等。

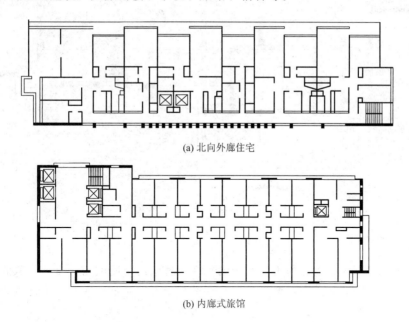

(a) 北向外廊住宅

(b) 内廊式旅馆

图 2-16 走廊式组合

按房间与走廊的位置关系不同，走廊式组合可分为以下两种。

（1）内廊式。沿走廊两侧布置房间的组合方式，其特点是平面紧凑，走廊所占面积较小，房屋进深较大，节省用地，但有一侧房间朝向较差，当走廊较长时，采光、通风也较差，需要开设高窗或设置过厅以改善采光、通风条件。

（2）外廊式。沿走廊一侧布置房间的组合方式，其特点是房间朝向、采光和通风都比内廊式好，但房屋的进深较小，辅助交通面积增大，故占地较多，造价相应增加。敞开的外廊，适合于炎热地区；封闭的外廊，造价较高，适用于疗养院、医院等医疗建筑。

2）套间式组合

套间式组合是将各使用房间相互串联贯通，以保证各使用部分的连续性。其特点是交通面积和使用面积结合设计，平面布置紧凑，面积利用率高，房间相互联系方便，但房间使用的灵活性、独立性受到限制。套间式组合适用于房间的使用顺序性、连续性较强的建筑，如博物馆、展览馆、商场等，如图 2 - 17 所示。

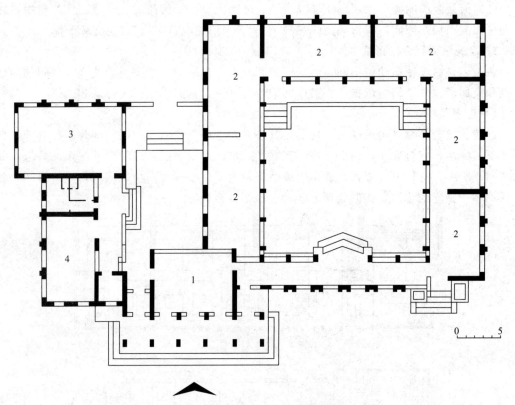

图 2 - 17 套间式平面组合展览馆
1—大厅；2—展览馆；3—大接待室；4—小接待室

3）大厅式组合

大厅式组合是以主体大厅为中心，周围穿插布置辅助房间的组合方式。其特点是主体房间面积大、层高大、使用人数多，辅助房间面积小、层高低、布置在大厅周围，且与主要房间联系紧密。大厅式组合适用于影剧院、体育馆、会场等。

4）单元式组合

单元式组合是将性质相同、关系密切的房间组合成相对独立的整体，称为单元，将各单元在水平或垂直方向重复组合为一幢建筑。其特点是平面布置紧凑、功能分区明确、布局整齐、外形统一、单元之间相对独立，广泛应用于住宅、幼儿园、学校等建筑中，如图 2 - 18 和图 2 - 19 所示。

5）混合式组合

混合式组合是指采用两种或两种以上的组合方式将各房间连接起来，适用于功能复杂的建筑，如图书馆、文化宫、俱乐部等。

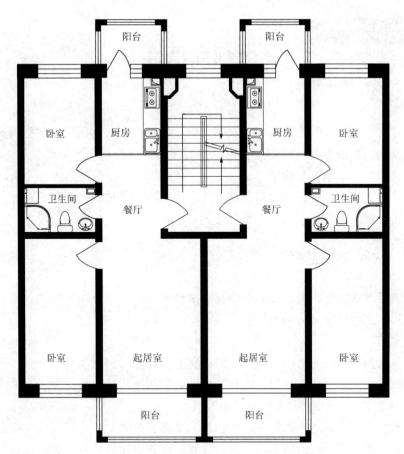

图 2 – 18 采用单元式组合的住宅平面

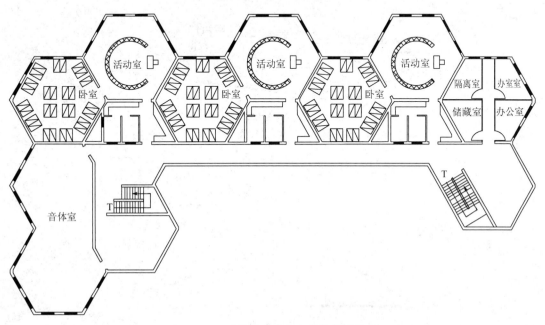

图 2 – 19 采用单元式组合的幼儿园平面

任务 2.2 建筑剖面设计

平面设计着重解决建筑内部空间在水平方向上的问题，而剖面设计主要研究房屋各部分的高度以及它们在垂直方向上的组合关系。剖面设计是在平面设计的基础之上进行的，不同的剖面关系又会影响到平面的组合。

剖面设计的主要内容包括房间的剖面形状、建筑各部分的高度、建筑层数、建筑空间的组合及利用、建筑的结构和构造关系等。

2.2.1 房间的剖面形状

房间的剖面形状主要根据使用要求和特点来确定，同时结合物质技术、经济条件及艺术要求。房间的剖面形状分为两类。

1. 矩形剖面

矩形剖面适用于使用人数少、面积小的房间。其特点是剖面简单、规整、便于竖向空间组合，同时结构简单、施工方便，因此被大多数房间采用。

2. 非矩形剖面

非矩形剖面常用于使用人数较多、面积较大且有视听等要求的房间，如影剧院的观众厅、体育馆的比赛大厅、教学楼中的阶梯教室等。此种剖面设计时，为保证良好的视觉条件，需要将座位逐排升高，使室内地面按一定坡度升起，如图 2-20 所示。

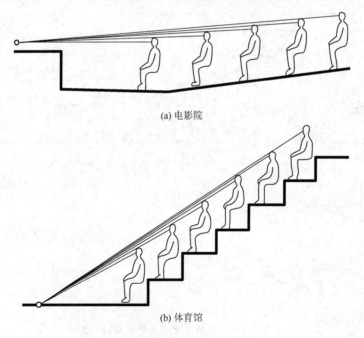

(a) 电影院

(b) 体育馆

图 2-20 设计视点与地面坡度的关系

有音质要求的房间，为保证室内声场分布均匀，防止出现空白区、回声等现象，大厅顶棚尽量避免采用凹曲面和拱顶，如图 2-21 所示。

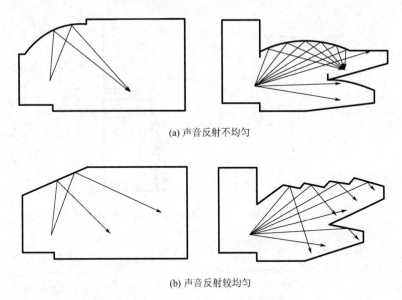

(a) 声音反射不均匀

(b) 声音反射较均匀

图 2-21　剖面形状和音质的关系

2.2.2　建筑各部分高度的确定

1. 房间的净高、层高

净高是指室内楼地面到顶棚底面或其他构件（如梁）底面之间的距离，层高是指该层楼地面到上一层楼面之间的距离，如图 2-22 所示。

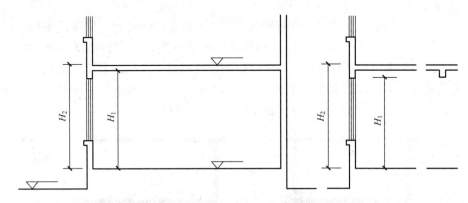

图 2-22　房间的净高（H_1）与层高（H_2）

高度是否恰当，直接影响房间的使用和空间效果。由于各房间的使用要求不同、面积不同，对高度的要求也不同。确定房间高度时应考虑以下要求。

1）人体活动及家具设备的要求

房间高度与人体高度有关，一般来讲，室内净高以人手不触到顶棚为宜，故其净高不宜低于 2.2m（图 2-23）；家具设备及人们使用家具设备的必要空间，都直接影响房间的高度，例如当宿舍布置双层床时，净高应为 3.0~3.3m（图 2-24）；医院手术室净高应考虑手术台、无影灯及手术操作所必要的空间，其净高不应小于 3.0m（图 2-25）。

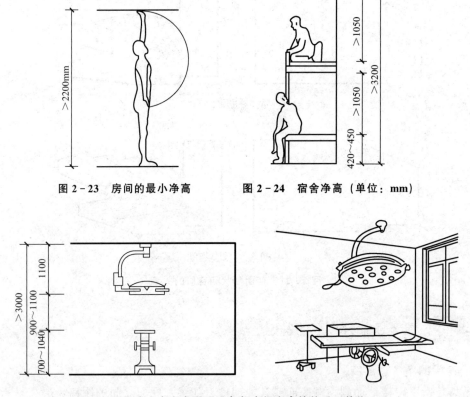

图 2-23 房间的最小净高　　　图 2-24 宿舍净高（单位：mm）

图 2-25 医院手术室中照明设备与房间净高的关系（单位：mm）

2）采光、通风要求

房间高度应有利于天然采光和自然通风。室内天然光线的强弱和照度是否均匀，与窗的位置、高度、宽度有关。房间里光线的照射深度，主要靠窗户的高度来解决，进深越大，要求窗户上沿的位置越高，房间的净高也会相应增加。当房间采用单侧采光时，窗口上沿离地的高度应大于房间进深长度的一半 [图 2-26(a)]；当房间采用双侧采光时，窗口上沿离地的高度应大于房间进深长度的 1/4 [图 2-26(b)]。

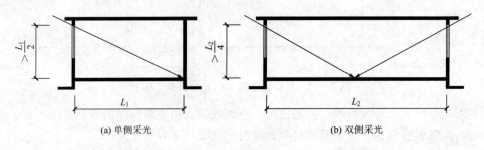

(a) 单侧采光　　　　　　　　　　　(b) 双侧采光

图 2-26 采光要求的房间高度与进深的关系

室内进出风口在剖面上的高低位置，对房间净高也有一定影响。潮湿和炎热地区的民用建筑，常利用空气的气压差组织室内穿堂风，或通过墙上开设的高窗、门上设置的亮子来改善通风条件，房间净高就相应高一些，如图 2-27 所示。

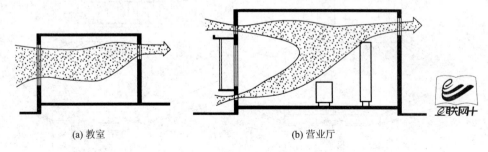

(a) 教室   (b) 营业厅

图 2-27 房屋剖面中的通风情况

3）结构高度及其布置方式的影响

层高等于净高加上楼板层（或屋顶结构层）的高度，因此，在满足房间净高要求的前提下，其层高尺寸随结构层的高度而变化。开间进深较小的房间，如卧室、起居室，多采用墙体承重，板直接搁在墙上，结构层高度较小；而开间进深较大的房间，如餐厅、商店等，多采用梁板结构布置方式，板搁置在梁上，梁支撑在墙或柱上，故结构层高度较大；空间结构的大跨度建筑，多采用空间网架等结构形式，则结构层高度更大。

4）经济要求

层高是影响造价的一个重要因素，在满足使用要求和卫生要求的前提下，适当降低层高，建筑总高度也随之降低，从而既减轻了建筑自重、节省了材料，又缩小了建筑的间距、节约了用地、降低了造价。以大量建造的普通砖混结构建筑为例，层高每降低 100mm，可省投资 1%。

5）室内空间比例

室内空间长、宽、高的比例尺度不同，给人的感受也不同。通常面积大的公共活动房间应高一些，给人严肃、庄重之感；面积小的生活空间则可低一些，给人亲切、温馨之感。巧妙地运用空间比例的变化，使建筑功能与精神感受结合起来，方能获得理想的效果。

高度和面积相同的房间，由于窗户形式和比例的不同，房间高度看起来也不同。细而长的窗户，显得空间相对闭塞，使房间看起来高一些；宽而扁的窗户，显得空间开敞舒展，使房间看起来低一些。窗户的比例不同对空间的影响如图 2-28 所示。

2. 窗台高度

窗台高度与人体尺度、房间使用要求、家具设备尺寸及通风要求等有关。民用建筑中，生活、学习、工作用房，窗台高度一般取 900～1000mm［图 2-29(a)］，以保证书桌上有充足的光线；托儿所、幼儿园应考虑儿童身高和家具尺寸，窗台高度应低一些，常采用 600～700mm［图 2-29(b)］；对于有特殊要求的房间，如需要沿墙摆放陈列品的展览室，为消除和减少眩光，常设高侧窗，为满足窗台到陈列品的距离大于 14。保护角的要求，一般将窗台高度提高到距离地面 2500mm 以上［图 2-29(c)］。除此之外，公共建筑的房间如餐厅、休息厅或景区建筑等，为使室内阳光充足且便于观赏室外景观，常将窗台做得很低或采用落地窗。

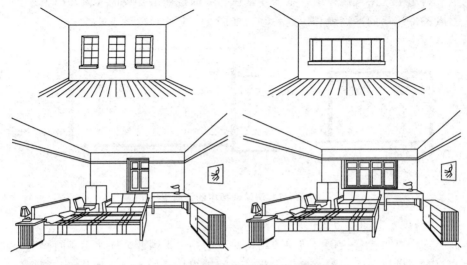

图 2-28　窗户的比例不同对空间的影响

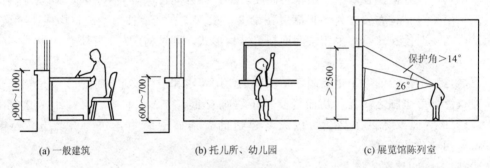

(a) 一般建筑　　　　　(b) 托儿所、幼儿园　　　　　(c) 展览馆陈列室

图 2-29　窗台高度（单位：mm）

3. 室内外地面高差

建筑设计中，一般将底层室内地面标高定为±0.000m，低于它的为负值，高于它的为正值。

为防止雨水流入室内导致墙身受潮，常把室内地坪提高，因此，室内外地面形成一定的高差，该高差主要由以下因素确定。

（1）建筑物沉降量。由于地基的承载能力和建筑物自重的影响，房屋建成后会有一定的沉降量，沉降量的大小是决定室内外地坪高差的因素。

（2）内外联系方便。室内外高差应方便内外联系，建筑的室外踏步级数一般不超过三级，即室内外地面高差以不大于 450mm 为宜。而仓库类建筑为便于运输，在入口处常设置坡道，为避免坡道过长，影响道路布置，室内外地面高差以不超过 300mm 为宜。

（3）地形及环境条件。位于山地和坡地的建筑，应结合地形的起伏变化和道路布置等因素，综合确定底层地面标高，使其既方便内外联系，又有利于室外排水和减少土石方工程量。

（4）建筑物性格特征。普通民用建筑应具有亲切、平易近人的特点，因此，室内外高差不宜过大。对于纪念性建筑、大型会堂等，常提高底层地坪标高，增高建筑的台基和增加踏步数，以给人严肃、庄重、雄伟之感。

2.2.3 建筑层数的确定

影响建筑物层数的因素主要有以下几个方面。

1. 使用要求

不同使用性质的建筑物，对层数的要求也不同。如幼儿园等建筑，为使用安全且便于儿童与室外活动场地的联系，宜建低层；影剧院、体育馆等公共建筑人流集中，为便于安全疏散，宜建低层；大量建设的办公楼、住宅、旅馆等建筑，可采用多层或高层。

2. 城市规划要求以及建筑基地环境的限制

确定建筑的层数，不能脱离基地环境，同时应考虑城市规划的要求。特别是位于城市街道两侧、风景园林区、历史建筑保护区的建筑，必须重视与环境的关系，做到与周围建筑物、道路、绿化协调统一，且符合城市总体规划要求。

3. 建筑结构、材料和施工的要求

建筑的结构形式和材料，是决定房屋层数的基本因素。如混合结构的建筑是以墙或柱承重的梁板结构体系，一般为 1～6 层，适用于住宅、宿舍、中小学教学楼；宾馆、写字楼等多层或高层建筑，可采用框架结构、剪力墙结构或框架剪力墙结构等结构体系；而空间结构体系如网架等结构形式，则适用于低层大跨度建筑，如影剧院、体育馆等。

4. 防火要求

建筑物的耐火等级不同，对层数的要求也不同。因此，必须按照防火规定确定建筑层数。如三级耐火等级的民用建筑，层数不应超过 5 层；四级耐火等级的民用建筑，层数不应超过 2 层。

5. 经济要求

建筑造价与层数关系密切。在满足使用功能的前提下，应尽可能降低层数，从而降低造价。

2.2.4 建筑空间的组合与利用

建筑空间的组合就是根据各房间的使用要求，结合基地环境等条件，将不同形状、大小、高低的空间组合起来，使之成为使用方便、结构合理、体型简洁、造型美观的整体。

1. 建筑空间的组合

1）高度相同或相近的房间组合

建筑空间组合设计时，通常将使用功能相近、高度相同或相近的房间组合在同一层，利用楼梯将各垂直排列的空间联系起来，其特点是经济合理、构造相同、施工方便，如教学楼中的普通教室和实验室。图 2-30 所示为某中学教学楼平面，其中教室、阅览室、储藏室及厕所等房间，由于结构布置时从这些房间所在的平面位置考虑要组合在一起，因此，把它们调整为同一高度；因阶梯教室与普通教室高度相差较大，所以，采用单层剖面附建于教学楼主体旁；办公室从功能分区考虑，应和教学活动部分有所分隔，且其房间高度可比教室低些，它们和教学活动部分的高差可通过踏步解决。此种组合方式能满足各房间的使用要求，功能分区合理，也比较经济。

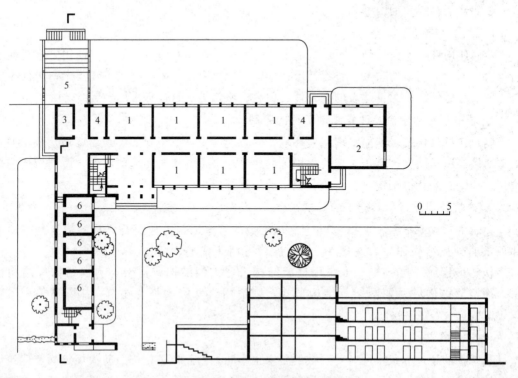

图 2-30　某中学教学楼方案的空间组合关系
1—教室；2—阅览室；3—储藏室；4—卫生间；5—阶梯教室；6—办公室

2）高度相差较大的房间组合

有的单层建筑，如某食堂高度相差较大的各房间，在剖面中，可根据实际使用要求所需的高度设计其房间高度，如图 2-31 所示。

有的建筑如体育馆等，一般以比赛大厅为中心，由于其面积和高度都与休息、办公及其他辅助房间差别较大，因此，可在看台下面和大厅周围布置层高较低的房间，如图 2-32 所示。

在多层和高层建筑中，高度相差较大的房间，可根据房间的不同高度、房间的数量和使用性质，在垂直方向进行分层组合。例如在高层旅馆中，常把较高的餐厅、健身房等房间安排在楼下的一、二层或顶层；客房部分与其相比，高度较低但数量最多，可将其按标准层的层高组合。

2. 建筑空间的利用

充分利用建筑内部空间，实际上是在建筑占地面积和平面布置基本不变的情况下，起到增加使用面积、丰富室内空间艺术效果的作用。

1）房间内的空间利用

在人们活动和家具设备布置等必需的空间外，可充分利用房间内其余空间，如卧室中的吊柜、厨房中的搁板和储物柜等，如图 2-33 所示。

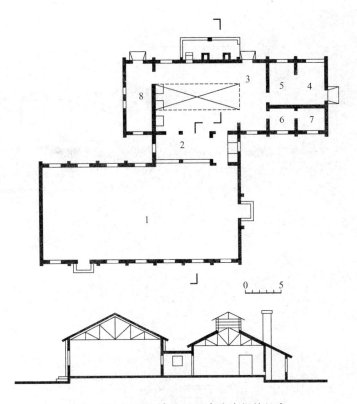

图 2-31 某单层食堂不同高度房间的组合

1—餐厅；2—备餐区；3—厨房；4—主食库；5—主调味库；6—管理室；7—办公室；8—烧火间

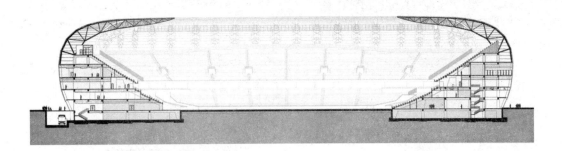

图 2-32 土耳其科尼亚市体育馆剖面中不同高度房间的组合

2）走道及楼梯间的空间利用

由于建筑物整体结构布置的需要，走道的高度通常和房间高度相同，民用建筑中走道主要用于人流通行，其面积和宽度都较小，高度便可低些，因此，可充分利用走道顶部多余的空间设置通风、照明设备和铺设管线［图 2-34(a)］。住宅建筑中常利用入口处的走道上空布置储藏空间［图 2-34(b)］，不仅增加了使用面积，而且入户口低矮的空间与居室对比后，使居室显得宽敞明亮。

一般建筑物中，楼梯间的底部和顶部通常都有可利用的空间，当楼梯间底层平台下不作出入口之用时，可作为储藏室或厕所等辅助房间［图 2-34(c)］。

建筑构造与识图

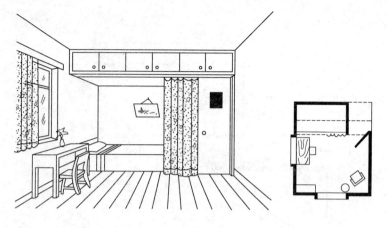

(a) 卧室中的吊柜

(b) 厨房中的搁板和储物柜

图 2 - 33　房屋内的空间利用

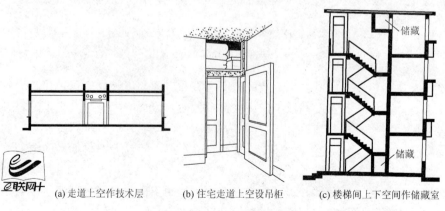

(a) 走道上空作技术层　　(b) 住宅走道上空设吊柜　　(c) 楼梯间上下空间作储藏室

图 2 - 34　走道及楼梯间的空间利用

3）夹层空间的利用

建筑夹层是位于两自然层之间的楼层，指房屋内部空间的局部层次，如一栋房屋从外部看是两层，从内部看局部是三层，这三层中间的一层即称为夹层，该结构适用于公共建筑，如图 2-35 所示。

图 2-35 某单位办公楼夹层空间的利用

一般公共建筑会配备良好的共用设施，如中央空调等，由于放置这些设备的辅助房间与主体房间的使用功能、面积、层高都不同，为了布置方便、节约成本、美观大方而设置夹层。

有些公共建筑，如图书馆阅览室、宾馆大厅、体育馆比赛大厅等，常采用在大厅周围布置夹层的方式来划分空间，以达到充分利用室内空间及丰富空间效果的目的。

任务 2.3 建筑体型及立面设计

建筑物体型和立面主要指建筑的外部形象，是建筑设计的重要组成部分。它着重研究建筑物总的体量大小、组合方式、比例尺度、立面及细部处理等内容，目的是在满足使用功能和经济的前提下，通过材料的选择、细部的装饰等创造出良好的建筑形象，满足人们对建筑的审美要求。

2.3.1 建筑体型及立面设计的要求

对于建筑体型及立面设计有以下要求。

1. 反映建筑功能要求和建筑类型的特征

建筑是为了满足人们生产和生活需要而创造出的物质空间环境，各类建筑由于使用功能的千差万别，其外观形象也不同。例如住宅建筑，重复排列的阳台和尺度不大的窗户，形成了生活气息浓郁的居住建筑风格（图2-36）；办公建筑的立面风格与住宅有所不同，其立面简洁、干净，无过多的装饰（图2-37）。

图2-36 某住宅建筑

图2-37 某办公建筑

2. 体现材料、结构和施工技术的特点

建筑必须运用大量材料，通过一定的施工技术建成，因此，建筑体型及立面设计必然在很大程度上受到物质技术条件的制约，并反映出结构、材料和施工的特点。不同的空间结构形式对建筑外形的影响，如图2-38和图2-39所示。

【代代木国立综合体育馆】

图2-38 日本代代木体育馆（悬索结构）

图2-39 康沃尔郡伊甸园（膜结构）

3．符合国家建筑标准和相应的经济指标

建筑体型与立面的设计必须处理好适用、经济、美观的关系。设计中要严格遵守国家标准，符合相应的经济技术指标，应在满足功能要求的前提下，用较少的投资建造出适用、安全、经济、美观的建筑。

4．符合城市规划和基地环境的要求

建筑是构成城市空间和环境的重要因素，不能脱离环境，必须与周边协调一致，因而不可避免地受到城市规划、基地环境的制约，所以建筑物所在的基地地形、地质、道路、绿化及原有建筑群等，都对建筑外部形象有极大的影响。例如美籍华裔建筑师贝聿铭设计的卢浮宫玻璃金字塔（图 2-40），设计要求绝对不能破坏原有建筑和整体美感，他在设计中借用了古埃及的金字塔造型作为展馆的出入口，采用玻璃材料的金字塔，不仅表面积小，还可以反映巴黎不断变化的天空，同时能为地下设施提供良好的采光，创造性地解决了把古老宫殿改造成现代化美术馆的一系列难题，取得了极大成功。

【卢浮宫金字塔】

图 2-40　卢浮宫玻璃金字塔

5．遵循构图规律和美学原则

在建筑体型和立面设计中，要遵循统一、均衡、比例、尺度、韵律等建筑构图的基本规律，创造出完美的建筑形象。

2.3.2　建筑体型设计

建筑体型反映了建筑物总体的体量大小、组合方式和比例尺度等，它对房屋外形的总体效果具有重要影响。根据建筑物规模大小、功能要求不同，建筑物的体型有的相对简单，有的比较复杂。

1．单一体型

单一体型是把复杂的内部空间都组合在一个完整的体型中，平面形式多采用长方形、正方形、三角形、多边形、圆形等单一几何图形，整个建筑基本是一个比较完整、简单的几何形体（图 2-41）；其特点是平面和体型都比较完整简约，给人以统一、完整、简洁、大方、轮廓鲜明和印象强烈的感觉，适用于需要庄重、肃穆效果的建筑，如政府机关、法院、博物馆、纪念堂（图 2-42）等。

图 2-41 美国纽约西格拉姆大厦

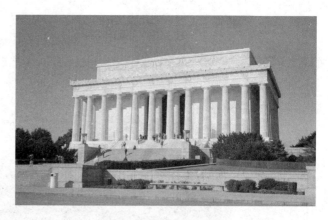

图 2-42 林肯纪念堂

2. 单元组合体型

单元组合体型是指整个建筑由若干个独立体量的单元按一定方式组合而成，广泛应用于住宅、学校、医院等建筑中。这种体型组合灵活，没有明显的均衡中心和主从关系，由于单元连续复制，形成有节奏的韵律感，如图 2-43 和图 2-44 所示。

图 2-43 东京舱体大楼

图 2-44 某单元式住宅楼

3. 复杂体型

复杂体型是由两个以上的简单体型组合而成，适用于内部功能复杂的建筑，由于存在多个体量，设计时，要以各体量间的协调与统一为前提，解决好主从分明、对比变化及均衡稳定的问题，如图 2-45 和图 2-46 所示。

图 2-45　某医院综合楼效果图

图 2-46　罗马千禧教堂

2.3.3　立面设计

　　建筑立面是建筑物四周的外部形象。立面设计的主要任务是确定组成立面的墙体、梁柱、门窗、阳台等构件的比例、尺度、质感、色彩，运用节奏韵律、虚实对比等规律，设计出体型完整、形式和内容统一的建筑立面。

　　立面设计应考虑以下内容。

1. 比例和尺度的协调

　　比例和尺度的协调统一是立面设计的重点。立面的比例和尺度的处理，与建筑功能、材料性能和结构类型是分不开的。良好的比例给人以和谐、完美之感，比例失调会缺乏美感。尺度是研究建筑物整体与局部构件给人感觉上的大小与真实大小之间的关系，立面设计时，常借助与人体活动相关的不变因素如门窗、台阶等作为标准，通过对比来获得一定的尺度感。自然的尺度给人真实之感，较小的尺度给人以亲切、舒适之感，而夸张的尺度给人以雄伟、庄重之感（图 2-47）。

图 2-47　上海世博会中国馆

2. 立面虚实与凹凸处理

建筑立面中，"虚"是指空虚部分，如门窗洞口、玻璃、凹廊等，给人开敞、通透之感；"实"是指墙面、柱面等实体部分，给人封闭、厚重、坚实之感。处理好立面的虚实关系，可取得不同的外观形象。

凸凹分别是指凸出的阳台、雨篷、挑檐，凹进的门洞等。通过凹凸关系的恰当处理，可加强光影变化，增强建筑物的体积感，突出重点，丰富立面效果，如图 2-48 所示。

【流水别墅】

图 2-48　流水别墅

3. 线条处理

任何线条都具有一种特殊的表现力，不同的线条可以产生不同的效果。

（1）从方向划分：横向线条给人以舒展、连续、亲切之感；竖向线条给人以挺拔、高耸、坚毅之感，如图 2 - 49 所示。

（2）从粗细和曲折变化划分：粗线条给人厚重有力之感，细线条给人精致柔和之感；直线给人以刚强坚定之感，曲线则给人以优雅轻盈之感，如图 2 - 50 所示。

【玛丽莲·梦露大厦】

图 2 - 49　上海银行大厦　　　　图 2 - 50　玛丽莲·梦露大厦

4. 立面色彩和质感

色彩和质感是材料所固有的特征。建筑可通过材料色彩的变化与对比，增强表现力和感染力，如浅色调使人感到清新素雅，深色调使人感到端庄稳重，暖色调使人感到热烈兴奋，冷色调使人感到朴素宁静。材料色彩的运用，需要综合考虑建筑性质、气候特征、民族文化、周围环境等因素。

质感不同的建筑材料可产生不同的立面效果，如平整光滑的面砖、金属和玻璃的表面给人以轻巧、细腻之感，粗糙的砖石给人以厚重坚实之感，如图 2 - 51 所示。设计时，应充分利用材料的质感属性，巧妙处理，以丰富建筑的表现力。

5. 立面的重点与细部处理

立面的重点和细部处理是建筑立面设计的重要手法。重点处理应表现在需要引人注意的部位，如商店橱窗、建筑物的主要出入口，可运用对比手法取得突出醒目的效果（图 2 - 52）。细部处理是对体量较小或接近时才能看清楚的部分（如台阶、勒脚、墙面线脚、檐口花饰等）进行处理，以获得丰富的立面形式。

立面的处理应从整体出发，仔细推敲、精心设计，从而使建筑的整体和局部达到完整统一的效果。

图 2-51 美国国家美术馆

图 2-52 重庆中国三峡博物馆

项目小结

  各类民用建筑,从组成平面各部分面积的使用性质来分析,可归纳为使用部分、交通联系部分及建筑构件所占部分,而使用部分又分为主要房间和辅助房间。

  对于生活、工作和学习用的主要房间,必须有合理的面积形状、良好的采光和通风条件及简捷的交通路线。

  交通联系部分设计的主要要求有:交通路线简捷明确,通行方便;人流通畅,便于疏散;满足一定的采光通风要求;力求节省交通面积,同时考虑空间处理等造型问题。

平面组合形式有走廊式、套间式、大厅式、单元式及混合式。

剖面设计主要研究房屋各部分的高度及它们在垂直方向上的组合关系，主要内容包括房间的剖面形状、建筑各部分的高度、建筑层数、建筑空间的组合和利用、建筑的结构和构造关系等。

净高是指室内楼地面到顶棚底面或其他构件（如梁等）底面之间的距离。层高是指该层楼地面到上一层楼面之间的距离。

建筑物的体型和立面主要指建筑的外部形象，是建筑设计的重要组成部分。它着重研究建筑物总的体量大小、组合方式、比例尺度、立面及细部处理等内容，力求在满足房屋使用要求和经济要求的前提下，运用建筑造型和立面构图规律，设计出富有美感的建筑形象。

建筑体型的组合大致有以下几种：单一体型、单元组合体型、复杂体型。

建筑立面是建筑物四周的外部形象。立面设计的主要任务是确定组成立面的墙体、梁柱、门窗、阳台等构件的比例、尺度、质感、色彩，运用节奏韵律、虚实对比等规律，设计出体型完整、形式和内容统一的建筑形象。

练习题

一、填空题

1. 厨房的布置形式有单排_____、_____、_____。

2. 门厅的布局，分为_____和_____两种。

3. 门的主要作用是_____、_____和_____。

4. 常见的建筑平面组合的形式有_____、_____、_____走廊式组合、套件式组合。

5. 楼房的层高是指该层楼面上表面至_____的垂直距离。

6. 在民用建筑中，一般功能要求的大量性房间，其平面形状常采用_____。

7. 民用建筑的平面组成，从使用性质分可归纳为使用部分和_____，使用部分又可分为_____和_____两部分。

二、选择题

1. 防火设计规范中规定，当房间的面积或房间内的人数分别超过_____时，门的数量不应小于2个。

A. 50m² 、60人   B. 60m² 、50人

C. 100m² 、50人   D. 30m² 、50人

2. 建筑立面的虚实对比通常是由_____来体现的。

A. 建筑色彩的深浅变化   B. 门窗的排列组合

C. 装饰材料的粗糙与细腻   D. 形体凹凸的光影变化

【项目2　在线答题】

項目 **3** 基础与地下室构造

思维导图

```
                                      定义
                                   地基  类型
组成                            掌握      施工方法
防潮构造   地下室   掌握   基础与地下室构造
防水构造                                区分
                                   基础  埋置深度
         联系                              基础的类型
```

任务提出

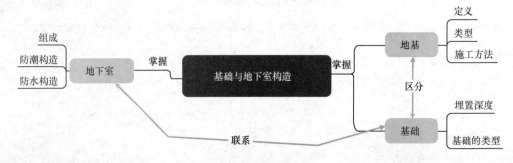

　　上图为上海市某小区一在建 13 层住宅楼整体倒塌的真实案例，倒塌的原因，怀疑是该建筑的地基不够扎实，因为该小区所在区域属于流砂比较严重的区域，如果没有牢固的地基，很容易引起房屋倾斜。因此，掌握基础与地下室的构造要求，是建筑工程技术人员不可或缺的一门基本功。

任务 3.1 地基与基础构造

3.1.1 地基与基础

建筑物埋置在土层中的承重结构称为基础，而支承基础传来荷载的土（岩）层称为地基。基础是房屋的重要组成部分，是建筑物地面以下的承重构件，它承受上部荷载并将这些荷载连同基础自重传到地基上。

地基可分为天然地基和人工地基两类。凡天然土层本身具有足够的强度，能直接承受建筑物荷载的地基称为天然地基；须预先对土壤层进行人工加工或加固处理后才能承受建筑物荷载的地基，称为人工地基。常用的人工地基有压实地基、换土地基和桩基。

【天然地基与
人工地基】

人工地基常用的施工处理方法有换填垫层法、预压法、强夯法、深层挤密法、化学加固法等。

1. 换填垫层法

指挖去地表浅层软弱土层或不均匀土层，回填坚硬、较粗粒径的材料，并夯压密实，形成垫层的地基处理方法。

2. 预压法

指对地基进行堆载或真空预压，使地基土固结的地基处理方法。

3. 强夯法

反复将夯锤提到高处使其自由落下，给地基以冲击和振动能量，将地基土夯实的地基处理方法称为强夯法；将重锤提高到高处使其自由落下形成夯坑，并不断夯击坑内回填的砂石、钢渣等硬粒料，使其形成密实的墩体的地基处理方法，称为强夯置换法。

4. 深层挤密法

该法主要是靠桩管打入或振入地基后对软弱土产生横向挤密作用，从而使土的压缩性减小，抗剪强度提高，具体包括灰土挤密桩法、土挤密桩法、砂石桩法、振冲法、石灰桩法、夯实水泥土桩法等。

5. 化学加固法

指将化学溶液或胶粘剂灌入土中，使土胶结以提高地基强度、减少沉降量或防渗的地基处理方法，具体有高压喷射注浆法、深层搅拌法、水泥土搅拌法等。

3.1.2 基础的埋置深度

一般把自室外设计地面标高至基础底部的垂直高度称为基础的埋置深度，简称埋深，如图 3-1 所示。影响基础埋置深度的因素如下。

1. 工程地质和水文地质条件

一般情况下，基础应设置在坚实的土层上，而不能设置在淤泥等软弱土层上。基础最

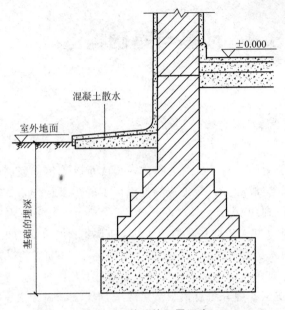

图 3-1　基础的埋置深度

小埋置深度不宜小于 0.5m。当表面软弱土层较厚时，可采用深基础或人工地基。一般基础宜埋在地下常年水位之上，因为地下水易使土的强度下降，也会使基础产生下沉，而且化学污染还会使基础受到侵蚀。当必须埋在地下水位以下时，宜将基础埋置在最低地下水位以下不小于 200mm 处，如图 3-2 所示。

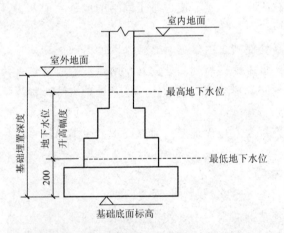

图 3-2　基础埋置深度和地下水位的关系（单位：mm）

2. 建筑物自身的特性

如建筑物设有地下室、地下管道或设备基础时，常须将基础局部或整体加深。为了保护基础不露出地面，构造要求基础顶面离室外设计地面不得小于 100mm。

3. 作用在地基上的荷载大小和性质

荷载有恒载和活载之分，其中恒载引起的沉降量最大，因此当恒载较大时，基础埋深应大一些。荷载按作用方向又有竖直方向和水平方向之分，当基础要承受较大水平荷载时，为了保证结构的稳定性，也常将埋深加大。

4. 地基土冻胀和融陷的影响

冻结深度浅于 500mm 的南方地区或地基土为非冻胀土时，可不考虑土的冻结深度对基础埋深的影响。对于季节冰冻地区，如地基为冻胀土时，应使基础底面低于当地冻结深度。在寒冷地区，土层会因气温变化而产生冻融现象。土层冰冻的深度称为冰冻线，当基础埋置深度在土层冰冻线以上时，如果基础底面以下的土层冻胀，则会对基础产生向上的顶力，严重的会使基础上抬起拱；如果基础底面以下的土层解冻，顶力消失，又将使基础下沉。这样的过程会使建筑产生裂缝和破坏，因此，在寒冷地区基础埋深应在冰冻线以下 200mm 处，采暖建筑的内墙基础埋深可以根据建筑的具体情况进行适当的调整。

3.1.3 基础的类型

基础的类型较多，按基础所采用材料和受力特点分，有刚性基础和柔性基础；依构造形式分，有条形基础、独立基础、桩基础、箱形基础、筏形基础、井格基础等。

1. 按构造方式分类

1）条形基础

当建筑物上部结构采用墙承重时，基础沿墙身设置，多做成连续的长条形状，这种基础称为条形基础，如图 3-3 和图 3-4 所示。

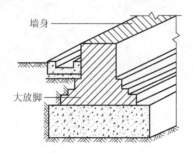

图 3-3 条形基础

图 3-4 条形基础实例

2）独立基础

当建筑物上部采用柱承重时，常采用单独基础，这种基础称为独立基础。独立基础的形状有阶梯形、锥形和杯形等，如图3-5和图3-6所示。

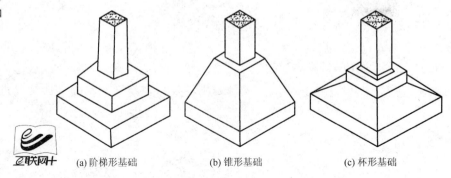

(a) 阶梯形基础　　　　　(b) 锥形基础　　　　　(c) 杯形基础

图 3-5　独立基础

图 3-6　独立基础实例

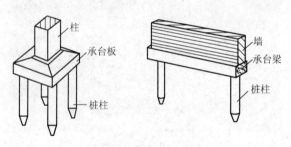

3）桩基础

当建筑物荷载较大，地基软弱土层的厚度在5m以上，基础不能埋在软弱土层内时，或对软弱土层进行人工处理比较困难或不经济时，通常采用桩基础。桩基础一般由设置于土中的桩和承接上部结构的承台组成，如图3-7～图3-9所示。其优点是能够节省基础材料，减少挖填土方工程量，改善劳动条件，缩短工期。在季节性冰冻地区，承台梁下应铺设100～200mm厚的粗砂或焦渣，以防止承台梁下的土壤受冻膨胀，引起承台梁的反拱破坏。

图 3-7　桩基础

(a)

(b)

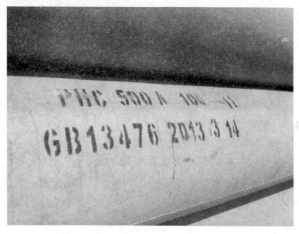

(c)

图 3-8　桩基础实例

【桩基承台
施工步骤】

图 3-9　桩基础承台实例

【护坡桩施工】

　　桩基础的种类很多，按材料可分为钢筋混凝土桩（预制桩、灌注桩）、钢桩、木桩等，按断面形式可分为圆形、方形、环形、六角形、工字形等，按入土方法可分为打入桩、振入桩、压入桩、灌入桩等，按桩的受力性能又可分为端承桩和摩擦桩。

　　端承桩把建筑物的荷载通过柱端传给深处坚硬土层，适用于表层软土层不太厚而下部为坚硬土层的地基情况；桩上的荷载主要由桩端阻力承受。

　　摩擦桩把建筑物的荷载通过桩侧表面与周围土的摩擦力传给地基，适用于软土层较厚而坚硬土层距土表很深的地基情况；桩上的荷载由桩侧摩擦力和桩端阻力共同承受。

　　当前采用最多的是钢筋混凝土桩，包括预制桩和灌注桩两大类，灌注桩又分为振动灌注桩、钻孔灌注桩、爆扩灌注桩等。

　　预制桩是在混凝土构件厂或施工现场预制的，待混凝土强度达到设计强度的100%时，进行运输打桩。这种桩截面尺寸和桩长规格较多，制作简便，容易保证质量，但造价较灌注桩高，施工有较大的振动和噪声，市区施工时应注意。

　　与预制桩相比较，灌注桩具有较大的优越性，其直径变化幅度大，可达到较高的承载力，桩身长度、深度可达几十米，并且施工工艺简单，节约钢材、造价低；但在施工时要进行泥浆处理，程序比较麻烦。

　　（1）振动灌注桩：将端部带有分离式桩尖的钢管用振动法沉入土中，在钢管中灌注混凝土至设计标高后徐徐拔出，混凝土在孔中硬化形成桩。灌注桩直径一般为300～400mm，桩长一般不超过12m。其优点是造价较低，桩长、桩顶标高均可控制，缺点是施工会产生振动噪声，对周围环境有一定影响。

　　（2）钻孔灌注桩：使用钻孔机械在桩位上钻孔，排出孔中的土，然后在孔内灌注混凝土。桩直径常为400mm左右。其优点是无振动噪声，施工方便、造价较低，特别适用于周围有较近的房屋或深挖基础不经济的情况，且严寒冬季也可安装能钻冻土的钻头施工；缺点是桩尖处的虚土不易清除干净，对桩的承载力有一定影响。

　　（3）爆扩灌注桩：简称爆扩桩。有两种成孔方法：一是人工或机钻成孔；二是先钻一个细孔放入装有炸药的药条，经引爆后成孔，桩身成孔后，再用炸药爆炸扩大孔底，然后灌注混凝土形成爆扩桩。桩端扩大部分略呈球体，因而有一定的端承作用。爆扩桩的直径为 300~500mm，桩尖端直径为桩身的 2~3 倍，桩长一般为 3~7m。其优点是承载力较高，施工不复杂；缺点是爆炸振动影响环境，易出事故。

4）箱形基础

箱形基础是由钢筋混凝土底板、顶板、侧墙和一定数量内隔墙构成的封闭箱形结构，如图 3-10 所示。该基础具有相当大的整体性和空间刚度，能抵抗地基的不均匀沉降并具有良好的抗震作用，是具有人防、抗震及地下室功能的高层建筑的理想基础形式之一。

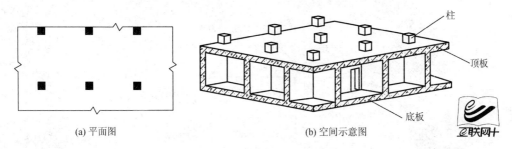

(a) 平面图　　　　　　(b) 空间示意图

图 3-10　箱形基础

5）筏形基础

当建筑物地基条件较弱或上部结构荷载较大时，条形基础或井格基础已经不能满足建筑物的要求，常将基础底面进一步扩大，从而连成一块整体，形成筏形基础，如图 3-11 所示。筏形基础分为平板式和梁板式，一般根据地基土质、上部结构体系、柱距、荷载大小及施工条件等确定。

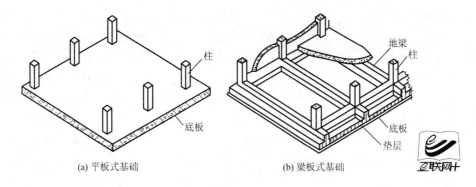

(a) 平板式基础　　　　　　(b) 梁板式基础

图 3-11　筏形基础

6）井格基础

当框架结构处在地基条件较差的情况时，为了提高建筑物的整体性，避免不均匀沉降，常将柱下基础沿纵、横方向连接起来，做成十字交叉的井格基础，如图 3-12 所示。

7）其他特殊形式

除上述几种常见的基础结构形式外，实际工程中还因地制宜采用着许多其他的基础结构形式，如壳体基础、不埋板式基础等。

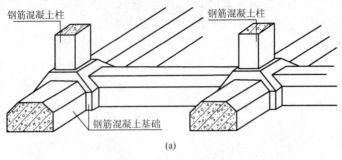

(a)

【井格基础与
筏形基础】

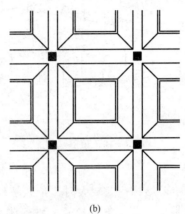

(b)

图 3-12　井格基础

2. 按采用材料及受力特点分类

1）刚性基础

刚性材料制作的基础称为刚性基础。刚性材料指抗压强度高而抗拉和抗剪强度低的材料，如砖、石、混凝土等。用这类材料作基础，应设法不使其产生拉应力。当拉应力超过材料的抗拉强度时，基础底面将因受拉而开裂，造成基础破坏。

刚性材料构成的基础中，墙或柱传来的压力是沿一定角度分布的。在压力分布角度内基础底面受压而不受拉，这个角度称为刚性角。刚性基础底面宽度不可超出刚性角控制范围。刚性基础多用于地基承载力高的低层和多层建筑。

（1）砖基础。用黏土砖砌筑的基础称为砖基础，一般采用台阶式逐级放大形成大放脚。为满足基础刚性角的限制，台阶的宽高比应不大于1∶1.5；每2皮砖挑出1/4砖，或2皮砖挑出1/4砖与1皮砖挑出1/4砖相间。砌筑前，基槽底面要铺50mm厚砂垫层。

砖基础取材容易、价格低、施工简单，但大量消耗耕地。同时由于砖的强度、耐久性、抗冻性和整体性均较差，只适合于地基土好、地下水位较低、五层以下的砖木结构或砖混结构。

（2）混凝土基础。也称素混凝土基础，其坚固、耐久、抗水和抗冻，可用于有地下水和冰冻作用的地面。断面形式有阶梯形、梯形等。梯形截面的独立基础称为锥形基础。

对于梯形或锥形基础的断面，应保证两侧有不小于200mm的垂直面，原因是混凝土基础的刚性角为45°。同时为防止因石子堵塞影响浇筑密实性、减少基础底面的有效面积，施工中不宜出现锐角。

2）柔性基础

在混凝土基础的底部配以钢筋，利用钢筋来抵抗拉应力，可使基础底部能够承受较大弯矩，基础的宽度就可以不受刚性角的限制，这样的基础称为柔性基础。

柔性基础可以做得很宽，也可以尽量浅埋，用于建筑物的荷载较大和地基承载力较小的情况。其下需要设置保护层，以保护基础钢筋不受锈蚀。

任务 3.2 地下室构造

地下室是建筑物中处于室外地面以下的房间，地下室一般由墙体、顶板、底板、门窗、采光井、楼梯等部分组成，如图 3-13 和图 3-14 所示。地下室的外墙、底板将受到地潮或地下水的侵蚀，因此，必须保证地下室在使用时不受潮、不渗漏。地下室的防潮、防水做法取决于地下室地坪与地下水位的关系。

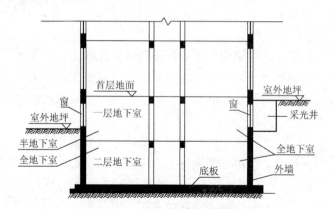

图 3-13 地下室示意图

图 3-14 地下室实例

地下室、半地下室应有综合解决其使用功能的措施，合理布置地下停车库、地下人防、各类设备用房等功能空间及各类出入口；地下空间的设计应符合城市地下空间规划的相关规定，做到导向清晰，流线简捷，防火分区与管理等界线明确；其建造不得影响相邻建筑物、市政管线等的安全。

地下室、半地下室作为主要用房使用时，应符合安全、卫生的要求，并符合下列要求。

（1）严禁将幼儿、老年人生活用房设在地下室或半地下室。

（2）居住建筑中的居室不应布置在地下室内；当布置在半地下室时，必须对采光、通风、日照、防潮、排水及安全防护采取措施。

（3）建筑物内的歌舞、娱乐、放映、游艺场所不应设置在地下二层及二层以下；当设置在地下一层时，地下一层地面与室外出入口地坪的高差不应大于 10m。

地下室平面外围护结构应规整，其防水等级及技术要求除应符合 GB 50108—2008《地下工程防水技术规范》的规定外，尚应符合下列规定。

（1）地下室应在一处或若干处地面较低点设集水坑，并预留排水泵电源和排水管道。

（2）地下管道、地下管沟、地下坑井、地漏、窗井等处应有防止涌水、倒灌的措施。

地下室、半地下室的耐火等级、防火分区、安全疏散、防排烟设施、房间内部装修等应符合防火规范的有关规定。

1. 墙体

地下室的外墙不仅承受上部结构的荷载，还要承受外侧土、地下水及土壤冻结时产生的侧压力，所以地下室的墙体要求具有足够的强度与稳定性。同时地下室外墙处于潮湿的工作环境，故在选材上还要具有良好的防水、防潮性能。一般采用砖墙、混凝土墙或钢筋混凝土墙。

2. 顶板

通常与建筑的楼板相同，如用钢筋混凝土现浇板、预制板、装配整体式楼板（预制板上做现浇层）。防空地下室为了防止空袭时的冲击破坏，顶板的厚度、跨度、强度应按相应防护等级的要求进行确定，其顶板上面还应覆盖一定厚度的夯实土。

3. 底板

当底板高于最高地下水位时，可在垫层上现浇 60～80mm 厚的混凝土，再做面层；当底板低于最高地下水位时，底板不仅承受上部垂直荷载，还承受地下水的浮力作用，此时应采用钢筋混凝土底板。底板还要在构造上做好防潮或防水处理。

4. 门和窗

普通地下室的门窗与地上房间门窗相同。地下室外窗如在室外地坪以下时，可设置采光井，以便采光和通风。防空地下室的门窗应满足密闭、防冲击的要求。一般采用钢门或钢筋混凝土门，平战结合的防空地下室，可以采用自动防爆波窗，在平时可采光和通风，战时封闭。

5. 采光井

在城市规划和用地允许的情况下，为了改善地下室的室内环境，可在窗外设置采光井。采光井由侧墙、底板、遮雨设施或铁格栅组成。侧墙为砖墙，底板为现浇混凝土，面层用水泥砂浆抹灰向外找坡，并设置排水管。

6. 楼梯

地下室的楼梯可以与地上部分的楼梯连通使用，但要求用乙级防火门分隔。若层高较小或用作辅助房间的地下室，可设置单跑楼梯。一个地下室至少应有两部楼梯通向地面。防空地下室也应至少有两个出口通向地面，其中一个必须是独立的安全出口。独立安全出口与地面以上建筑物的距离要求不小于地面建筑物高度的一半，以防空袭时建筑物倒塌，堵塞出口，影响疏散。

3.2.1　地下室的防潮

地下水的常年设计水位和最高地下水位均低于地下室地坪标高，且地基及回填土范围内无上层滞水时，只需做防潮处理即可。

构造做法：墙体必须采用水泥砂浆砌筑，在外墙外表面先抹一层 20mm 厚水泥砂浆找平层后，涂刷冷底子油一道和热沥青两道，需涂刷至室外散水坡处。然后在防潮层外侧回填低渗透性土壤，并逐层夯实，土层宽 500mm 左右，以防地表水的影响，如图 3-15(a) 所示。

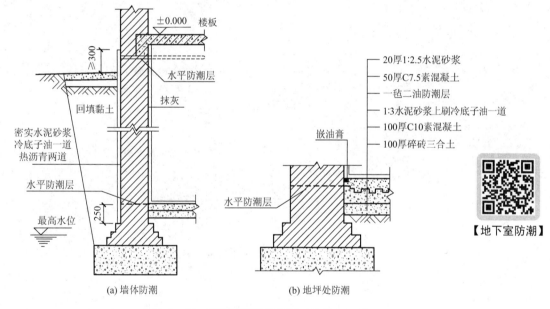

(a) 墙体防潮　　(b) 地坪处防潮

图 3-15　地下室的防潮处理（单位：mm）

地下室所有的墙体都必须设两道水平防潮层：一道设在地下室地坪附近，一般设置在地坪的结构层之间；另一道设在室外地面散水坡以上 150～200mm 的位置，以防地潮沿地下墙身或勒脚处墙身入侵室内。地下室地坪的防潮构造如图 3-15(b) 所示。

3.2.2　地下室的防水

当设计最高地下水位高于地下室地坪时，地下室的外墙和地坪均受到水的侵袭，如图 3-16(a) 所示，地下室外墙受到地下水侧压力的影响，地坪受到地下水浮力的影响。这时必须考虑对地下室外墙和地坪做防水处理。地下室的防水按所用材料不同，包括柔性防水和刚性防水。

地下室采用砖墙承重的，地下室防水多采用外包式柔性防水处理，如图 3 - 16(b) 所示。外包式防水是将防水层贴在迎水面，即地下室外墙的外表面，这对防水较为有利，缺点是维修困难；内包式防水是将防水层贴在背水的一面，即地下室墙身的内表面，这时施工方便，便于维修，但对防水不太有利。

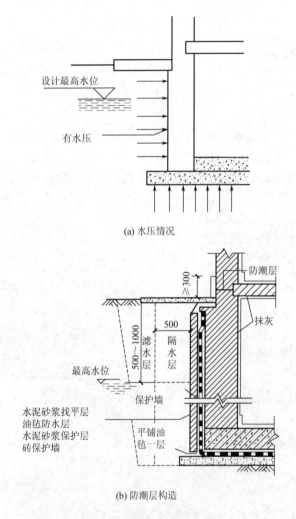

(a) 水压情况

(b) 防潮层构造

图 3 - 16　地下室的柔性防水构造（单位：mm）

柔性防水有油毡防水和冷胶料加衬玻璃布防水。采用油毡防水时，先在墙面抹 20mm 厚 1∶3 水泥砂浆找平层，涂刷冷底子油一道，然后油毡借热沥青胶分层粘贴，油毡沿地坪连续粘贴到外墙外表面，粘贴高度应高出水头 0.5～1m，其上部分进行防潮处理。最后以半砖墙进行保护。采用涂料冷胶粘贴防水层时，是采用橡胶沥青防水涂料配以玻璃纤维布或聚酯无纺布等加筋层进行铺贴，它的防水效果、耐老化性能均较油毡防水层好。

对地下室地坪的防水处理，是在土层上先浇混凝土垫层作底板，板厚约 100mm。满铺防水层，然后在防水层上抹 20mm 厚水泥砂浆保护层，浇筑钢筋混凝土。地坪防水层必须留出足够的长度，以便与垂直防水层搭接。

防水混凝土外墙、底板均不宜太薄。一般外墙厚应为 200mm 以上，底板厚应在 150mm 以上，否则会影响抗渗效果。为防止地下水对混凝土的侵袭，在墙外侧应抹水泥砂浆、冷底子油一道，热沥青两道，如图 3-17 所示。

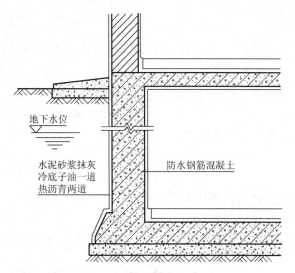

图 3-17 地下室做防水混凝土的处理

◖◗ **项目小结** ◖◗

　　地基可分为天然地基和人工地基两类。人工地基常用的处理方法有换填垫层法、预压法、强夯法、强夯置换法、深层挤密法、化学加固法等。

　　基础的类型较多，按基础所采用材料和受力特点分，有刚性基础和柔性基础；依构造形式分，有条形基础、独立基础、井格基础、筏形基础、箱形基础和桩基础等。

　　地下室是建筑物中处于室外地面以下的房间。地下室的外墙、底板将受到地潮或地下水的侵蚀，因此，必须保证地下室在使用时不受潮、不渗漏。地下室的防潮、防水做法，取决于地下室地坪与地下水位的关系。

◖◗ **练习题** ◖◗

一、填空题

1. 地基分为_____和_____两类。

2. _____是建筑物的重要组成部分，它承受建筑物的全部荷载并将它们传给_____。

3. _____至基础底面的垂直距离称为基础的埋置深度，简称_____。

4. 地基土质均匀时，基础应尽量_____，但最小埋深应不小于_____mm。

5. 按照基础所采用的材料和受力特点，可分为_____和_____。

6. 地下室按使用性质，可以分为_____和_____两类。按埋入地下深度，则可以分为_____和_____两类。

7. 在地下室防水工程中，根据防水材料做法的不同，有_____、_____和_____、_____等几种形式。

二、选择题

1. 当地下水位很高，基础不能埋在地下水位以上时，应将基础底面埋置在_____下，从而减少和避免地下水的影响。

A. 最高水位 200mm   B. 最低水位 200mm

C. 最高水位 500mm   D. 最高水位和最低水位之间

2. 基础埋深不得过小，一般不小于_____ mm。

A. 300   B. 200

C. 400   D. 500

3. 一般情况下，建筑物的基础埋置深度应_____。

A. 大于冻土深度   B. 小于冻土深度

C. 等于冻土深度   D. 与冻土深度无关

【项目3　在线答题】

项目 **4** 墙体构造

┃┃┃┃ **思维导图** ▶

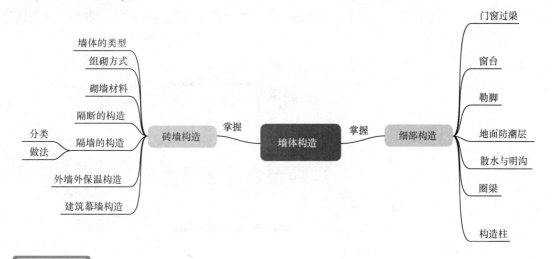

任务提出 ─────────────────────────────

　　墙体在建筑中的设置，是同其存在的空间相关联的，墙体在其中一定要发挥某种作用。如何在特定的范围内设置墙体，和该领域的特定因素有关。

　　墙体的首要功能是防御，墙体不光能抵御风、沙、潮等自然灾害的威胁，还可以防御动物和外敌的入侵；墙体的第二个功能是进行分隔，可以将不同的空间分隔开来，更好地发挥各个空间的作用；墙体的第三个功能是可以将同一空间分隔成不同的区域；墙体还有表现作用，墙和柱、屋顶、窗户等建筑元素在此具有相同的特点。

　　在建筑设计中，把墙体的各个要素合理加以应用显得尤为重要。

任务 4.1 墙体的类型

　　墙体是建筑物中重要的构造组成部分,对房屋的耐久性、耐火性、坚固性、经济性,以及房屋的使用要求、建筑造型等都有直接关系,如屋顶、基础、楼板、门窗等均与墙体有构造连接。因此,墙体的构造在建筑中具有重要作用。依据不同方式,墙体的分类方法较多。

1. 按其在建筑物所处位置不同分类

　　墙体依其在房屋所处位置的不同,有内墙和外墙之分。凡位于建筑物外界四周的墙称为外墙,是房屋的外围护结构,起着挡风、阻雨、保温、隔热等围护室内房间不受侵袭的作用;凡位于建筑内部的墙称为内墙,其作用主要是分隔房间;凡沿建筑物短轴方向布置的墙称为横墙,横向外墙一般称为山墙;而沿建筑物长轴方向布置的墙称为纵墙,纵墙有内纵墙与外纵墙之分;在一片墙上,窗与窗或门与窗之间的墙称为窗间墙,窗洞下部的墙称为窗下墙。墙体各部分名称及墙体实例分别如图 4-1 和图 4-2 所示。

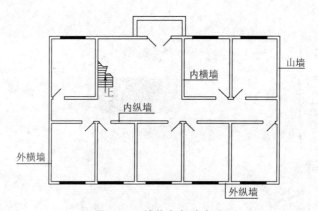

图 4-1　墙体各部分名称

图 4-2　墙体实例

2. 按结构受力情况不同分类

墙体根据结构受力情况不同，有承重墙和非承重墙之分。凡直接承受上部屋顶、楼板传来荷载的墙称为承重墙；而不承受上部荷载的墙称为非承重墙，非承重墙又包括隔墙、填充墙和幕墙。凡分隔内部空间，其重量由楼板或梁承受的墙称为隔墙；框架结构中填充在柱子之间的墙称为框架填充墙；而悬挂于外部骨架或楼板间的轻质外墙称为幕墙。外部的填充墙和幕墙不承受上部楼板层和屋顶的荷载，却承受风荷载和地震荷载。

3. 按墙体材料不同分类

墙体按所用材料不同，可分为砖墙、石墙、土墙、混凝土墙及钢筋混凝土墙等。砖是我国传统的墙体材料，但由于受到材料源的限制，一些大城市已提出限制使用实心砖的规定；石块砌墙适用于产石地区；土墙便于就地取材，是造价低廉的地方性墙体；混凝土墙可现浇、预制，在多高层建筑中应用广泛。

4. 按构造和施工方法的不同分类

墙体根据构造和施工方式不同，有叠砌式墙、板筑墙和装配式墙之分。叠砌式墙包括石砌砖墙、空斗墙和砌块墙等，其中砌块墙是利用各种原料制成的不同形式、不同规格的中小型砌块，借手工或小型机具砌筑而成；板筑墙是施工时，直接在墙体部位竖立模板，然后在模板内夯筑或浇筑材料捣实而成的墙体，如夯土墙、灰砂土筑墙以及滑模、大模板等混凝土墙体等；装配式墙是在预制厂生产墙体构件，运到施工现场进行机械安装的墙体，包括板材墙、多种组合墙和幕墙等，其机械化程度高，施工速度快，工期短，是建筑工业化发展的方向。

任务 4.2   砖墙构造

砖墙之所以能作为墙体形式之一，主要是由于其取材容易，制造简单，既能承重又能满足常规情况下的保温、隔热、隔声、防火性能。当然我国目前所用的砖墙还存在强度低、施工速度慢等缺点，有待于改进。

砖墙可分为实体墙、空体墙和复合墙三种。实体墙由普通黏土砖或其他实心砖砌筑而成；空体墙是由实心砖砌成中空的墙体（如空斗砖墙），或由空心砖砌筑的墙体；复合墙是指由砖与其他材料组合而成的墙体。实体砖墙是目前我国广泛采用的构造形式，如图 4-3 所示。

砖墙是用砂浆将砖按一定规律砌筑而成的砌体，其主要材料是砖与砂浆。

1. 砖

砖的种类很多，依其材料分，有黏土砖、炉渣砖、灰砂砖等；依生产形状分，有实心砖、多孔砖和空心砖等。普通黏土砖根据生产方法的不同，有青砖和红砖之分。

（1）普通实心砖的标准名称叫做烧结普通砖，是指没有孔洞或孔洞率小于 15% 的砖。普通实心砖中最常见的是黏土砖，另外还有炉渣砖、烧结粉煤灰砖等。

（2）多孔砖是指孔洞率不小于 15%，孔的直径小、数量多的砖，可以用于承重部位。

图 4-3 砖墙实例

（3）空心砖是指孔洞率不小于 15%，孔的尺寸大、数量少的砖，只能用于非承重部位。

2. 砂浆

砂浆是砌体的黏结材料，它将砖块胶结成为整体，并将砖块之间的空隙填平、密实，使上层砖块所承受的荷载能逐层均匀地传至下层砖块，以保证砌体的强度。

砌筑墙体的砂浆，常用的有水泥砂浆、石灰砂浆和混合砂浆三种，如图 4-4 所示。石灰砂浆由石灰膏、砂加水拌和而成，属气硬性材料，强度不高，多用于砌筑次要的民用建筑中地面以上的砌体；水泥砂浆由水泥、砂加水拌和而成，属水硬性材料，强度高，较适合于砌筑潮湿环境下的砌体；混合砂浆由水泥、石灰膏、砂加水拌和而成，强度较高，和易性和保水性较好，常用于砌筑地面以上的砌体。

图 4-4 砌筑墙体的砂浆实例

任务 4.3 实体墙的组砌方式

组砌是指砖块在砌体中的排列，如图 4-5 所示。组砌时应遵守错缝搭接的法则，且砖缝砂浆必须饱满、厚薄均匀。所谓错缝，是指上、下皮砖的垂直缝不能同处于一条线上，一定要使上皮砖搭过下皮砖块的垂直缝，错缝长度通常不应小于 60mm。无论在墙体表面或砌体内部都应遵守这一法则，否则就会影响砖砌体的整体性，使强度和稳定性显著降低。

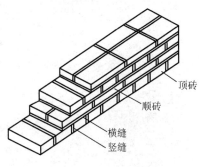

图 4-5 砌体各部分名称

以标准砖为例，砖墙可根据砖块尺寸和数量采用不同的排列，利用砂浆形成的灰缝组合成各种不同的墙体。

标准砖的规格为 53mm×115mm×240mm（厚×宽×长），如图 4-6 所示。用标准砖砌筑墙体时，常见的墙体厚度名称见表 4-1。

表 4-1 墙体厚度名称

墙厚名称	习惯称呼	实际尺寸/mm	墙厚名称	习惯称呼	实际尺寸/mm
半砖墙	12 墙	115	一砖半墙	37 墙	365
3/4 砖墙	18 墙	178	二砖墙	49 墙	490
一砖墙	24 墙	240	二砖半墙	62 墙	615

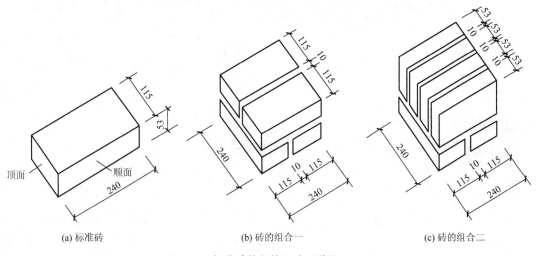

(a) 标准砖　　　　　　(b) 砖的组合一　　　　　　(c) 砖的组合二

图 4-6 标准砖的规格尺寸（单位：mm）

实体墙常见的组砌方式有全顺式（又称走砖式）、一顶一顺式、一顶多顺式、每皮顶顺相同式及两平一侧式（18墙）等，如图4-7和图4-8所示。

(a) 全顺式　　　　　　　　　　　　　(b) 两平一侧式

(c) 上下皮一顶一顺式　　　　　　　　(d) 每皮顶顺相同式

图 4-7　砖墙的组砌方式

图 4-8　砖墙砌筑实例

任务 4.4　砖墙细部构造

墙为内外分隔的围护体，是建筑的主要部件。

墙体的细部构造一般是指墙身上的细部做法，包括门窗过梁、窗台、勒脚、墙身防潮层、散水或明沟、圈梁、构造柱、壁柱、门垛及防火墙等。

4.4.1 门窗过梁

为承受门窗洞口上部的荷载，并把它传到门窗两侧的墙上，以免压坏门窗框，门窗上部要加设过梁。过梁上的荷载一般呈三角形分布，为计算方便，可以把三角形折算成 1/3 洞口宽度，即过梁只承受其上部 1/3 洞口宽度的荷载，因而过梁的断面不大，梁内配筋也较少。过梁一般分为砖砌平拱、钢筋砖过梁及钢筋混凝土过梁等。

（1）拱砖过梁。平、弧形拱砖过梁是较传统的一种过梁形式，如图 4-9 所示。此种过梁适用于洞跨度 $L \leqslant 1.2\text{m}$ 且梁上无集中荷载、无振动荷载的情况。

（2）钢筋砖过梁。钢筋砖过梁多用于跨度 L 在 2m 以内的清水墙的门窗洞孔上，且上部无集中及振动荷载。它按每砖厚墙配 2～3 根 $\phi6$ 钢筋，并设置在第一、第二皮砖之间，也可放置在第一皮砖下的砂浆层内。为使洞孔上部分砌体与钢筋构成过梁，常在相当于 $(1/4)L$ 的高度范围内（一般为 5～7 皮砖）用 M5 级砂浆砌筑，材料要求同拱砖过梁。如图 4-9(b) 所示。

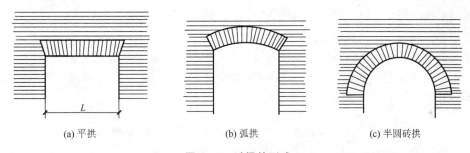

(a) 平拱　　　　　　　　(b) 弧拱　　　　　　　　(c) 半圆砖拱

图 4-9　过梁的形式

（3）钢筋混凝土过梁。钢筋混凝土过梁一般不受跨度的限制，且上部允许承受集中荷载或振动荷载。过梁宽与墙厚相同，高度应与砖的皮数相适应，常用的为 60mm、120mm、180mm、240mm。在跨度不大的情况下，常以 60mm 厚的板式过梁代替钢筋砖过梁。伸入墙内的搁置长度应不小于 250mm。钢筋混凝土过梁及其实例分别如图 4-10 和图 4-11 所示。

【门窗洞口结构】

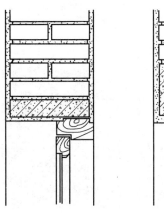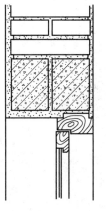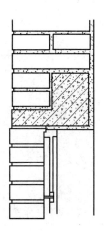

图 4-10　钢筋混凝土过梁

图 4 - 11 钢筋混凝土过梁实例

4.4.2 窗台

【窗台】

窗洞口的下部应设置窗台，其作用是为避免雨水聚积窗下并侵入墙身，沿窗下槛向室内渗漏。因此，窗台顶向外形成 10% 左右的坡度以利排水。此外，在排水坡粉面时，必须注意抹灰与窗下槛的交接处理，防止水沿窗下槛处向室内渗透。外窗台应采取防排水构造措施，外墙上的空调外机隔板也应采取相关的防雨水倒灌及外墙防潮的构造等措施，以利于空调冷凝水的排放。窗台有悬挑和不悬挑两种，可以用砖出挑或混凝土出挑。窗台形式及其实例分别如图 4 - 12 和图 4 - 13 所示。

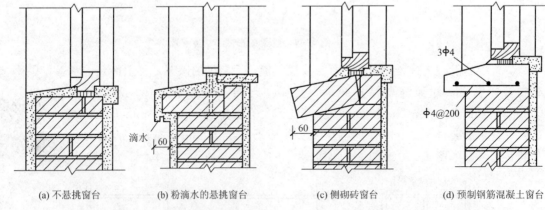

(a) 不悬挑窗台   (b) 粉滴水的悬挑窗台   (c) 侧砌砖窗台   (d) 预制钢筋混凝土窗台

图 4 - 12 窗台形式（单位：mm）

图 4 - 13 窗台实例

4.4.3 勒脚

外墙墙身下部靠近室外地坪的部分为勒脚,其高度为室内地坪与室外地面的高差部分,如图 4-14 和图 4-15 所示。勒脚的作用是防止地面水、屋檐滴下的雨水对墙面的侵蚀,以及地表水和地下水的毛细作用所形成的地潮对墙身的侵蚀,同时还可以保护外墙根免受碰撞等,并起着美化建筑立面的作用。因此有些建筑将勒脚高度提高到底层窗台。

【勒脚】

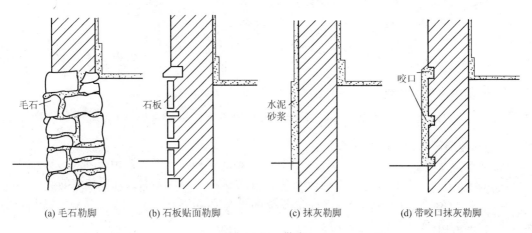

(a) 毛石勒脚　　(b) 石板贴面勒脚　　(c) 抹灰勒脚　　(d) 带咬口抹灰勒脚

图 4-14 勒脚

图 4-15 勒脚实例

4.4.4 地面防潮层

勒脚受潮会影响墙身,解决的办法是在勒脚处设防潮层,以隔绝室外雨水、地下潮气等对墙身的影响。有水平防潮层和垂直防潮层两种处理方式。

1. 水平防潮层

水平防潮层是对建筑物内外墙体沿勒脚处设水平方向的防潮层，以隔绝地下潮气等对墙身的影响。砌筑墙体在室外地面以上、位于室内垫层处也应设置连续的水平防潮层。根据材料的不同，水平防潮层一般有油毡防潮层、防水砂浆防潮层和配筋细石混凝土防潮层等，如图 4-16 所示。

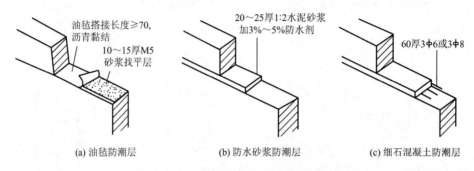

图 4-16　勒脚水平防潮层（单位：mm）

1）油毡防潮层

该法在防潮层部位先抹 20mm 厚砂浆找平，然后干铺油毡一层或用热沥青粘贴油毡一层，如图 4-16(a) 所示。油毡防潮层具有一定的韧性、延伸性和良好的防潮性能，但降低了上下砖砌体之间的黏结力，且降低了砖砌体的整体性，对抗震不利，故油毡防潮层不宜用于下端按固定端考虑的砖砌体和有抗震要求的建筑中。

2）砂浆防潮层

砂浆防潮层是在需要设置防潮层的位置铺设防水砂浆层，或用防水砂浆砌筑 1~2 皮砖。防水砂浆是在水泥砂浆中加入水泥量 3%~5% 的防水剂配制而成的。防潮层厚 20~25mm，如图 4-16(b) 所示。防水砂浆能克服油毡防潮层的缺点，故较适用于抗震地区和一般的砖砌体中。但由于砂浆系脆性材料，易开裂，故不适用于地基会产生微小变形的建筑中。

3）细石钢筋混凝土防潮层

为了提高防潮层的抗裂性能，常采用 60mm 厚的配筋细石混凝土防潮带，如图 4-16(c) 所示。由于其抗裂性能好，且能与砌体结合为一体，故适用于整体刚度要求较高的建筑中。

水平防潮层应设置在距室外地面 150mm 以上的勒脚砌体中，以防止地表水反渗的影响，同时考虑到室内实铺地坪层下填土或垫层的毛细作用，故一般将水平防潮层设置在地坪结构层（如混凝土层）厚度之间的砖缝处，在设计中常以标高 -0.060m 表示，使其更有效地起到防潮作用，如图 4-17 所示。

2. 垂直防潮层

当室内地坪出现高差或室内地坪低于室外地面时，不仅要求按地坪高差不同在墙身设两道水平防潮层，而且还为了避免地坪房间（或室外平面）填土中地潮气侵入墙身，而应对有高差部分的垂直墙面采取垂直防潮措施。具体做法是在高地坪房间填土前，于两道水平防潮层之间的垂直墙面上先用水泥砂浆抹灰，再涂冷底子油一道、热沥青两道（或再用防水砂浆抹灰做防潮处理），而在低地坪一边的墙面上，则以采用水泥砂浆打底的墙面抹灰为佳，如图 4-18 所示。

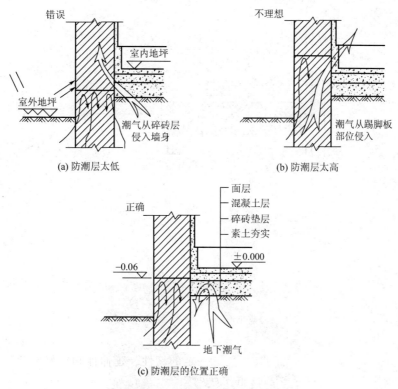

图 4-17 水平防潮层的设置位置

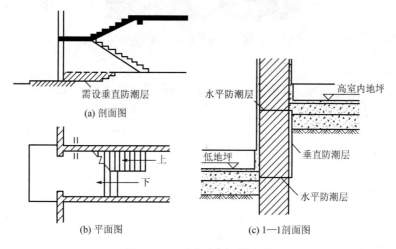

图 4-18 垂直防潮层的设置

4.4.5 散水与明沟

1. 散水

外墙四周,主要作用是保护墙基不受水侵蚀。为此将地面做成向外倾斜的坡面,该坡面称为散水,一般坡度为 5% 左右,宽 600～1000mm,如图 4-19 和图 4-20 所示。当屋面排水方式为自由落水时,则宽度较屋顶檐多出 200mm。

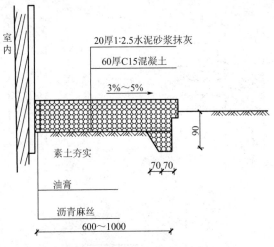

图 4－19　散水（单位：mm）

图 4－20　散水实例

2. 明沟

明沟又称阳沟、排水沟，设置在建筑物的外墙四周，以便将屋面落水和地面积水有组织地导向地下排水井，然后流入排水系统，保护外墙基础。明沟一般采用混凝土浇筑，或用砖、石砌筑成宽不小于 180mm、深不小于 150mm 的沟槽，然后用水泥砂浆抹面。为保证排水通畅，沟底应有不小于 1％的纵向坡度。明沟适用于降雨量较大的南方地区。

4.4.6　圈梁

圈梁又称腰箍，是沿外墙四周及部分内横墙设置的连续闭合梁。其作用是配合楼板和构造柱增加房屋的整体刚度和稳定性，减轻地基不均匀沉降或较大振动荷载对房屋的破坏，以及抵抗地震力的影响。

设置在基础顶面部位和檐口部位的圈梁对抵抗不均匀沉降作用最为有效；当房屋中部沉降较两端大时，位于基础顶面部位的圈梁作用较大；当房屋两端沉降较中部大时，位于檐口部位的圈梁作用较大。

圈梁有钢筋砖圈梁和钢筋混凝土圈梁两种。钢筋砖圈梁多用于非抗震地区，为钢筋砖过梁沿外墙兜圈而成；钢筋混凝土圈梁其宽度与墙同厚，高度一般不小于 120mm，常见的为 180mm、240mm。当遇到门、窗洞口致使圈梁不能闭合时，应在洞口上部或下部设置一道不小于圈梁截面的附加圈梁。附加圈梁与圈梁的搭接长度 l 不小于 $2h$，且不小于 1m，如图 4-21 所示。但在抗震设防地区圈梁应完全闭合，不能被洞口所截断。

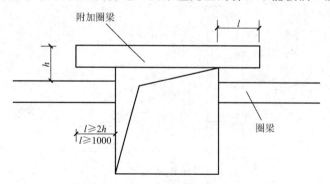

图 4-21　附加圈梁（单位：mm）

对于高度在 $5\sim 8m$ 的单层建筑，一般沿高度设一道圈梁，并设于顶部；而高度大于 8m 的单层建筑设两道，屋顶及基础顶各一道。对于多层建筑，一般可每层或每隔一层设一道；当地基软弱或复杂不均匀，或地震设计烈度大于 7 度时，应每层都设置圈梁，且基础顶层增设一道。在通常的设计中，为节省材料，可把圈梁、过梁合为一体。

4.4.7　构造柱

构造柱的作用是帮助墙体受力，提高抗震能力，增强房屋的整体刚度及稳定性。设构造柱的同时必须设置圈梁。柱与圈梁及墙体紧密连接，柱下端应锚固于钢筋混凝土基础或基础梁内，使柱和梁一起形成空间骨架，以提高建筑物延性，增强抗震能力。

钢筋混凝土构造柱一般设在建筑物的四周、内外墙交接处、楼梯间、电梯间以及某些较长墙体的中部，其平面位置如图 4-22 所示，其结构如图 4-23～图 4-25 所示。

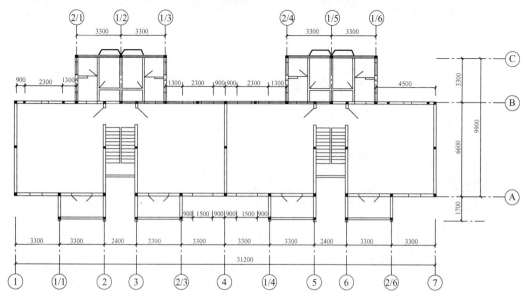

图 4-22　大开间住宅楼构造柱位置示意图（单位：mm）

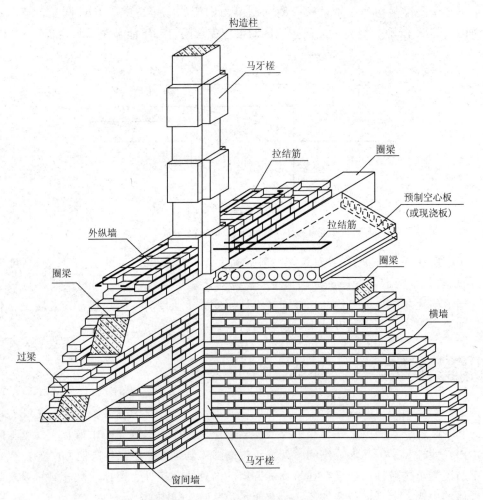

图 4-23　构造柱结构示意图

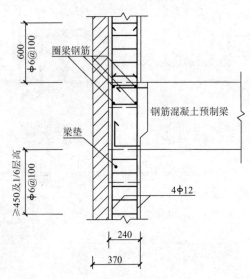

图 4-24　构造柱结构剖面图（单位：mm）

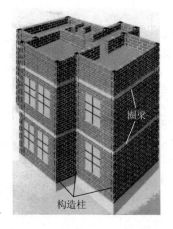
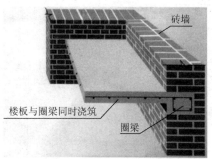

【圈梁和构造柱】

图 4 - 25 构造柱及圈梁实例

任务 4.5 隔墙与隔断的构造

非承重墙的内墙通常称为隔墙，起着分隔房间的作用。由于隔墙布置灵活，能适应建筑使用功能的变化，因而在现代建筑中应用广泛。常见的隔墙可分为砌筑隔墙、立筋隔墙和条板隔墙等。

隔断是指把一个结构的一部分同另一部分分开，用分隔物把物体分成几部分。

4.5.1 砌筑隔墙

砌筑隔墙是指利用普通砖、多孔砖、空心砌块以及各种轻质砌块等砌筑的墙体。

1. 普通砖砌隔墙

砖隔墙有半砖隔墙和 1/4 隔墙之分。砖隔墙的上部与楼板或梁的交接处，不宜过于填实或使砖砌体直接顶住楼板或梁，应留有约 30mm 的空隙或将上两皮砖斜砌，以预防楼板结构产生挠度，致使隔墙被压坏，如图 4 - 26 所示。

2. 多孔砖、空心砖及砌块墙

多孔砖或空心砖作隔墙多采用立砌。砌块隔墙常采用粉煤灰硅酸盐、加气混凝土、水泥煤渣等制成的实心或空心砌块砌筑而成，墙体稳定性较差，通常沿墙身横向配以钢筋。

目前常采用加气混凝土砌块、粉煤灰硅酸盐砌块以及水泥炉渣空心砖等砌筑隔墙。其墙厚一般为 90～120mm，在砌筑时应先在墙下部实砌 3～5 皮黏土砖，再砌砌块。砌块不够整块时宜用普通黏土砖填补。同时要对其墙身进行加固处理，构造处理的方法同普通砖隔墙，如图 4 - 27 和图 4 - 28 所示。

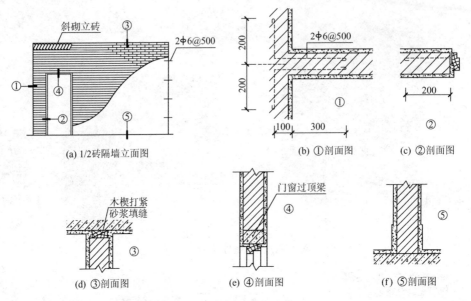

图 4-26　半砖隔墙构造（单位：mm）

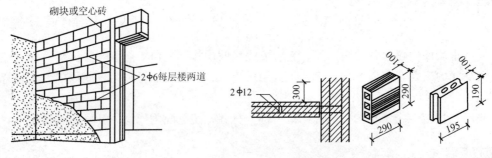

图 4-27　砌块隔墙构造（单位：mm）

【砌块隔墙】

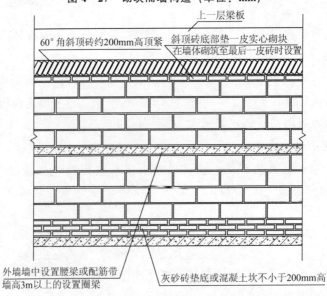

图 4-28　砌块隔墙立面图

4.5.2 立筋隔墙

立筋隔墙有木筋骨架隔墙和金属骨架隔墙之分。

【立筋隔墙】

1. 木筋骨架隔墙

木筋骨架隔墙根据饰面材料的不同，有灰板条隔墙、装饰板隔墙和镶板隔墙等多种，特点是自重轻、构造简单。

1）木骨架

木骨架由上槛、下槛、墙筋、斜撑及横撑等构成，如图 4 - 29 所示，墙筋靠上、下槛固定。上、下槛及墙筋断面通常为 50mm×70mm 或 50mm×100mm。墙筋之间沿高度方向每隔 1.5m 左右设斜撑一道。当表面系铺钉面板时，则斜撑改为水平的横撑。斜撑或横撑的断面与墙筋相同或略小于墙筋。墙筋与横撑的间距由饰面材料规格而定。

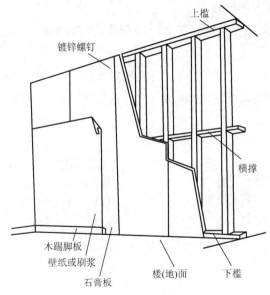

图 4 - 29　木筋骨架

2）隔墙饰面

隔墙饰面系在木骨架上铺饰各种饰面材料，包括灰板条抹灰、装饰吸声板、钙塑板、纸面石膏板、水泥刨花板、水泥石膏板以及各种胶合板、纤维板等。

灰板条抹灰隔墙系在墙筋上钉灰板条，然后抹灰。灰板条尺寸一般为 6mm×30mm×1200mm，钉在墙筋上，其间隙为 10mm 左右，以便让底灰挤入板条间隙的背面，"咬"住灰板条。为加强抹灰与板条的联系，防止抹灰面层开裂，或需在板条外做水泥砂浆抹灰时，常将灰板条间距增大，在板条外铺钢板网或钢丝网后再进行抹灰，如图 4 - 30 所示。

2. 金属骨架隔墙

金属骨架隔墙是在金属骨架外铺钉面板而制成的隔墙，它具有节约木材、质量轻、强度高、刚度大、结构整体性强及拆装方便等特点。

骨架由各种形式的薄壁型钢加工而成，如图 4 - 31（a）所示。骨架包括上槛、下槛、墙筋和横挡，如图 4 - 31（b）所示。骨架和楼板、墙或柱等构件相接时，多用膨胀螺栓或

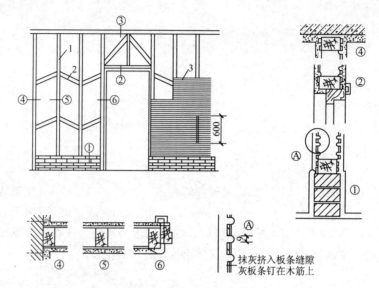

图 4-30　灰板条抹灰隔墙（单位：mm）

1—墙筋；2—斜撑；3—板条

膨胀钢钉来固接。墙筋、横挡之间靠各种配件相互连接。墙筋间距由面板尺寸定。面板多为胶合板、纤维板、石膏板和纤维水泥板等，面板借镀锌螺钉、自攻螺钉、膨胀螺钉或金属夹子固牢在金属骨架上。

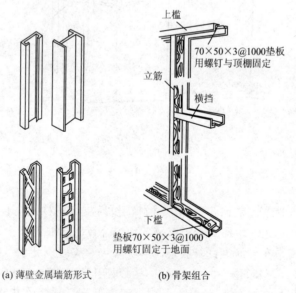

(a) 薄壁金属墙筋形式　　　　(b) 骨架组合

图 4-31　金属骨架隔墙（单位：mm）

4.5.3　条板隔墙

条板隔墙是指采用各种轻质材料制成的预制薄型板材安装而成的隔墙。常见的板材有加气混凝土条板、石膏条板、泰柏板等，这些条板自重轻、安装方便。普通条板的安装、固定主要靠各种黏结砂浆或黏结剂进行黏结，待安装完毕，再进行表面装修，如图 4-32 所示。

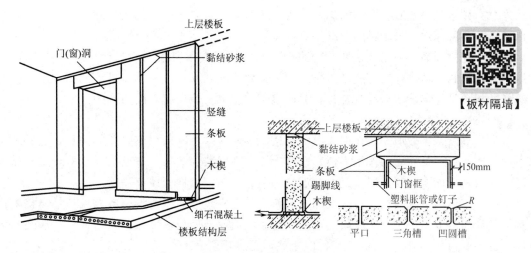

图 4-32 条板隔墙实例

4.5.4 隔断

隔断系指分隔室内空间的装饰构件，与隔墙有相似之处，但也有区别。隔断是指专门作为分隔室内空间的立面，在区域中既起到分割空间的作用，又不像整面墙体那样将居室完全隔开，而是在隔中有连接，断中有连续。这种虚实结合的特点使隔断成为居住和公共建筑等在设计中常见的一种处理方法，在住宅、办公室、展览馆、餐厅、门诊室等装修中是一个有很大创作余地的项目，成为企业和建筑设计师展现个性与才华的一个焦点。

现代建筑隔断的类型很多，有些地区也称其为高隔间。按隔断的固定方式分，有固定式隔断和活动式隔断；按隔断的开启方式分，有推拉式隔断、折叠式隔断、直滑式隔断、拼装式隔断；按隔断的材料分，有木隔断、竹隔断、玻璃隔断、金属隔断等。此外，还有硬质隔断、软质隔断、家具式隔断、屏风式隔断等。

1. 固定式隔断

固定式隔断是用于划分和限定建筑室内空间的非承重可拆卸式构件，由饰面板材、骨架材料、密封材料和五金件组成。国外将外墙的贴面墙也列入固定式隔断中。

固定式隔断所用材料有木制、竹制、玻璃、金属及水泥制品等，可做成花格、落地罩、飞罩、博古架等各种形式，俗称空透式隔断。以下是几种是常见的固定式隔断。

1）木隔断

木隔断通常有两种：一种是木饰面隔断，另一种是硬木花格隔断。木制隔断经常用于办公场所。

（1）木饰面隔断。一般采用木龙骨上固定木板条、胶合板、纤维板等面板，做成不到顶的隔断。木龙骨与楼板、墙应有可靠的连接，面板固定在木龙骨上后，用木压条盖缝，最后按设计要求罩面或贴面。

另外还有一种开放式办公室的隔断，高度为 1.3～1.6m，用高密度板做骨架，防火装饰板罩面，用金属连接件组装而成。这种隔断便于工业化生产，壁薄体轻，面板色泽淡雅、易擦洗、防火性好，并且能节约办公用房面积。

（2）硬木花格隔断。常用的木材多为硬质杂木，它自重轻，加工方便，制作简单，可以雕刻成各种花纹，做工精巧、纤细。

硬木花格隔断一般用板条和花饰组合，花饰镶嵌在木质板条的裁口中，可采用榫接、销接、钉接和胶接，外边钉有木压条。为保证整个隔断具有足够的刚度，隔断中应有一定数量的板条贯穿隔断的全高和全长，其两端与上下梁、墙应有牢固的连接。

2）玻璃隔断

玻璃隔断是将玻璃安装在框架上的空透式隔断。这种隔断可到顶或不到顶，其特点是空透、明快，而且在光的作用下色彩有变化，可增强装饰效果。玻璃隔断按框架的材质不同，有落地玻璃木隔断、铝合金框架玻璃隔断、不锈钢圆柱框玻璃隔断。

（1）落地玻璃木隔断。直接在隔断的相应位置安装竖向木骨架，并与墙、柱及楼板连接，然后固定上、下槛，最后固定玻璃。对于大面积玻璃板，玻璃放入木框后，应在木框的上部和侧边留 3mm 左右的缝隙，以免玻璃受热开裂。

（2）铝合金框架玻璃隔断。用铝合金做骨架，将玻璃镶嵌在骨架内所形成的隔断。

（3）不锈钢柱框玻璃隔断。这种隔断的构造关键是要解决好玻璃板与不锈钢柱框的连接固定。玻璃板与不锈钢柱框的固定方法有三种：第一种是将玻璃板用不锈钢槽条固定；第二种是将玻璃板直接镶在不锈钢立柱上；第三种是根据设计要求用专用的不锈钢紧固件将相应部位打孔的玻璃与不锈钢柱连接固定，此种固定方法要求玻璃必须是安全玻璃，而且要求玻璃上的孔位尺寸应精确。这种玻璃隔断现代感强，装饰效果好。

2. 活动式隔断

活动式隔断又称活动隔墙、移动隔断、移动隔断墙、轨道隔断、移动隔声墙等。其具有易安装、可重复利用、可工业化生产、防火、环保等特点。

移动式隔断给人们的工作带来很大的方便，是一种根据需要可随时把大空间分割成小空间或把小空间连成大空间、具有一般墙体功能的活动墙，可形成独立空间区域，能起一厅多能、一房多用的作用，如图 4-33 所示。

图 4-33　隔断实例

任务 4.6　外墙外保温构造

外墙外保温系统，是对由保温层、保护层和固定材料（胶粘剂、锚固件等）构成并适用于安装在外墙外表面的非承重保温构造的总称。外墙外保温工程，是指将外墙外保温系统通过组合、组装、施工或安装，固定在外墙外表面上而形成建筑物实体的工程，如图 4 - 34 所示。

【南北方墙体差异】

图 4 - 34　外墙外保温工程实例

4.6.1　EPS 板薄抹灰外墙外保温系统构造和技术要求

（1）EPS 板薄抹灰外墙外保温系统由 EPS 板保温层、薄抹面层和饰面涂层构成，EPS 板用胶粘剂固定在基层上，薄抹面层中满铺玻纤网，如图 4 - 35 所示。

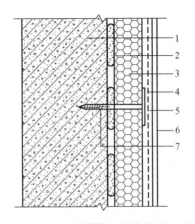

图 4 - 35　EPS 板薄抹灰外墙外保温系统

1—基层；2—胶粘剂；3—EPS 板；4—玻纤网；5—薄抹面层；6—饰面涂层；7—锚栓

（2）建筑物高度在 20m 以上时，在受负风压作用较大的部位宜使用锚栓辅助固定。

（3）EPS 板宽度不宜大于 1200mm，高度不宜大于 600mm。

（4）必要时应设置抗裂分隔缝。

（5）EPS 板薄抹灰系统的基层表面应清洁，无油污、脱模剂等妨碍黏结的附着物。凸起、空鼓和疏松部位应剔除并找平。找平层应与墙体黏结牢固，不得有脱层、空鼓、裂缝，面层不得有粉化、起皮、爆灰等现象。

（6）粘贴 EPS 板时，应将胶粘剂涂在 EPS 板背面，涂胶面积不得小于 EPS 板面积的 40%。

（7）墙角处 EPS 板应交错互锁，如图 4-36(a) 所示。门窗洞口四角处 EPS 板不得拼接，应采用整块 EPS 板切割成形，EPS 板接缝应离开角部至少 200mm，如图 4-36(b) 所示。

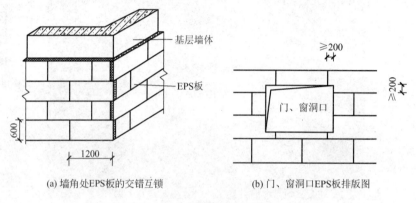

(a) 墙角处EPS板的交错互锁　　(b) 门、窗洞口EPS板排版图

图 4-36　EPS 板排版图（单位：mm）

4.6.2　胶粉 EPS 颗粒保温浆料外墙外保温系统构造和技术要求

胶粉 EPS 颗粒保温浆料外墙外保温系统由界面层、胶粉 EPS 颗粒保温浆料保温层、抗裂砂浆薄抹面层和饰面层组成，如图 4-37 所示。胶粉 EPS 颗粒保温浆料经现场拌和后喷涂或抹在基层上形成保温层。薄抹面层中应满铺玻纤网。

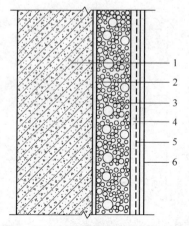

图 4-37　保温浆料外墙外保温系统

1—基层；2—界面砂浆；3—胶粉 EPS 颗粒保温浆料；4—抗裂砂浆薄抹面层；5—玻纤网；6—饰面层

（1）胶粉 EPS 颗粒保温浆料保温层设计厚度不宜超过 100mm。

（2）基层表面应清洁，无油污和脱模剂等妨碍黏结的附着物，空鼓、疏松部位应剔除。

（3）胶粉 EPS 颗粒保温浆料宜分遍抹灰，每遍间隔时间应在 24h 以上，每遍厚度不宜超过 20mm。第一遍抹灰应压实，最后一遍应找平，并用大杠搓平。

（4）保温层硬化后，应现场检验保温层厚度，并现场取样检验胶粉 EPS 颗粒保温浆料干密度。

4.6.3　EPS 板现浇混凝土外墙外保温系统构造和技术要求

EPS 板现浇混凝土外墙外保温系统以现浇混凝土外墙作为基层，EPS 板为保温层。EPS 板内表面沿水平方向开有矩形齿槽，内、外表面均满涂界面砂浆。在施工时，将 EPS 板置于外模板内侧，并安装锚栓作为辅助固定件。浇灌混凝土后，墙体与 EPS 板以及锚栓结合为一体。EPS 板表面抹抗裂砂浆薄抹面层，外表以涂料为饰面层，如图 4-38 所示。薄抹面层中应满铺玻纤网。

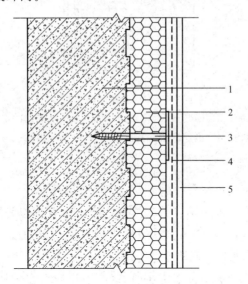

图 4-38　现浇混凝土外墙外保温系统（无网现浇系统）
1—现浇混凝土外墙；2—EPS 板；3—锚栓；4—抗裂砂浆薄抹面层；5—饰面层

（1）EPS 板宽度宜为 1.2m，高度宜为建筑物层高。

（2）锚栓每平方米宜设 2～3 个。

（3）水平抗裂分隔缝宜按楼层设置。垂直抗裂分隔缝宜按墙面面积设置，在板式建筑中不宜大于 30m²，在塔式建筑中可视具体情况而定，宜留在阴角部位。

（4）混凝土一次浇筑高度不宜大于 1m，混凝土需振捣密实均匀，墙面及接槎处应光滑、平整。

（5）混凝土浇筑后，EPS 板表面局部不平整处宜抹胶粉 EPS 颗粒保温浆料修补和找平，修补和找平处厚度不得大于 10mm。

4.6.4 EPS 钢丝网架板现浇混凝土外墙外保温系统构造和技术要求

EPS 钢丝网架板现浇混凝土外墙外保温系统以现浇混凝土为基层，EPS 单面钢丝网架板置于外墙外模板内侧，并安装 φ6 钢筋作为辅助固定件。浇灌混凝土后，EPS 单面钢丝网架板挑头钢丝和 φ6 钢筋与混凝土结合为一体，EPS 单面钢丝网架板表面抹掺外加剂的水泥砂浆形成厚抹面层，外表做饰面层，如图 4-39 所示。以涂料做饰面层时，应加抹玻纤网抗裂砂浆薄抹面层。

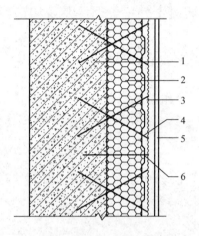

图 4-39 有网现浇系统
1—现浇混凝土外墙；2—EPS 单面钢丝网架板；3—掺外加剂的水泥砂浆厚抹面层；
4—钢丝网架；5—饰面层；6—φ6 钢筋

（1）φ6 钢筋每平方米宜设 4 根，锚固深度不得小于 100mm。

（2）在每层层间宜留水平抗裂分隔缝，层间保温板外钢丝网应断开，抹灰时嵌入层间塑料分隔条或泡沫塑料棒，外表用建筑密封膏嵌缝。垂直抗裂分隔缝宜按墙面面积设置，在板式建筑中不宜大于 30m²，在塔式建筑中可视具体情况而定，宜留在阴角部位。EPS 单面钢丝网架板质量要求见表 4-2。

（3）混凝土一次浇筑高度不宜大于 1m，混凝土需振捣密实均匀，墙面及接槎处应光滑、平整。

表 4-2 EPS 单面钢丝网架板质量要求

项　　目	质　量　要　求
外观	界面砂浆涂敷均匀，与钢丝和 EPS 板附着牢固
焊点质量	斜丝脱焊点不超过 3%
钢丝挑头	穿透 EPS 板挑头不小于 30mm
EPS 板对接	板长 3000mm 范围内 EPS 板对接不得多于两处，且对接处需用胶粘剂粘牢

4.6.5 机械固定 EPS 钢丝网架板外墙外保温系统构造和技术要求

机械固定 EPS 钢丝网架板外墙外保温系统由机械固定装置、腹丝非穿透型 EPS 钢丝网架板、掺外加剂的水泥砂浆厚抹面层和饰面层构成，如图 4-40 所示。以涂料做饰面层时，应加抹玻纤网抗裂砂浆薄抹面层。

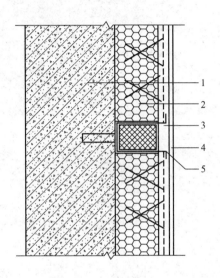

图 4-40 机械固定系统

1—基层；2—EPS 钢丝网架板；3—掺外加剂的水泥砂浆厚抹面层；

4—饰面层；5—机械固定装置

（1）腹丝非穿透型 EPS 钢丝网架板腹丝插入 EPS 板中深度不应小于 35mm，未穿透厚度不应小于 15mm。腹丝插入角度应保持一致，误差不应大于 3°。板两面应预喷刷界面砂浆。钢丝网与 EPS 板表面净距不应小于 10mm。

（2）固定 EPS 钢丝网架板时，应逐层设置承托件，承托件应固定在结构构件上。

（3）机械固定系统的金属固定件、钢筋网片、金属锚栓和承托件应做防锈处理。

任务 4.7 建筑幕墙构造

建筑幕墙是建筑物不承重的外墙围护，通常由面板（玻璃、铝板、石板、陶瓷板等）和后面的支承结构（铝横梁立柱、钢结构、玻璃肋等）组成。

1. 建筑幕墙分类

按主要支承结构形式，建筑幕墙分为构件式幕墙、单元式幕墙、幕墙钢结构、金属屋面等。

1）构件式幕墙

构件式幕墙的立柱（或横梁）先安装在建筑主体结构上，再安装横梁（或立柱），立柱和横梁组成框格，面板材料在工厂内加工成单元组件，再固定在立柱和横梁组成的框格上，如图4-41所示。面板材料单元组件所承受的荷载要通过立柱（或横梁）传递给主体结构。

图4-41　构件式幕墙

构件式幕墙又分为以下类别。

（1）明框幕墙：金属框架的构件显露于面板外表面的框支承幕墙。

（2）隐框幕墙：金属框架的构件完全不显露于面板外表面的框支承幕墙。

（3）半隐框幕墙：金属框架的竖向或横向构件显露于面板外表面的框支承幕墙。

2）单元式幕墙

单元式幕墙是符合当今世界潮流的高档建筑外维护系统，以工厂化的组装生产、高标准化的技术、大量节约施工时间等综合优势，成为建筑幕墙领域最具普及价值和发展优势的幕墙形式，如图4-42所示。

图4-42　单元式幕墙

单元式幕墙主要特点如下：

（1）工业化生产，组装精度高，可有效控制工程施工周期，经济效益和社会效益明显；

（2）单元之间采用结构密封，适应主体结构位移能力强，适用于超高层建筑和钢结构高层建筑；

（3）不需要在现场填注密封胶，不受天气对打胶的影响；

（4）具有优良的气密性、水密性、风压变形及平面变形能力，可达到较高的环保节能要求。

3）幕墙钢结构

幕墙钢结构具有自重轻、安装容易、施工周期短、抗震性能好、投资回收快、环境污染少等综合优势，与钢筋混凝土结构相比，更具有在"高、大、轻"三个方面的独特优势，因此在高层建筑、大型公共建筑（如体育馆、机场、剧院、大型厂房）等领域中得以广泛应用，如图 4-43 所示。

图 4-43　幕墙钢结构

4）金属屋面

金属屋面将采光通风与建筑艺术完美融合起来，充分体现了现代建筑清新明亮的环境和新颖独特的艺术造型，如图 4-44 所示。

图 4-44　金属屋面

2. 建筑幕墙应符合的规定

（1）幕墙所采用的型材、板材、密封材料、金属附件、零配件等均应符合现行的有关国家标准的规定。

（2）玻璃幕墙分隔应与楼板、梁、内隔墙处连接牢固，并满足防火分隔要求，如图 4-45 所示。

（3）玻璃幕墙的建筑高度及用于抗震地区时应符合有关规范的要求。

（4）玻璃幕墙应采用安全玻璃，并应具有抗撞击的性能。

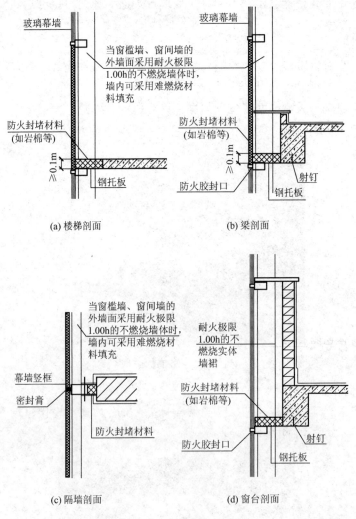

(a) 楼梯剖面　　　　　　　　　(b) 梁剖面

(c) 隔墙剖面　　　　　　　　　(d) 窗台剖面

图 4-45　建筑幕墙构造做法

项目小结

　　墙体是建筑物重要的承重结构，设计中需要满足强度、刚度和稳定性等结构要求。墙体也是建筑物重要的围护结构，设计中需要满足不同的使用功能和热工要求。墙体的分类方式有多种，目前使用最广泛的是砖墙，它既可以是承重墙，也可以是非承重墙。砖墙和砌块墙都是块材墙，都是由砌块和胶粘材料组成。墙身的构造组成，包括墙脚构造、门窗洞口构造和墙身加固措施等。

　　砖墙的细部构造，包括明沟、散水、勒脚、防潮层、窗台、门窗过梁、圈梁、墙中孔道及防火墙等部位。墙身防潮层有水平防潮层和垂直防潮层两种形式。水平防潮层常用的做法，有卷材防潮层、砂浆防潮层、细石混凝土防潮层。复合外墙主要有中填保温材料外墙、外保温外墙和内保温外墙三种。

隔墙根据其材料和施工方式不同，可分成砌筑隔墙、立筋隔墙和条板隔墙。砌筑隔墙有砖砌隔墙和砌块隔墙两种。

现代建筑隔断的类型很多。按隔断的固定方式分，有固定式隔断和活动式隔断；按隔断的开启方式分，有推拉式隔断、折叠式隔断、直滑式隔断、拼装式隔断；按隔断的材料分，有木隔断、竹隔断、玻璃隔断、金属隔断等。此外，还有硬质隔断、软质隔断、家具式隔断、屏风式隔断等。

建筑幕墙是建筑物不承重的外墙围护，通常由面板（玻璃、铝板、石板、陶瓷板等）和后面的支承结构（铝横梁立柱、钢结构、玻璃肋等）组成。

练 习 题

一、填空题

1. 墙体按照其在房屋中所处位置的不同，有_____和_____之分。

2. 墙体按照施工方法不同，可分为_____、_____、_____三种。

3. 非承重墙体包括_____、_____、_____三类。

4. 墙体的承重方案有_____、_____、_____和墙柱混合承重。

5. 散水的宽度一般为_____，当屋面挑檐时，散水宽度应_____，散水坡度一般为_____。

6. 常用的过梁构造形式有_____、_____、_____三种。

7. 空心砖隔墙质量轻，但吸湿性大，常在墙下部砌_____黏土砖。

8. 在墙承重的房屋中，墙体既是_____构件，又是_____构件。

二、选择题

1. 隔墙的建筑功能主要是_____。

A. 水平向分隔空间的作用   B. 竖向承重的作用

C. 水平向抗风的作用   D. 保温防火的作用

2. 墙体依结构受力情况不同，分为_____。

A. 内墙、外墙   B. 承重墙、非承重墙

C. 实体墙、空心墙   D. 块材墙、板筑墙及板材墙

3. 宿舍、办公楼、旅馆等小开间建筑在选用混合结构时，宜采用_____方案。

A. 横墙承重   B. 纵墙承重   C. 纵横墙承重   D. 墙框混合承重

4. 在墙体承重方式中，纵墙承重的优点是_____。

A. 空间组合较灵活   B. 纵墙上开门、窗限制较少

C. 整体刚度好   D. 楼板所用材料较横墙承重少

5. 横墙承重方案中，建筑开间在_____以内时较为经济。

A. 3.0m   B. 4.2m   C. 2.4m   D. 5.7m

【项目4 在线答题】

项目 5

楼板层与地坪面构造

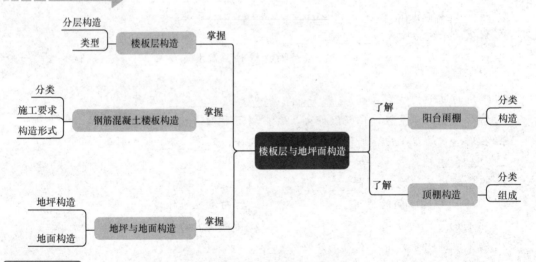

思维导图

```
分层构造
  类型 ── 楼板层构造 ──── 掌握
                                              了解 ── 阳台雨棚 ── 分类
                                                                构造
分类
施工要求 ── 钢筋混凝土楼板构造 ── 掌握 ── 楼板层与地坪面构造
构造形式
                                              了解 ── 顶棚构造 ── 分类
                                                              组成
地坪构造
地面构造 ── 地坪与地面构造 ── 掌握
```

任务提出

　　钢筋混凝土结构是指用配有钢筋增强的混凝土制成的结构，承重的主要构件是用钢筋混凝土建造的，包括薄壳结构、大模板现浇结构及使用滑模、升板等建造的建筑物。其中钢筋承受拉力，混凝土承受压力。此种结构具有坚固、耐久、防火性能好、比钢结构节省钢材和成本低等优点，一般采用在工厂或施工现场预制的钢筋混凝土构件，在现场拼装而成。楼板层即常常采用钢筋混凝土结构。

任务 5.1 楼板层构造

地坪面即为底层的地面，而楼板层即为除底层以外所有标准层的楼板面层及结构层。

5.1.1 楼板层

为了满足楼板层的使用功能要求，一幢现代化多层建筑的楼板层通常由以下部分构成，如图5-1所示。

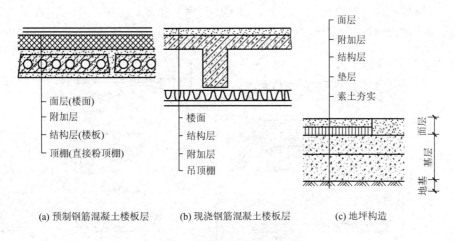

(a) 预制钢筋混凝土楼板层　　(b) 现浇钢筋混凝土楼板层　　(c) 地坪构造

图5-1 楼板层的基本组成

1. 楼板面层

楼板面层又称楼面或地面，其起着保护楼板层、分布荷载和各种绝缘的作用，同时也对室内装修起重要作用。

2. 楼板结构层

楼板结构层是楼板层的承重部分，包括板和梁。它的主要功能在于承受楼板层上全部静、活荷载，并将这些荷载传给墙或柱；同时还对墙身起水平支撑作用，帮助墙身抵抗和传递由风或地震等所产生的水平力，以增强建筑物的整体刚度。

3. 附加层

附加层又可称为功能层，主要用以设置起隔声、防水、隔热和保温等绝缘作用的部分。它是现代楼板结构中不可缺少的部分。

4. 楼板顶棚层

楼板顶棚层是楼板层的下面部分，主要用以保护楼板、安装灯具、遮掩各种水平管线设备及装饰室内。在构造上，可分为直接抹灰顶棚、粘贴类顶棚和吊顶棚等多种形式。

5.1.2　楼板的类型

【楼板分类】

根据所用材料的不同，楼板可分为木楼板、砖拱楼板、钢筋混凝土楼板以及钢衬板承重的楼板等多种形式，如图 5-2 所示。

（1）木楼板：具有自重轻、构造简单等优点，但其耐火和耐久性均较差，为节约木材，除产木地区外现已极少采用。

（2）砖拱楼板：可节约钢材、水泥和木材，曾在缺乏钢材、水泥的地区采用过。由于它自重大、承载能力差且对抗震不利，加上施工复杂，现已趋于不用。

（3）钢筋混凝土楼板：具有强度高、刚度好、既耐久又防火、有良好的可塑性且便于工业化生产和机械化施工等特点，是目前我国工业与民用建筑中楼板的基本形式，应用最广。

（4）由钢衬板承重的楼板：近年来，由于压型钢板在建筑上的应用，出现了以压型钢板为底模的钢衬板楼板。

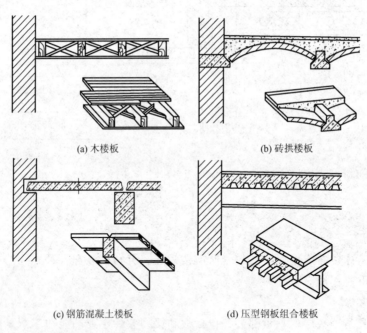

(a) 木楼板　　　　　　　　　　(b) 砖拱楼板

(c) 钢筋混凝土楼板　　　　(d) 压型钢板组合楼板

图 5-2　楼板的类型

任务 5.2　钢筋混凝土楼板构造

钢筋混凝土楼板按施工方式不同，分为现浇式钢筋混凝土楼板、预制装配式钢筋混凝土楼板和装配整体式钢筋混凝土楼板三种类型。

5.2.1 现浇式钢筋混凝土楼板

现浇式钢筋混凝土楼板是在施工现场通过支模、绑扎钢筋、浇筑混凝土及养护等工序所制成的楼板。这种楼板具有能够自由成型、整体性强、抗震性能好的优点，但模板用量大、工序多、工期长、工人劳动强度大，并且施工受季节影响较大。

现浇钢筋混凝土楼板按其结构类型不同，可分为板式楼板、梁板式楼板、井式楼板、无梁楼板，此外还有压型钢板组合楼板。

1. 板式楼板

将楼板现浇成一块平板，四周直接支承在墙上，这种楼板称为板式楼板。板式楼板的底面平整，便于支模施工，但当楼板跨度大时，需增加楼板的厚度，耗费材料较多，所以板式楼板适用于平面尺寸较小的房间，如厨房、卫生间及走廊等。

按其支撑情况和受力特点，板式楼板分为单向板和双向板。当板的长边尺寸 l_2 与短边尺寸 l_1 之比 l_2/l_1 大于 2 时，在荷载作用下，楼板基本上只在 l_1 方向上挠曲变形，而在 l_2 方向上的挠曲很小，这表明荷载基本沿 l_1 方向传递，称为单向板，如图 5-3(a) 所示。当 l_2/l_1 不大于 2 时，楼板在两个方面都挠曲，即荷载沿两个方向传递，称为双向板，如图 5-3(b) 所示。

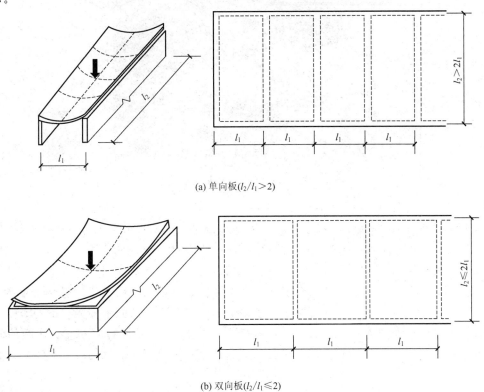

(a) 单向板($l_2/l_1 > 2$)

(b) 双向板($l_2/l_1 \leqslant 2$)

图 5-3　楼板的类型

2. 梁板式楼板

当房间平面尺寸较大时，为了避免楼板的跨度过大，可在楼板下设梁来增加板的支点，从而减小板跨。这时，楼板上的荷载先由板传给梁，再由梁传给墙或柱。这种由板和梁组成的楼板称为梁板式楼板。根据梁的布置情况，梁板式楼板可分为单梁式楼板和双梁式楼板两种。

1）单梁式楼板

当房间有一个方向的平面尺寸相对较小时，可以只沿短向设梁，梁直接搁置在墙上，这种梁板式楼板属于单梁式楼板，如图 5-4 和图 5-5 所示。单梁式楼板的结构较简单，仅适用于教学楼、办公楼等建筑。

 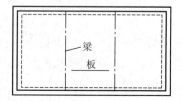

图 5-4　单梁式楼板

图 5-5　单梁式楼板实例

2）双梁式楼板

当房间两个方向的平面尺寸都较大时，在纵横两个方向都设置梁，有主梁和次梁之分。主梁和次梁的布置应整齐有规律，并考虑建筑物的使用要求、房间的大小形状以及荷载作用情况等。一般主梁沿房间短跨方向布置，次梁则垂直于主梁布置，如图 5-6 和图 5-7 所示。

除了考虑承重要求之外，梁的布置还应考虑经济合理性。一般主梁的经济跨度为 5～8m，高度为跨度的 1/14～1/8，宽度为高度的 1/3～1/2。主梁的间距即为次梁的跨度，其一般为 4～6m，次梁的高度为跨度的 1/18～1/12，宽度为高度的 1/3～1/2。次梁的间距即为板的跨度，其一般为 1.7～2.7m，板的厚度一般为 60～80mm。

3. 井式楼板

当房间的跨度超过 10m，并且平面形状近似正方形时，常在板下沿两个方向设置等距离、等截面尺寸的井字形梁，这种楼板称为井式楼板或井梁式楼板，如图 5-8 所示。井式楼板是一种特殊的双梁式楼板，梁无主次之分，通常采用正交正放或正交斜放的布置形式。由于其结构形式整齐，具有较强的装饰性，多用于公共建筑的门厅和大厅式的房间。

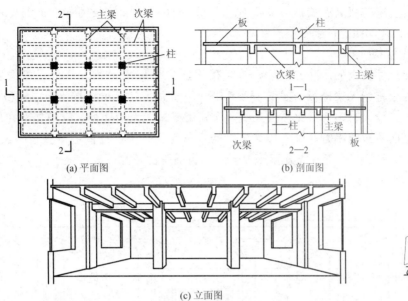

(a) 平面图 (b) 剖面图

(c) 立面图

图 5 – 6　双梁式楼板

图 5 – 7　双梁式楼板实例

图 5 – 8　井式楼板实例

　　为了保证墙体对楼板、梁的支承强度，使楼板、梁能够可靠地传递荷载，楼板和梁必须有足够的搁置长度。楼板在砖墙上的搁置长度一般不小于板厚且不小于110mm。梁在砖墙上搁置长度与梁高有关，当梁高不超过 500mm 时，搁置长度不小于 180mm；当梁高超过 500mm 时，搁置长度不小于 240mm。

4. 无梁楼板

对平面尺寸较大的房间或门厅，有时楼板层也可以不设梁，而是直接将板支承于柱上，这种楼板称为无梁楼板，如图 5-9 和图 5-10 所示。无梁楼板分无柱帽和有柱帽两种类型。当荷载较大时，为避免楼板太厚，应采用有柱帽无梁楼板，以增加板在柱上的支承面积；当楼面荷载较小时，可采用无柱帽楼板。无梁楼板的柱网应尽量按方形网格布置，跨度在 6m 左右较为经济，成方形布置。由于板的跨度较大，故板厚不宜小于 150mm，一般为 160～200mm。

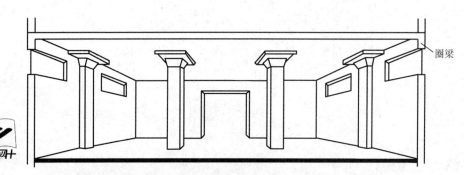

圈梁

图 5-9　无梁楼板

图 5-10　无梁楼板实例

无梁楼板的板底平整，室内净空高度大，采光、通风条件好，便于采用工业化的施工方式，适用于楼面荷载较大的公共建筑（如商店、仓库、展览馆等）和多层工业厂房。

5. 压型钢板组合楼板

压型钢板组合楼板是利用凹凸相间的压型薄钢板做衬板，与现浇混凝土浇筑在一起支承在钢梁上而构成的整体型楼板，又称钢衬板组合楼板。

压型钢板组合楼板主要由楼面层、组合板和钢梁三部分组成，如图 5-11 所示。组合板包括混凝土和钢衬板。此外还可根据需要设置吊顶棚。压型钢板的跨度一般为 2～3m，铺设在钢梁上，与钢梁之间用栓钉连接。上面浇筑的混凝土厚 100～150mm。

压型钢板组合楼板中的压型钢板承受施工时的荷载，也是楼板的永久性模板。这种楼板简化了施工程序，加快了施工进度，并且具有较强的承载力、刚度和整体稳定性，但耗钢量较大，适用于多、高层的框架或框剪结构建筑中。

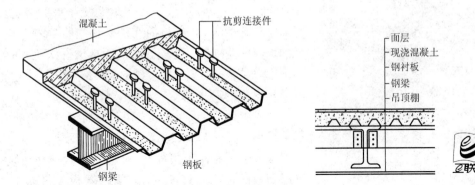

图 5-11　压型钢板组合楼板

压型钢板组合楼板构造形式较多，根据压型钢板形式的不同，有单层钢衬板组合楼板和双层钢衬板组合楼板之分。单层钢衬板组合楼板的构造比较简单，只设单层钢衬板；双层钢衬板组合楼板通常是由两层截面相同的压型钢板组合而成，也可由一层压型钢板和一层平钢板组成。双层压型钢板楼板的承载能力更好，两层钢板之间形成的空腔也便于设备管线敷设。

5.2.2　预制装配式钢筋混凝土楼板

预制钢筋混凝土楼板是指在预制构件加工厂或施工现场外预先制作，然后再运到施工现场装配而成的钢筋混凝土楼板。这种楼板可节省模板，减少施工工序，缩短工期，提高施工工业化的水平。但由于其整体性能差，所以近年来在实际工程中的应用逐渐减少。

1. 实心平板

预制实心平板的板面较平整，其跨度较小，一般不超过 2.4m，板厚为 60～100mm，宽度为 600～1000mm。由于板的厚度较小，且隔声效果较差，故一般不用作人员使用房间的楼板，其两端常支承在墙或梁上，常用作楼梯平台、走道板、隔板、阳台栏板、管沟盖板等，如图 5-12 所示。

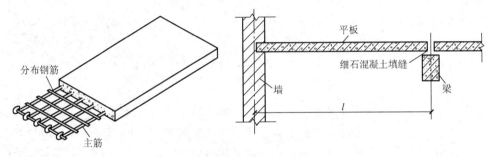

图 5-12　实心平板

【预制装配式建筑】

2. 槽形板

槽形板是一种梁板结合构件，在板的两侧设有相当于小梁的肋，构成槽形断面，用以承受板的荷载。为便于搁置和提高板的刚度，在板的两端常设端肋封闭。跨度较大的板为提高刚度，还应在板的中部增设横肋。槽形板有预应力和非预应力两种。槽形板实例如图 5-13 所示。

图 5-13 槽形板实例

槽形板的跨度为 3~7.2m，板宽为 600~1200mm，板肋高一般为 150~300mm。由于板肋形成了板的支点，板跨减小，所以板厚较小，只有 25~35mm。为了增加槽形板的刚度和便于搁置，板的端部需设端肋与纵肋相连。当板的长度超过 6m 时，需沿着板长每隔 1000~1500mm 增设横肋。

槽形板的搁置方式有两种：一种是正置，即肋向下搁置；这种搁置方式下板的受力合理，但板底不平，有碍观瞻，也不利于室内采光，因此可直接用于观瞻要求不高的房间，如图 5-14(a) 所示。另一种是倒置，即肋向上搁置；这种搁置方式可使板底平整，但板受力不甚合理，材料用量稍多，需要对楼面进行特别的处理；为提高板的隔声性能，可在槽内填充隔声材料，如图 5-14(b) 所示。

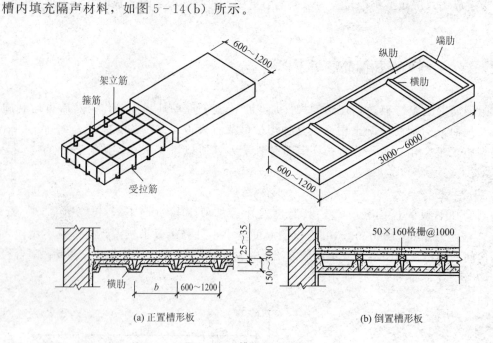

(a) 正置槽形板　　　　　　　(b) 倒置槽形板

图 5-14 槽形板（单位：mm）

3. 空心板

空心板是将楼板中部沿纵向抽孔而形成中空的一种钢筋混凝土楼板。孔的断面形式有圆形、椭圆形、方形和长方形等，由于圆形孔制作时抽芯脱模方便且刚度好，故应用最普遍。空心板有预应力和非预应力之分，一般多采用预应力空心板。

空心板的厚度一般为 110~240mm，视板的跨度而定，宽度为 500~1200mm，跨度为

2.4～7.2m，较为经济的跨度为 2.4～4.2m，如图 5-15 所示。空心板侧缝的形式与生产预制板的侧模有关，一般有 V 形缝、U 形缝和凹槽缝三种。空心板上下表面平整，隔声效果较实心平板和槽形板好，是预制板中应用最广泛的一种类型。但空心板不能任意开洞，故不宜用于管道穿越较多的房间。

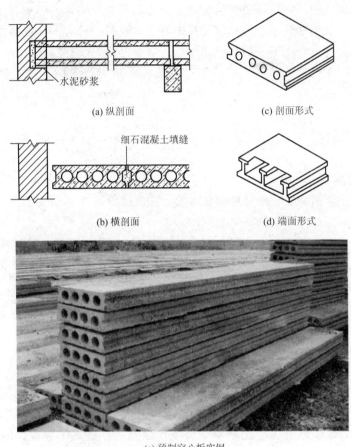

(a) 纵剖面   (c) 剖面形式

(b) 横剖面   (d) 端面形式

(e) 预制空心板实例

图 5-15　空心板

任务 5.3　地坪与地面构造

【楼地面常用做法】

5.3.1　地坪构造

　　地坪层与楼板层相同，它承受着地坪上的荷载并均匀传给地基。地坪由面层和基层两部分构成，基层主要是结构层。在地基较差时，为加固地基可增设垫层；对有特殊要求的地坪，常在面层与结构层之间增设附加层。

地坪的面层又称地面，是地坪层最上面的部分，同时也对室内起装饰作用，根据使用和装修要求的不同而有各种做法。

地坪的结构层是地坪的承重和传力部分，通常采用 C10 混凝土制成，其厚度一般为 80～100mm。地坪的垫层为结构层与地基之间的找平层或填充层，主要起加强地基、帮助结构层传递荷载的作用。对地基条件较好且室内荷载不大的建筑，一般可不设垫层；而对某些室内荷载较大且地基较差、有保温等特殊要求，或面层材料本身就是结构层以及装修标准较高的建筑，其地坪之下一般都设置垫层。垫层可就地取材。

地坪的附加层主要是为满足某些特殊使用功能要求而设置的层次，如结合层、保温层、防水层及埋管线层等。

5.3.2　地面构造

1. 地面的类型

地面的名称是依据面层所用材料而命名的。按面层所用材料和施工方式不同，常见地面可分为以下几类。

（1）整体类地面：包括水泥砂浆、细石混凝土、水磨石及菱苦土等地面。

（2）镶铺类地面：包括黏土砖、大阶砖、水泥花砖、缸砖、陶瓷锦砖、地砖、人造石板、天然石板及木地板等地面。

（3）粘贴类地面：包括油地毡、橡胶地毡、塑料地毡及无纺织地毯等地面。

（4）涂料类地面：包括各种高分子合成涂料所形成的地面。

2. 整体类地面构造

1）水泥砂浆地面

水泥砂浆地面简称水泥地面。它构造简单，坚固耐磨，防潮、防水，造价低廉，是目前使用最普遍的一种低档地面，如图 5-16 所示。但水泥砂浆地面导热系数大，对不采暖的建筑，在严寒的冬季走上去感到寒冷；且吸水性差，在空气中湿度大的黄梅天容易返潮；此外还有易起灰、不易清洁等问题。

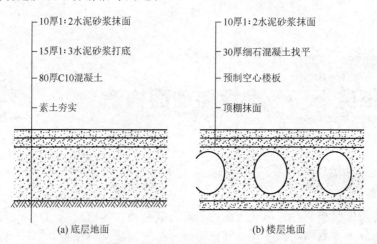

10厚1:2水泥砂浆抹面

15厚1:3水泥砂浆打底

80厚C10混凝土

素土夯实

10厚1:2水泥砂浆抹面

30厚细石混凝土找平

预制空心楼板

顶棚抹面

(a) 底层地面　　　　　　　(b) 楼层地面

图 5-16　水泥砂浆地面构造（单位：mm）

水泥砂浆地面有双层构造和单层构造之分。双层做法又分面层和底层，构造上常以厚 15～20mm 的 1:3 水泥砂浆打底、找平，再以厚 5～10mm 的 1:1.5 或 1:2.0 的水泥砂浆抹面，分层构造虽增加了施工程序，却容易保证质量。单层构造是在结构层上抹水泥浆结合层一道后，直接抹厚 15～20mm 的 1:2 或 1:2.5 的水泥砂浆，抹平后，待其终凝前再用铁板压光。

2）细石混凝土地面

为了增强楼板层的整体性和防止楼面产生裂缝和起砂，有不少地区在做楼板面层时，采用厚 30～40mm 的细石混凝土层，在初凝时用铁滚滚压，出浆水抹平后，待其终凝前再用铁板压光，以作为地面。

3）水磨石地面

又称磨石子地面，其特点是表面光洁、美观、不易起灰，如图 5-17 所示。但造价较水泥地面高，黄梅天也易反潮，常用做建筑的大厅、走廊、楼梯及卫生间的地面。

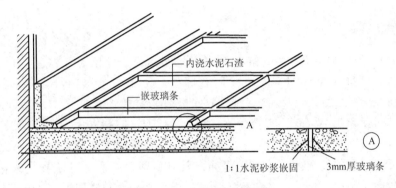

内浇水泥石渣

嵌玻璃条

A

1:1水泥砂浆嵌固   3mm厚玻璃条

图 5-17　水磨石地面构造

水磨石地面系分层构造。在结构层上常用厚 10～15mm 的 1:3 水泥砂浆打底，厚 10mm 的（1:2）～（1:1.5）的水泥、石渣粉面。石渣要求用颜色美观的石子，中等硬度，易磨光，故多用白云石或彩色大理石石渣，其粒径为 3～20mm。水磨石有水泥本色和彩色两种。后者系采用彩色水泥或白水泥加入颜料以构成美丽的图案，颜料以水泥重的 4%～5% 为好，不宜太多，否则将影响地面强度。面层一般是先在底层上按图案嵌固玻璃条（也可嵌铜条或铝条）进行分格，一是为了分大面为小块，以防面层开裂，且分块后万一局部损坏，维修也比较方便，不影响整体；二是可按设计图案分区，定出不同颜色，以增添美观。

分格形状有正方形、矩形及多边形等，尺寸为 400～1000mm，视需要而定；分格条高 10mm，用 1:1 水泥砂浆嵌固，然后将拌和好的石渣浆浇入，石渣浆应比分格条高出 2mm。再浇水养护 6～7d 后用磨石机磨光，最后打蜡保护。

3. 镶铺类地面构造

此类地面又称块料地面，是利用各种预制块材或板材镶铺在基层上形成的地面，常见的有以下几种。

1）砖地面

砖地面是由普通黏土砖或大阶砖铺砌的地面，大阶砖也系黏土烧制而成，规格常为 30mm×350mm×350mm。由于砖的尺寸较大，可直接铺在素土夯实的地基上，但为了铺砌方便和易于找平，常用砂做结合层。普通黏土砖可以平铺，也可以侧铺，砖缝之间以水泥砂浆或石灰砂浆嵌缝，如图5-18所示。砖材造价低廉，能吸湿，对黄梅天返潮地区有利，但不耐磨，故多用于一般性民用建筑。

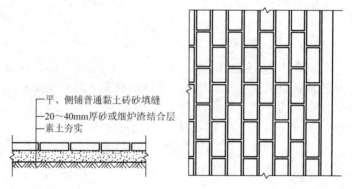

图5-18 砖地面

2）陶瓷砖地面

陶瓷地砖包括缸砖和马赛克。缸砖系陶土烧制而成，颜色为红棕色，有方形、六角形、八角形等，可拼成多种图案；砖背面有凹槽，便于与基层结合。方形尺寸一般为100mm×100mm、150mm×150mm，厚10～15mm。缸砖质地坚硬、耐磨、防水、耐腐蚀，易于清洁，适用于卫生间、实验室及有腐蚀的地面，铺贴方式为在结构层找平的基础上，用5～8mm厚1∶1水泥砂浆粘贴，砖块间有3mm左右的灰缝，如图5-19（a）所示。

马赛克质地坚硬、经久耐用、色泽多样，具有耐磨、防水、耐腐蚀、易清洁等特点，适用于做卫生间、厨房、化验室及精密工作间地面，其构造做法如图5-19（b）所示。

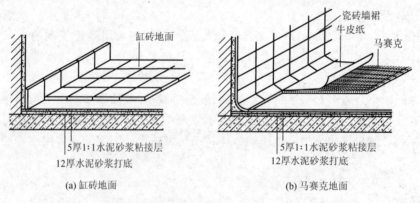

（a）缸砖地面   （b）马赛克地面

图5-19 缸砖、马赛克铺地（单位：mm）

3）人造石板和天然石板地面

人造石板有水泥花砖、水磨石板和人造大理石板等，规格有200mm×200mm、300mm×300mm、500mm×500mm，厚20～50mm。

天然石板包括大理石、花岗岩板，由于其质地坚硬、色泽艳丽、美观，为高档地面装修材料。常用规格为600mm×600mm，厚20mm。尺寸也可另行加工。一般多用作高级宾馆、公共建筑的大厅，影剧院、体育馆的入口处等地面，如图5-20和图5-21所示。

平铺20厚石板
30厚1:4干硬性水泥砂浆找平
60～80厚C10混凝土垫层
素土夯实

图 5-20　石材地面（单位：mm）

【石材地面
与木地面】

图 5-21　大理石实例

4. 粘贴类地面构造

粘贴类地面以粘贴卷材为主，常见的有塑料地毡、橡胶地毡及地毯等。这些材料表面美观、干净，装饰效果好，具有良好的保温、消声性能，适用于公共建筑和居住建筑。

塑料地毡系以聚乙烯树脂为基料，加入增塑剂、稳定剂、石棉绒等材料，经塑化热压而制成，有卷材，也有片材，可在现场拼花。卷材可以干铺，也可同片材一样用黏结剂粘贴到水泥砂浆找平层上。它具有步感舒适、富有弹性、美观大方，以及防滑、防水、耐磨、绝缘、防腐、消声、阻燃、易清洁等特点，颜色有灰、绿、橙、黑、米色等，有仿木、石及各种花纹图案式样，且价格低廉，是经济的地面铺材。

橡胶地毡是以橡胶粉为基料，掺入软化剂，在高温、高压下解聚后，再加入着色补强剂，经混炼、塑化压延成卷的地面装修材料。它具有耐磨、柔软、防滑、消声以及富有弹性等特点，价格低廉，铺贴简便，可以干铺，亦可用黏结剂粘贴在水泥砂浆面层上。

无纺织地毯类型较多，常见的有化纤无纺织针刺地毯、黄洋麻纤维针刺地毯和纯羊毛无纺织地毯等。这类地毯加工精细、平整丰满、图案典雅、色调宜人，具有柔软舒适、清洁吸声、美观适用等特点，有局部、满铺和干铺、固定等不同铺法。固定式一般用黏结剂满贴，或在四周用倒刺条挂住。

5. 涂料类地面构造

涂料类地面是水泥砂浆或混凝土地面的表面处理形式，解决了水泥地面易起灰和欠美观的问题。常见的涂料包括水乳型、水溶型和溶剂型。水乳型涂料有氯-偏共聚乳液涂料、聚乙酸乙烯厚质涂料及 SJ82－1 地面涂料等；水溶型涂料有聚乙烯醇缩甲醛胶水泥地面涂料、109 彩色水泥涂料及 804 彩色水泥地面涂料等；溶剂型涂料有聚乙烯醇缩丁醛涂料、H80 环氧涂料、环氧树脂厚质地面涂料及聚氨酯厚质地面涂料等。

这些涂料与水泥表面的黏结力强，具有良好的耐磨、抗冲击、耐酸、耐碱等性能，水乳型涂料与溶剂型涂料还具有良好的防水性能。它们对改善水泥砂浆地面的使用具有根本性意义，如环氧树脂厚质涂层和聚氨酯厚质地面涂层素有"树脂水磨石"之称。

JA－1－1 型聚酯合成橡胶也是当今一种新型高分子合成材料，它具有耐老化、耐水、耐磨、抗压强度大、绝缘性能好、无静电效应以及与其他材料黏结性强等特点，其综合性能亦优于其他涂料，特别适合于高级电子计算机房、配电房等处，是理想的地面材料。

涂料类地面要求水泥地面坚实、平整，涂料与面层黏结牢固，不得有掉粉、脱皮、开裂等现象，且涂层的色彩要均匀，表面要光滑、洁净，给人以舒适、明净、美观的感觉。

任务 5.4 顶棚构造

顶棚又称平顶或天花，是室内空间上部的结构层或装修层。为满足室内美观及保温隔热的需要，多数房间设顶棚（吊顶）把屋面的结构层隐蔽起来，以满足室内使用要求，如图 5－22 所示。

【中国古建筑中的室内顶棚】

图 5－22 顶棚实例

顶棚分类

1. 直接式顶棚

直接式顶棚是指直接在楼板底面进行抹灰或粉刷、粘贴等装饰而形成的顶棚，一般用于装修要求不高的房间，其要求和做法与内墙装修相同。

屋顶（或楼板层）的结构下表面直接露于室内空间，对此现代建筑中有用钢筋混凝土浇成井字梁、网格或用钢管网架构成结构顶棚，以显示结构美。

2. 悬吊式顶棚

悬吊式顶棚是为了对一些楼板底面极不平整或在楼板底敷设管线的房间加以修饰美化，或满足较高隔声要求而在楼板下部空间所做的装修，如图 5-23 所示。悬吊式顶棚是在屋顶（或楼板层）结构下另吊挂一顶棚，也简称吊顶棚或吊顶。吊顶棚可节约空调能源消耗，结构层与吊顶棚之间可作布置设备管线之用。

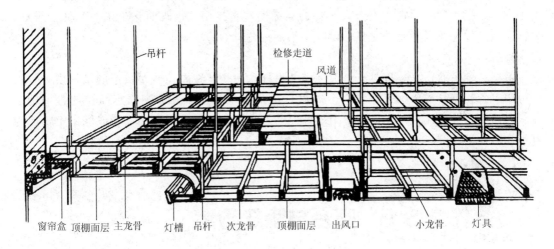

图 5-23 吊顶棚构造示意图

吊顶的类型多种多样，按结构形式可分为以下几种。

（1）整体性吊顶：是指顶棚面形成一个整体、没有分格的吊顶形式，其龙骨一般为木龙骨或槽形轻钢龙骨，面板用胶合板、石膏板等，也可在龙骨上先钉灰板条或钢丝网，然后用水泥砂浆抹平形成吊顶。

（2）活动式装配吊顶：是将其面板直接搁在龙骨上，通常与倒 T 形轻钢龙骨配合使用。这种吊顶龙骨外露，形成纵横分格的装饰效果，且施工安装方便，又便于维修，是目前应用推广的一种吊顶形式。

（3）隐蔽式装配吊顶：是指龙骨不外露，饰面板表面平整，为整体效果较好的一种吊顶形式。

（4）开敞式吊顶：是通过特定形状的单元体组合而成，吊顶的饰面是敞口的，如木格栅吊顶、铝合金格栅吊顶等，其具有良好的装饰效果，多用于重要房间的局部装饰。

5.4.2　顶棚构造

吊顶棚通常由面层、基层和吊杆三部分组成。

1. 面层

面层做法可分现场抹灰（即湿作业）和预制安装两种。现场抹灰一般在灰板条、钢板网上抹掺有纸筋、麻刀、石棉或人造纤维的灰浆，抹灰劳动量大，易出现龟裂，甚至成块破损脱落，适用于小面积吊顶棚；预制安装用预制板块，除木、竹制的板块以及各种胶合板、刨花板、纤维板、甘蔗板、木丝板以外，还有各种预制钢筋混凝土板、纤维水泥板、石膏板、金属板（如钢板、铝板等）、塑料板、金属和塑料复合板等，还可用晶莹光洁和具有强烈反射性能的玻璃、镜面、抛光金属板作吊顶面层，以增加室内的高度感。

2. 基层

基层主要是用来固定面层，可单向或双向（成框格形）布置木龙骨，将面板钉在龙骨上。为了节约木材和提高防火性能，现多用薄钢带或铝合金制成的 U 形或 T 形的轻型吊顶龙骨，面板用螺钉固定，或卡入龙骨的翼缘上或直接搁放，既简化施工，又便于维修。中、大型吊顶棚还设置有主龙骨，以减小吊顶棚龙骨的跨度。

3. 吊杆

吊杆又称吊筋，多数情况下，顶棚借助吊杆均匀悬挂在屋顶或楼板层的结构层下。吊杆可用木条、钢筋或角钢来制作，金属吊杆上最好附有便于安装和固定面层的各种调节件、接插件、挂插件。顶棚也可不用吊杆而通过基层的龙骨直接搁在大梁或圈梁上，成为自承式吊顶棚。

任务 5.5　阳台与雨篷构造

5.5.1　阳台

阳台是建筑物室内的延伸，是居住者呼吸新鲜空气、晾晒衣物、摆放盆栽的场所，其设计需要兼顾实用与美观的原则。

1. 阳台分类

【阳台的支撑
构件布置
方式】

阳台按其与外墙的相对位置和结构处理不同，有悬挑式、嵌入式、转角式等几种形式，如图 5-24 所示。

2. 阳台栏杆（栏板）

阳台栏杆是阳台外围设置的垂直构件，其式样繁多，从外形上看，有实体和镂空之分，从材料上分，又有砖砌栏板、钢筋混凝土栏杆、金属栏杆等，如图 5-25 所示。

3. 阳台排水

为防止雨水从阳台上进入室内，设计中将阳台地面标高低于室内地面 30～50mm，并

(a) 悬挑式　　　(b) 嵌入式　　　(c) 转角式

图 5-24　阳台形式实例

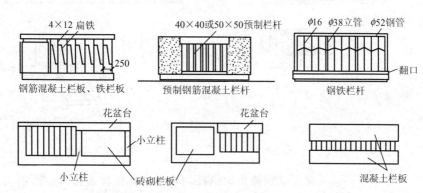

图 5-25　各种栏杆或栏板的形式（单位：mm）

在阳台一侧栏杆下设排水孔，地面用水泥砂浆粉出排水坡度 0.5‰～1‰，将水导向排水孔并向外排除。孔内埋设 $\phi 40$ 或 $\phi 50$ 镀锌钢管或塑料管，通入水落管排水，如图 5-26(a) 所示。当采用管口排水时，管口水舌向外挑出至少 80mm，以防排水时水溅到下层阳台扶手上，如图 5-26(b) 所示。

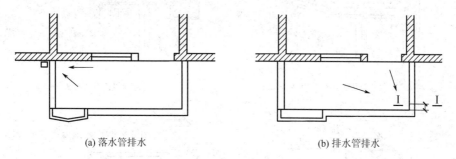

(a) 落水管排水　　　　　　　　　(b) 排水管排水

图 5-26　阳台排水处理

5.5.2　雨篷

雨篷是建筑物入口处位于外门上部用以遮挡雨水、保护外门免受雨水侵害的水平构件。多采用现浇钢筋混凝土悬挑，其悬臂长度一般为 1～1.5m。雨篷梁是典型的受弯构件。

雨篷有三种形式：①小型雨篷，如悬挑式雨篷、悬挂式雨篷；②大型雨篷，如墙或柱支承式雨篷，一般可分玻璃钢结构和全钢结构；③新型组装式雨篷。

1. 钢筋混凝土雨篷构造

【钢筋混凝土
雨篷构造】

钢筋混凝土雨篷（图 5-27～图 5-29）具有结构牢固、造型厚重、坚固耐久、不受风雨影响等特点。常见的钢筋混凝土悬臂雨篷有板式和梁板式两种。为防止雨篷产生倾覆，常将雨篷与入口处门上的过梁（或圈梁）浇在一起。

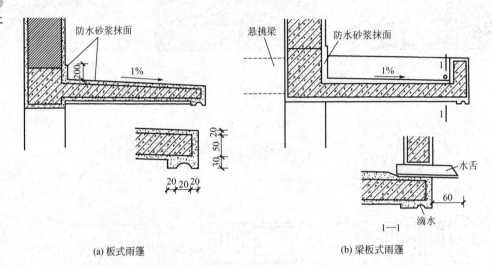

(a) 板式雨篷　　　　　　　　　　　　(b) 梁板式雨篷

图 5-27　雨篷排水构造（单位：mm）

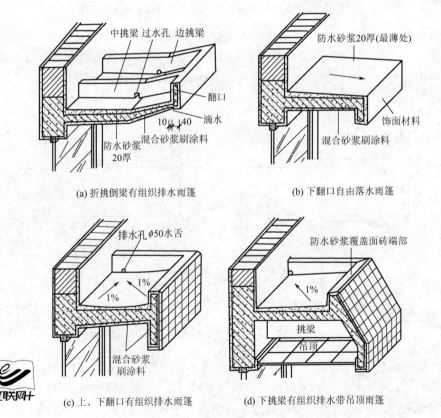

(a) 折挑倒梁有组织排水雨篷　　　　　　(b) 下翻口自由落水雨篷

(c) 上、下翻口有组织排水雨篷　　　　　(d) 下挑梁有组织排水带吊顶雨篷

图 5-28　雨篷构造（单位：mm）

图 5-29 钢筋混凝土雨篷实例

2. 钢结构玻璃采光雨篷

用阳光板、钢化玻璃作采光雨篷是当前新的透光雨篷做法，透光材料采光雨篷具有结构轻巧、造型美观、透明新颖、富有现代感的装饰效果，也是现代建筑装饰的特点之一。

其做法是用钢结构作为支撑受力体系，在钢结构上伸出钢爪固定玻璃，该雨篷类似于四点支撑板。玻璃四角的爪件承受着风荷载和地震作用并传到后面的钢结构上，最后传到建筑结构上。图 5-30～图 5-32 所示为纯悬挑式钢雨篷的实例及剖面图、节点详图。

【钢结构玻璃雨篷】

图 5-30 雨篷实例

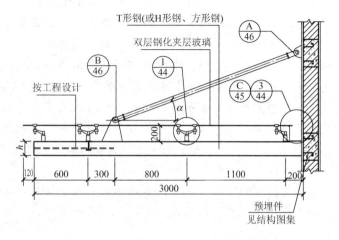

图 5-31 钢雨篷剖面图（单位：mm）

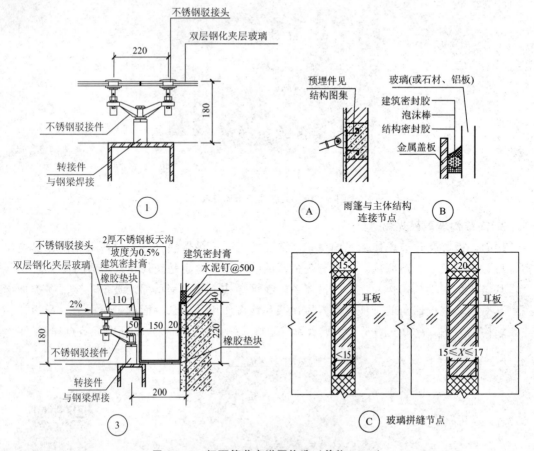

图 5－32　钢雨篷节点详图构造（单位：mm）

◖ 项目小结 ◗

　　楼板层是水平方向分隔房屋空间的承重构件，主要由面层、楼板、顶棚三部分组成，其设计应满足建筑的使用、结构、施工以及经济等方面的要求。

　　钢筋混凝土楼板根据其施工方法不同，可分为现浇式、预制装配式和装配整体式三种。预制装配式钢筋混凝土楼板常用板型有实心平板、槽形板、空心板等，为加强楼板的整体性，应注意楼板的细部构造；现浇式钢筋混凝土楼板有板式楼板、梁板式楼板、井式楼板和无梁楼板等；装配整体式楼板有密肋填充块楼板和叠合式楼板。

　　地坪层由面层、垫层和基层三个基本层次构成，为满足更多的使用功能，还可设相应的加层。按地坪层与土壤之间的关系，可分为实铺地坪和空铺地坪。按楼地面材料和构造做法，可分为整体楼地面、块材楼地面、木楼地面等。根据不同使用要求，可采取地层防潮、防水及隔声措施。

　　阳台、雨篷也是建筑物中的水平构件。阳台应满足安全、坚固、实用、美观的要求，其承重结构一般为悬挑式结构。雨篷按形式，可分为小型雨篷、大型雨篷和新型组装式雨篷。

练习题

一、填空题

1. 楼板按使用材料的不同，可分为 _____ 、_____ 、_____ 和 _____ 等形式。

2. 钢筋混凝土楼板按照施工方式的不同，可分为 _____ 、_____ 和 _____ 三种。

3. 现浇钢筋混凝土楼板按照受力和传力方式不同，分为 _____ 、_____ 和 _____ 等形式。

4. 现浇钢筋混凝土梁板包括 _____ 、_____ 和 _____ 等形式。

5. 楼板层主要由 _____ 、_____ 、_____ 三部分组成，有特殊要求的房间通常增设附加层。

6. 底层地面主要由 _____ 、_____ 、_____ 三部分组成，必要时也可增设附加层。

7. 单、双向板的判别条件为 _____ 。

8. 顶棚按照构造方式，分为 _____ 和 _____ 。

二、选择题

1. 楼板层通常由以下三部分组成 _____ 。

A. 面层、楼板、地坪   B. 面层、楼板、顶棚

C. 支撑、楼板、顶棚   D. 垫层、梁、楼板

2. 常用的预制钢筋混凝土楼板，根据截面形式可分为 _____ 。

A. 平板、组合式楼板、空心板   B. 槽形板、平板、空心板

C. 空心板、组合式楼板、肋梁式楼板   D. 槽形板、组合式楼板、肋梁式楼板

3. 现浇肋形楼盖是由 _____ 现浇而成。

A. 混凝土、砂浆、钢筋   B. 混凝土、次梁、主梁

C. 板、次梁、主梁   D. 柱子、次梁、主梁

4. 在楼板层的隔声措施中，_____ 的做法是不正确的。

A. 楼面上铺设地毯   B. 设置矿棉毡垫层

C. 做楼板吊顶处理   D. 设置混凝土垫层

【项目5 在线答题】

项目 6 屋顶构造

思维导图

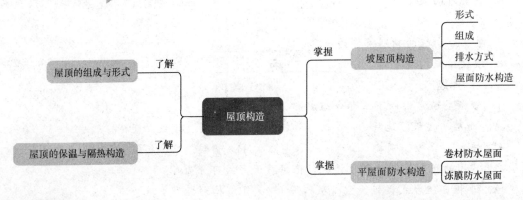

屋顶的组成与形式 — 了解

屋顶的保温与隔热构造 — 了解

屋顶构造

掌握 — 坡屋顶构造 — 形式 / 组成 / 排水方式 / 屋面防水构造

掌握 — 平屋面防水构造 — 卷材防水屋面 / 冻膜防水屋面

任务提出

　　现代建筑在结构、材料和技术上都比过去有了质的飞跃，使建筑屋顶的外观形象更加丰富，内在功能更趋完善。屋顶是建筑围护结构的重要组成部分之一，不仅为人们提供了抵御风雨侵袭的庇护所，还具有重要的美学价值。

　　屋顶是房屋最上层的覆盖物，由屋面和支撑结构组成。屋顶的围护作用是防止自然界雨、雪和风沙的侵袭及太阳辐射的影响，另一方面要承受屋顶上部的荷载，包括风雪荷载、屋顶自重及可能出现的构件和人群的重量，并把它传给墙体。因此，对屋顶的要求是坚固耐久，自重要轻，具有防水、防火、保温及隔热的性能，同时要求构件简单、施工方便，并能与建筑物整体配合，具有良好的外观。

任务 6.1 概述

屋顶的建筑功能是用作围护结构，结构功能是用作支承结构。前者主要功能是抵御自然界的风霜雨雪、太阳辐射、气温变化和其他外界不利因素。屋面应根据防火、保温、隔热、隔声、防火等功能的需要设置不同的构造层次，从而选择合适的建筑材料。屋面工程设计，应遵照"保证功能、构造合理、优选用材、美观耐用"的原则。

6.1.1 屋顶的组成与形式

屋顶主要由屋面和支承结构所组成，有些还有各种形式的屋顶防水、保温、隔热、隔声，以及防火等其他功能防御所需要的各种层次和设施。

屋顶的形式与房屋的使用功能、屋面盖料、结构选型以及建筑造型要求等有关。由于以上各种因素的不同，便形成平屋顶、坡屋顶及曲面屋顶等多种形式，如图 6-1 所示。

【屋顶的形式】

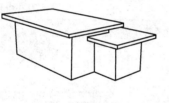
(a) 平屋顶

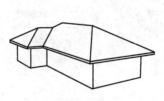
(b) 坡屋顶

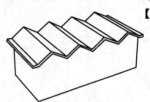
(c) 折板屋顶

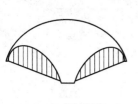
(d) 壳体屋顶

(e) 网架屋顶

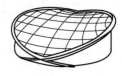
(f) 悬索屋顶

图 6-1 屋顶形式

6.1.2 屋顶的设计要求

屋顶设计应考虑其功能、结构、建筑艺术三方面的要求。

1. 功能要求

屋顶是建筑物的围护结构，应能抵御自然界各种环境因素对建筑物的不利影响。

1) 防水要求

在屋顶设计中，防止屋面漏水是构造做法必须解决的首要问题，也是保证建筑室内空间正常使用的先决条件。为此,需要做好两方面的工作:首先采用不透水的防水材料以及合理的构造处理来达到防水的目的;另外,组织好屋面的排水组织设计,将雨水迅速排除,不在屋顶产生积水现象。《屋面工程技术规范》(GB 50345—2012)规定:屋面防水工程应根据建筑物的类别、重要程度、使用功能要求确定防水等级,并应按相应等级进行防水设防,对于有特殊要求的建筑屋面,应进行专项防水设计。屋面防水等级和设防要求应符合表 6-1 的规定。

表 6-1　屋面防水等级和防水要求

防水等级	建筑类别	设防要求	防水做法
Ⅰ级	重要建筑和高层建筑	两道防水设防	卷材防水层和卷材防水层、卷材防水层和涂膜防水层、复合防水层
Ⅱ级	一般建筑	一道防水设防	卷材防水层、涂膜防水层、复合防水层

注:复合防水层是指由彼此相容的卷材和涂料组合而成的防水层。

　　每道卷材防水层最小厚度、每道涂膜防水层最小厚度、复合防水层最小厚度应分别符合表 6-2、表 6-3 和表 6-4 的规定。

表 6-2　每道卷材防水层最小厚度　　　　　　　单位:mm

防水等级	合成高分子防水卷材	高聚物改性沥青防水卷材		
		聚酯胎、玻纤胎、聚乙烯胎	自粘聚酯胎	自粘无胎
Ⅰ级	1.2	3.0	2.0	1.5
Ⅱ级	1.5	4.0	3.0	2.0

表 6-3　每道涂膜防水层最小厚度　　　　　　　单位:mm

防水等级	合成高分子防水涂膜	聚合物水泥防水涂膜	高聚物改性沥青防水涂膜
Ⅰ级	1.2	3.0	1.5
Ⅱ级	1.5	4.0	2.0

表 6-4　复合防水层最小厚度　　　　　　　单位:mm

防水等级	合成高分子防水卷材+合成高分子防水涂膜	自粘聚合物改性沥青防水卷材(无胎)+合成高分子防水涂膜	高聚物改性沥青防水卷材+高聚物改性沥青防水涂膜	聚乙烯丙纶卷材+聚合物水泥防水胶结材料
Ⅰ级	1.2+1.5	1.5+1.5	3.0+2.0	(0.7+1.3)×2
Ⅱ级	1.0+1.0	12+1.0	3.0+1.2	0.7+1.3

　　坡屋面工程设计应根据建筑物的性质、重要程度、地域环境、使用功能要求以及依据屋面防水层设计使用年限,分为一级防水和二级防水,并应符合 6-5 的规定。

表 6-5　坡屋面防水等级　　　　　　　　　　单位：mm

项　　目	坡屋面防水等级	
	一级	二级
防水层设计使用年限	≥20 年	≥10 年

注：大型公共建筑、医院、学校等重要建筑屋面的防水等级为一级，其他为二级。

2）保温隔热要求

屋顶应能抵抗气温的影响。我国地域辽阔，南北气候相差悬殊。在寒冷地区的冬季，室外温度低，室内一般都需要采暖，为保持室内正常的温度，减少能源消耗，避免产生顶棚表面结露或内部受潮等问题，屋顶应该采取保温措施。而在我国的南方气候炎热，为避免强烈的太阳辐射和高温对室内的影响，通常在屋顶应采取隔热措施。现在大量建筑物使用空调设备来降低室内温度，从节能角度考虑，更需要做好屋顶的保温隔热构造，以节约空调和冬季采暖对能源的消耗。

2. 结构要求

屋顶既是房屋的围护结构，也是房屋的承重结构，承受风、雨、雪等的荷载及其自身的重量，上人屋顶还要承受人和设备等的荷载，所以屋顶应具有足够的强度和刚度，以保证房屋的结构安全，并防止因变形过大而引起防水层开裂、漏水。

3. 建筑艺术要求

屋顶是建筑外部体型的重要组成部分，屋顶的形式对建筑的特征有很大的影响。变化多样的屋顶外形，装修精美的屋顶细部，是中国传统建筑的重要特征之一，现代建筑也应注重屋顶形式及其细部设计，以满足人们对建筑艺术方面的要求。

6.1.3　屋面的坡度

1. 影响屋面坡度的因素

各种屋面的坡度，主要与屋面防水材料的尺寸有关。如坡屋顶中的瓦材，每块覆盖面积小、接缝较多，要求屋面有较大的坡度，便于将屋面雨水迅速排除。常用坡度为（1∶3）～（1∶2），最低为 1∶4，最大可达 1∶1。平屋顶要求屋面成为一个封闭的整体，防水材料之间如有接缝，应做到完全密封，以阻止雨水渗漏，因此排水坡度可以大大降低，一般为 1%～3%。

2. 屋面坡度的形成

平屋顶的排水坡度小于 5%，形成坡度有两种方法：一种是结构找坡，另一种是材料找坡。

（1）结构找坡：也称搁置坡度。屋顶的结构层根据屋面排水坡度搁置成倾斜形状，如图 6-2 所示，再铺设防水层等。这种做法不需另加找坡层，其荷载少、施工简便、造价低，但不另吊顶棚时，顶面稍有倾斜。房屋平面凹凸变化时应另加局部垫坡，坡度不应小于 3%。

（2）材料找坡：又称填坡或建筑坡度。屋顶结构层可像楼板一样水平搁置，采用质量轻、吸水率低和有一定强度的材料，坡度宜为 2%，如可用炉渣加水泥或石灰来垫置屋面排水坡度，上面再做防水层，如图 6-3 所示。垫置坡度不宜过大，避免徒增材料和荷载。须设保温层的地区，也可用保温材料来形成坡度。

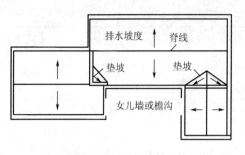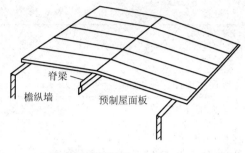

(a) 搁置屋面的局部垫坡　　　　　　　(b) 纵梁纵墙搁置面板

图 6-2　平屋顶搁置坡度

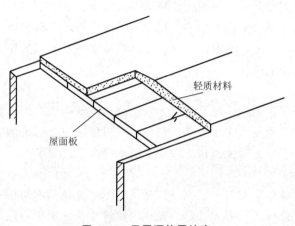

图 6-3　平屋顶垫置坡度

3. 屋面排水坡度的要求

（1）屋面排水坡度应根据屋顶结构形式、屋面基层类别、防水构造形式、材料性能及当地气候等条件确定，见表 6-6。

表 6-6　屋面的排水坡度

屋 面 类 别		屋面排水坡度/(%)
平屋顶	防水卷材屋面	≥2、<5
瓦屋顶	块瓦	≥30
	波形瓦	≥20
	沥青瓦	≥20
金属屋面	压型金属板、金属夹芯板	≥5
	单层防水卷材金属屋面	≥2
种植屋面	种植屋面	≥2、<50
采光屋面	玻璃采光顶	≥5

（2）卷材防水屋面天沟、檐沟纵向坡度不应小于 1%，如图 6-4(a) 所示，沟底水落差不得超过 200mm，如图 6-4(b) 所示。檐沟排水不得流经变形缝和防火墙。

（3）当种植屋面坡度大于 20% 时，应采取固定和防止滑落的措施。种植屋面结构应计算种植荷载的作用，防水层应满足耐植物根穿刺的要求，并宜设置植物浇灌的设施。

（4）上人屋顶应选择拉伸强度高、耐霉变的防水材料。防水层应设有保护层，以保护防水材料不受破坏，保护层可选用块材或者细石混凝土。

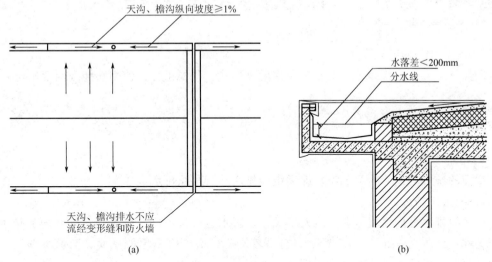

图 6 - 4　卷材防水屋面天沟及檐沟纵向坡度要求

6.1.4　屋面的基本构造层次

屋面的基本构造层次宜符合表 6 - 7 的要求。设计人员可根据建筑物的性质、使用功能、气候条件等因素进行组合。

表 6 - 7　屋面的基本构造层次

屋面类型	基本构造层次（自上而下）
卷材、涂膜屋面	保护层、隔离层、防水层、找平层、保温层、找平层、找坡层、结构层
	保护层、保温层、防水层、找平层、找坡层、结构层
	种植隔热层、保护层、耐根穿刺防水层、防水层、找平层、保温层、找平层、找坡层、结构层
	架空隔热层、防水层、找平层、保温层、找平层、找坡层、结构层
	蓄水隔热层、隔离层、防水层、找平层、保温层、找平层、找坡层、结构层
瓦屋面	块瓦、挂瓦条、顺水条、持钉层、防水层或防水垫层、保温层、结构层
	沥青瓦、持钉层、防水层或防水垫层、保温层、结构层
金属板屋面	压型金属板、防水垫层、保温层、承托网、支承结构
	上层压型金属板、防水垫层、保温层、底层压型金属板、支承结构
	金属面绝热夹心板、支承结构
玻璃采光顶	玻璃面板、金属框架、支承结构
	玻璃面板、点支承装置、支承结构

注：1. 表中结构层包括混凝土基层和木基层，防水层包括卷材和涂膜防水层，保护层包括块体材料、水泥砂浆、细石混凝土保护层。
　　2. 有隔汽要求的屋面，应在保温层与结构层之间设隔汽层。

任务 6.2 屋面排水设计

屋面排水方式的选择，应根据建筑物屋顶形式、气候条件、使用功能等因素确定。

6.2.1 屋面的排水方式

1. 排水方式

屋面的排水方式分为两大类，即无组织排水和有组织排水。

1）无组织排水

无组织排水是指屋面排水不需人工设计，雨水直接从檐口自由落到室外地面的排水方式，又称自由落水，如图 6-5 所示。自由落水的屋面可以是单坡屋面、双坡屋顶或四坡屋顶，雨水可以从一面、两面或四面落至地面。

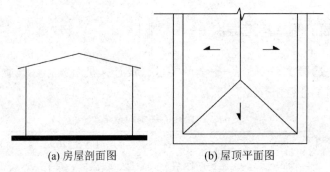

(a) 房屋剖面图　　　　　(b) 屋顶平面图

图 6-5　无组织排水

无组织排水构造简单，造价低，但屋面雨水自由落下会溅湿墙面，外墙墙角容易被飞溅的雨水侵蚀，降低外墙的坚固耐久性；从檐口滴落的雨水可能影响人行道的交通。《坡屋面工程技术规范》（GB 50693—2011）规定，低层建筑及檐高小于 10m 的屋面，可采用无组织排水。在工业建筑中，积灰较多的屋面（如铸工车间、炼钢车间等）宜采用无组织排水，因为在加工过程中释放的大量粉尘积于屋面，下雨时被冲进天沟容易堵塞管道；另外，有腐蚀性介质的工业建筑（如铜冶炼车间、某些化工厂房等）也宜采用无组织排水，因为生产过程中散发的大量腐蚀性介质会侵蚀铸铁雨水装置。

2）有组织排水

有组织排水是指屋面雨水通过排水系统（天沟、雨水管等），有组织地排到室外地面或地下沟管的排水方式，如图 6-6～图 6-9 所示。屋面雨水顺坡汇集于檐沟或天沟，并在檐沟或天沟内填 1% 纵坡，使雨水集中至雨水口，经雨水管排至地面或地下排水管网。有组织排水过程首先将屋面划分为若干个排水区，使每个排水区的雨水按屋面排水坡度有组织地排到檐沟或女儿墙天沟，然后经过雨水口排到雨水管，直至室外地面或地下沟管。

有组织排水不妨碍人行交通，雨水不易溅湿墙面，因而在建筑工程中应用十分广泛。但相对于组织排水来说，构造复杂，造价较高。

2. 有组织排水的方案

有组织排水方案可分为外排水和内排水或内外排水相结合的方式。多层建筑可采用有组织外排水。屋面面积较大的多层建筑应采用内排水或内外排水相结合的方式。严寒地区的高层建筑不应采用外排水。寒冷地区的高层建筑不宜采用外排水，当采用外排水时，宜将水落管布置在紧贴阳台外侧或空调机搁板的阴角处，以利维修。外排水方式有女儿墙外排水、挑檐沟外排水、女儿墙挑檐沟外排水。在一般情况下应尽量采用外排水方案，因为内排水构造复杂，容易造成渗漏。

1）外排水方案

（1）挑檐沟外排水。屋面雨水汇集到悬挑在墙外的檐沟内，再由水落管排下，如图 6-6 所示。当建筑物出现高低屋面时，可先将高处屋面的雨水排至低处屋面，然后从低处屋面的檐沟引入地下。

采用挑檐沟外排水方案时，水流路线的水平距离不应超过 24m，以免造成屋面渗漏。

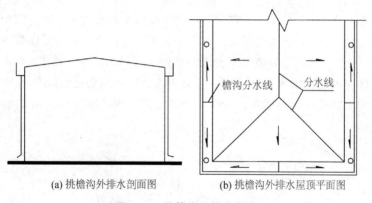

(a) 挑檐沟外排水剖面图　　　(b) 挑檐沟外排水屋顶平面图

图 6-6　挑檐沟外排水方案

（2）女儿墙外排水。这种排水方案的做法是：将外墙升起封住屋面形成女儿墙，屋面雨水穿过女儿墙流入室外的雨水管，最后引入地沟，如图 6-7 所示。

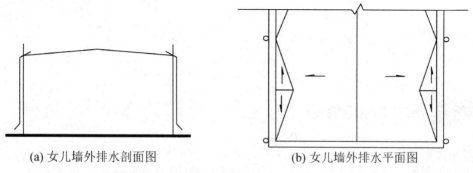

(a) 女儿墙外排水剖面图　　　(b) 女儿墙外排水平面图

图 6-7　女儿墙外排水

（3）女儿墙挑檐沟外排水。这种排水方案的特点是：在屋檐部位既有女儿墙，又有挑檐沟。蓄水屋面常采用这种形式，利用女儿墙作为蓄水仓壁，利用挑檐沟汇集从蓄水池中溢出的多余雨水，如图 6-8 所示。

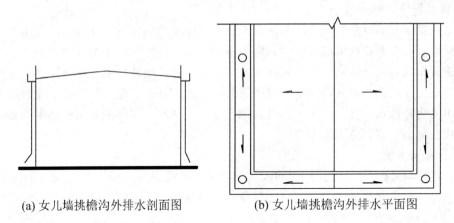

(a) 女儿墙挑檐沟外排水剖面图　　　　(b) 女儿墙挑檐沟外排水平面图

图 6-8　女儿墙挑檐沟外排水

2）内排水方案

外排水构造简单，雨水管不进入室内，有利于室内美观和减少渗漏，因此雨水较多的南方地区应优先采用。但是，有些情况采用外排水就不一定合适，如高层建筑屋面宜采用内排水，因为维修室外雨水管既不方便也不安全；又如《屋面工程技术规范》（GB 50345—2012）规定，严寒地区应采用内排水，寒冷地区宜采用内排水，因为低温会使室外雨水管中的雨水冻结；有些屋面宽度较大的建筑，无法完全依靠外排水排除屋面雨水，也要采用内排水方案，如图 6-9 所示。

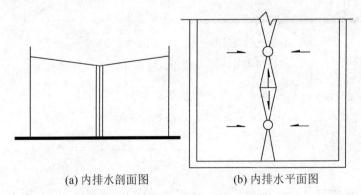

(a) 内排水剖面图　　　　(b) 内排水平面图

图 6-9　内排水方案

6.2.2　屋面排水组织设计

屋面排水组织设计的主要任务是将屋面划分为若干排水区，分别将雨水引向雨水管，做到排水线路简捷、雨水口负荷均匀、排水顺畅、避免屋面积水而引起渗漏。屋面排水组织设计一般按以下步骤进行。

1. 确定排水坡面的数目

进深不超过 12m 的房屋和临街建筑常采用单坡排水，进深超过 12m 时宜采用双坡排水。坡屋面则应结合造型要求选择单坡、双坡或四坡排水。

2. 划分排水分区

划分排水分区的目的在于合理地布置雨水管。排水区的面积是指屋面水平投影的面积，每一个雨水口的汇水面积一般为 150～200m²。

3. 确定天沟断面大小和天沟纵坡的坡度

天沟即屋面上的排水沟，位于檐口部位时称为檐沟。天沟的功能是汇集和迅速排除屋面雨水，故应具有合适的断面大小。在沟底沿长度方向应设纵向排水坡度，简称天沟纵坡。

天沟根据屋面类型的不同有多种做法。如坡屋面中可用钢筋混凝土、镀锌铁皮、石棉瓦等材料做成槽形或三角形天沟。钢筋混凝土檐沟、天沟净宽不应小于 300mm，分水线处最小深度不应小于 100mm；沟内纵向坡度不应小于 1%，沟底水落差不得超过 200mm，金属檐沟、天沟的纵向坡度宜为 0.5%。

4. 雨水管的规格和间距

雨水管按材料分为铸铁、镀锌铁皮、塑料、石棉水泥和陶土等，外排水时可采用 UPVC 管，玻璃钢管、金属管等，内排水时可采用铸铁管，镀锌钢管，UPVC 管等。雨水管的直径有 50、75、100、125、150、200mm 几种规格，一般民用建筑雨水管常采用的直径为 100mm，面积较小的阳台或露台可采用直径 75mm 的雨水管。

雨水口的间距过大可引起沟内垫坡材料过厚，使天沟容积减小，大雨时雨水溢向屋面引起渗漏。两个水落口的间距，一般不宜大于下列数值：有外檐天沟 24m；无外檐天沟、内排水 15m，如图 6-10 所示。水落口中心距端部女儿墙内边不宜不于 0.5m。

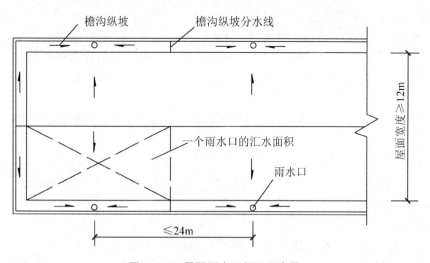

图 6-10　屋面雨水口间距示意图

任务6.3 平屋面防水构造

6.3.1 卷材防水屋面

卷材防水屋面是将防水卷材相互搭接用胶结材料贴在屋面基层上形成防水能力的，卷材具有一定的柔性，能适应部分屋面变形。

1. 材料

1）卷材

（1）高聚物改性沥青卷材。按改性成分主要有弹性体（SBS）和塑性体（APP）改性防水卷材；按胎体材料区分主要有聚酯胎和聚乙烯胎改性沥青防水卷材等。具有高温不流淌、低温不脆裂、拉伸强度高、延伸率较大的优点。

（2）合成高分子卷材。以合成橡胶、合成树脂或两者共混体为基料，加入适量化学助剂和填充料经塑炼混炼、压延或挤出成型，具有强度高、断裂伸长率大、耐老化及可冷施工等优越性能。我国目前开发的合成高分子卷材主要有橡胶系、树脂系、橡塑共混型等三大系列，属新型高档防水材料。常见的有三元乙丙橡胶卷材、BAC自粘防水卷材、聚氯乙烯卷材、氯丁橡胶卷材等。

2）卷材黏合剂

高聚物改性沥青卷材和合成高分子卷材使用专门配套的黏合剂，如适用于改性沥青类卷材的RA—86型氯丁胶胶粘剂、SBS改性沥青黏结剂，三元乙丙橡胶卷材用聚氨酯底胶基层处理剂等。

2. 卷材防水屋面的构造层次和做法

卷材防水屋面由多层材料叠合而成，其基本构造层次按构造要求由结构层、找坡层、找平层、结合层、防水层和保护层组成。

1）结构层

卷材防水屋面的结构层通常为具有一定强度和刚度的预制或现浇钢筋混凝土屋面板。

2）找坡层

当屋面采用材料找坡时，应选用质量轻、吸水率低和有一定强度的材料，坡度宜为2%。轻质材料可采用1：（6～8）的水泥炉渣或水泥膨胀蛭石或其他轻质混凝土等。当屋顶采用结构找坡时，则不设找坡层。

3）找平层

卷材的基层宜设找平层，找平层厚度和技术要求应符合表6-8的规定。

铺设防水层前，找平层必须干净、干燥。可将1m² 卷材平坦地干铺在找平层上，静置3～4h后掀开检查，找平层覆盖部位与卷材上未见水印，即可铺设防水层。

表 6-8　找平层厚度和技术要求

找平层分类	适用的基层	厚度/mm	技术要求
水泥砂浆	整体现浇混凝土板	15～20	1：2.5 水泥砂浆
	整体材料保温层	20～25	
细石混凝土	装配式混凝土板	30～35	C20 混凝土，宜加钢筋网片
	块状材料保温层		C20 混凝土

注：保温层上的找平层应留设分格缝，缝宽宜为 5mm～20mm，纵横缝的间距不宜大于 6m。

4）防水层

（1）卷材防水层铺贴顺序和方向。

卷材防水层铺贴顺序和方向应符合以下要求：卷材防水层施工时，应先进行细部构造处理，然后由屋面最低标高向上铺贴；檐沟、天沟卷材施工时，宜顺檐沟、天沟方向铺贴，搭接缝应顺流水方向；卷材宜平行屋脊铺贴，上下层卷材不得相互垂直铺贴。

（2）卷材搭接缝要求。

卷材搭接缝应符合以下要求：平行屋脊的搭接缝应顺流水方向，搭接缝宽度应符合表 6-9 的规定；同一层相邻两幅卷材短边搭接缝错开不应小于 500mm；上下层卷材长边搭接缝应错开，且不应小于幅宽的 1/3；叠层铺贴的各层卷材，在天沟与屋面的交接处，应采用叉接法搭接，搭接缝应错开；搭接缝宜留在屋面与天沟侧面，不宜留在沟底。

表 6-9　卷材搭接宽度

卷材类别		搭接宽度/mm
合成高分子防水卷材	胶粘剂	80
	胶粘带	50
	单缝焊	60，有效焊接宽度不小于 25
	双缝焊	80，有效焊接宽度 10×2+空腔宽
高聚物改性沥青防水卷材	胶粘剂	100
	自粘	80

（3）其他施工要求。

立面或大坡面铺贴卷材时，应采用满粘法，并宜减少卷材短边搭接。

高聚物改性沥青卷材的铺贴方法有冷粘法和热熔法两种。冷粘法是用胶粘剂将卷材粘贴在找平层上，或利用卷材的自粘性进行铺贴。热熔法施工是用火焰加热器将卷材均匀加热至表面光亮发黑，然后立即滚铺卷材使之平展并辊压牢固。

采用热熔型改性沥青胶铺贴高聚物改性沥青防水卷材，可起到涂膜与卷材之间优势互补和复合防水的作用，更有利于提高屋面防水工程质量，应当提倡和推广应用。为了防止加热温度过高，导致改性沥青中的高聚物发生裂解而影响质量，规范规定采用专用的导热油炉加热熔化改性沥青，要求加热温度不应高于 200℃，使用温度不应低于 180℃。

合成高分子防水卷材冷粘法施工应符合下列规定：基层胶粘剂应涂刷在基层及卷材底面，涂刷应均匀、不露底、不堆积；铺贴卷材应平整顺直，不得皱折、扭曲、拉伸卷材；应辊压排除卷材下的空气，粘贴牢固；搭接缝口应采用材性相容的密封材料封严；冷粘法施工环境温度不应低于5℃。

5）隔离层

隔离层是消除相邻两种材料之间粘结力、机械咬合力、化学反应等不利影响的构造层。在刚性保护层（块体材料、水泥砂浆、细石混凝土保护层）与卷材、涂膜防水层之间应设置隔离层。隔离层材料的适用范围和技术要求见表6－10。

表6－10 隔离层材料的适用范围和技术要求

隔离层材料	适用范围	搭接宽度
塑料膜	块状材料、水泥砂浆保护层	0.4mm厚聚乙烯膜或3mm厚发泡聚乙烯膜
土工布	块状材料、水泥砂浆保护层	200g/m² 聚酯无纺布
卷材	块状材料、水泥砂浆保护层	石油沥青卷材一层
低强度等级砂浆	细石混凝土保护层	10mm厚黏土砂浆，石灰膏：砂：黏土＝1：2.4：3.6
		10mm厚石灰砂浆，石灰膏：砂＝1：4
		5mm厚掺有纤维的石灰砂浆

6）保护层

卷材防水层裸露在屋面上，受温度、阳光及氧气等作用容易老化。为保护防水层、延缓卷材老化、增加使用年限，卷材表面需设保护层。上人屋面保护层可采用块体材料、细石混凝土等材料，不上人屋面保护层可采用浅色涂料、铝箔、矿物粒料、水泥砂浆等材料。

常用三元乙丙复合卷材、高聚物改性卷材防水上人屋面做法如图6－11所示。

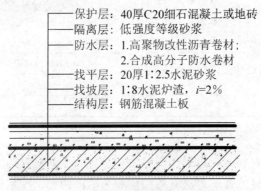

保护层：40厚C20细石混凝土或地砖
隔离层：低强度等级砂浆
防水层：1.高聚物改性沥青卷材；
　　　　2.合成高分子防水卷材
找平层：20厚1:2.5水泥砂浆
找坡层：1:8水泥炉渣，$i=2\%$
结构层：钢筋混凝土板

图6－11 上人高聚物改性卷材、合成高分子
卷材防水屋面做法

3. 细部构造

卷材防水屋面在处理好大面积屋面防水的同时，应注意泛水、檐口、雨水口以及变形缝等部位的细部构造处理。

1）泛水构造

泛水指屋面上沿所有垂直面所设的防水构造。突出屋面的女儿墙、烟囱、楼梯间、变形缝、检修孔、立管等的壁面与屋面的交接处是最容易漏水的地方，必须将屋面防水层延伸到这些垂直面上，形成立铺的防水层，称为泛水。

泛水构造应注意以下几点：

（1）铺贴泛水处的卷材应采用满粘法。附加层在平面和立面的宽度均不应小于250mm，并加铺一层附加卷材。

（2）屋面与立墙相交处应做成圆弧形，高聚物改性沥青防水卷材的圆弧半径采用50mm，合成高分子防水卷材的圆弧半径为20mm，使卷材紧贴于找平层上，而不致出现空鼓现象。

（3）女儿墙压顶可采用混凝土或金属制品。压顶向内排水坡度不应小于5%，压顶内侧下端应作滴水处理。

（4）低女儿墙泛水处的防水层可直接铺贴或涂刷至压顶下，卷材收头应用金属压条钉压固定，并应用密封材料封严［图6-12(a)］。

（5）高女儿墙泛水处的防水层泛水高度不应小于250mm，泛水上部的墙体应作防水处理［图6-12(b)］。

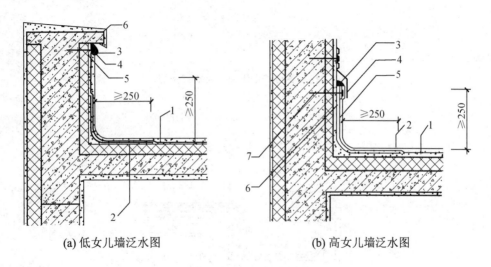

(a) 低女儿墙泛水图　　　　　　　　(b) 高女儿墙泛水图

图6-12　女儿墙泛水构造

1—防水层；2—附加层；3—密封材料；　1—防水层；2—附加层；3—密封材料；4—金属盖板钉；
4—水泥钉；5—金属压条；6—保护层；　　　　　5—保护层；6—金属压条；7—水泥钉

2）挑檐口构造

挑檐口分为无组织排水和有组织排水两种做法。

（1）无组织排水挑檐口。无组织排水挑檐口不宜直接采用屋面板外挑，因其温度变形大，易使檐口抹灰砂浆开裂，引起爬水和尿墙现象。最好采用与圈梁整浇的混凝土挑板。挑檐口构造要点是檐口800mm范围内卷材应采取满贴法，在混凝土檐口上用细石混凝土或水泥砂浆先做一凹槽，然后将卷材贴在槽内，将卷材收头用水泥钉钉牢，上面用防水油膏嵌填，下端做滴水处理，如图6-13所示。

（2）有组织排水挑檐口。有组织排水挑檐口常常将檐沟布置在出挑部位，现浇钢筋混凝土檐沟板可与圈梁连成整体，预制檐沟板则需搁置在钢筋混凝土屋架挑牛腿上。

挑檐沟构造的要点：沟内转角部位找平层应做成圆弧形或45°斜坡；檐沟和天沟的防

水层下应增设附加层，附加层伸入屋面的宽度不应小于 250mm；檐沟防水层和附加层应由沟底翻上至外侧顶部，卷材收头应用金属压条钉压，并应用密封材料封严；檐沟外侧下端应做滴水槽；檐沟外侧高于屋面结构板时，应设置溢水口。

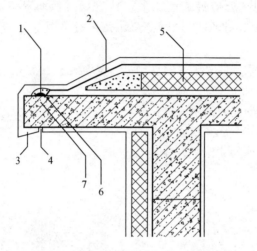

图 6－13　卷材防水屋面无组织排水檐口

1—密封材料；2—卷材防水层；3—鹰嘴；4—滴水槽；

5—保温层；6—金属压条；7—水泥钉

有组织排水挑檐口构造做法如图 6－14 所示。

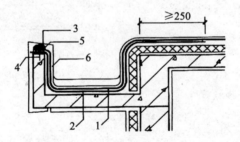

图 6－14　卷材防水屋面檐沟构造

1—防水层；2—附加层；3—密封材料；

4—水泥钉；5—金属压条；6—保护层

3）水落口构造

水落口是用来将屋面雨水排至雨水管而在檐口处或檐沟内开设的洞口，要求排水通畅，不易堵塞和渗漏。水落口的位置应尽可能比屋面或檐沟面低，有垫坡层或保温层的屋面，可在雨水口直径 500mm 范围内减薄形成漏斗形，使之排水通畅，避免积水。水落口宜采用金属或塑料制品。有组织外排水最常用的有檐沟与女儿墙水落口两种形式，有组织内排水的雨水口则设在天沟上，构造与外排水檐沟式的相同。

水落口周围直径 500mm 范围内排水坡度不应小于 5%，并应用防水涂料涂封，其厚度不应小于 2mm。水落口与基层接触处，应留宽 20mm、深 20mm 凹槽，嵌填密封材料。

水落口分为直式水落口和横式水落口两类，直式水落口适用于中间天沟、挑檐沟和女儿墙内排水天沟，横式水落口适用于女儿墙外排水。

水落口的构造要点：水落口可采用塑料或金属制品，水落口的金属配件均应作防锈处理；水落口周围直径 500mm 范围内坡度不应小于 5%，防水层下应增设涂膜附加层；防水层和附加层伸入水落口杯内不应小于 50mm，并应粘结牢固。

直式水落口构造如图 6-15(a) 所示。横式水落口构造如图 6-15(b) 所示。

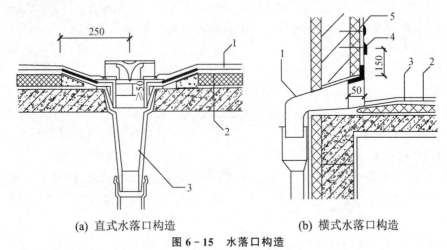

(a) 直式水落口构造   (b) 横式水落口构造

图 6-15 水落口构造

1—水落斗；2—防水层；3—附加层；4—密封材料；5—水泥钉

6.3.2 涂膜防水屋面

涂膜防水是用防水涂料直接涂刷在屋面基层上，利用涂料干燥或固化以后的不透水性来达到防水的目的。涂膜防水屋面具有防水、抗渗、粘结力强、耐腐蚀、耐老化、延伸率大、弹性好、无毒、施工方便等诸多优点，已广泛应用于建筑各部位的防水工程中。

1. 材料

1) 涂料

防水涂料的种类很多，常用防水涂料有高聚物改性沥青防水涂料 [图 6-16(a)]、合成高分子防水涂料 [图 6-16(b)]、聚合物水泥防水涂料 [图 6-16(c)]。

  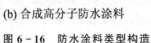 

(a) 高聚物改性沥青防水涂料   (b) 合成高分子防水涂料   (c) 聚合物水泥防水涂料

图 6-16 防水涂料类型构造

　　高聚物改性沥青防水涂料是以石油沥青为基料，用合成高分子聚合物对其改性，加入适量助剂配置而成的水乳型和溶剂型防水涂料。与沥青基涂料相比，其柔韧性、抗裂性、强度、耐高温性能和使用寿命等方面都有很大改善。

　　合成高分子防水涂料是以合成橡胶或合成树脂为原料，加入适量的活性剂、改性剂、增塑剂、防霉剂及填充料等制成的单组分或双组分防水涂料，具有高弹性、防水性好、耐久性好、耐高低温的优良性能，其中更以聚氨酯防水涂料性能最好。

　　聚合物水泥防水涂料是以丙烯酸酯等聚合物乳液和水泥为主要原料，加入其他外加剂制得的双组份水性建筑防水涂料。

　　2）胎体增强材料

　　某些防水涂料（如氯丁胶乳沥青涂料）需要与胎体增强材料配合，以增强涂层的贴附覆盖能力和抗变形能力。目前，使用较多的胎体增强材料为 0.1×6×4 或 0.1×7×7 的中性玻璃纤维网格布或中碱玻璃布、聚酯无纺布等。需铺设胎体增强材料时，当屋面坡度小于 15％时，可平行屋脊铺设；当屋面坡度大于 15％时，应垂直于屋脊铺设，并由屋面最低处向上操作。胎体增强材料长边搭接宽度不得小于 50mm，短边搭接宽度不得小于 70mm。采用二层胎体增强材料时，上下层不得垂直铺设，搭接缝应错开，其间距不应小于幅宽的 1/3。

2. 涂膜防水屋面的构造及做法

　　当采用溶剂型涂料时，屋面基层应干燥。防水涂膜应分遍涂布，不得一次涂成。待先涂布的涂料干燥成膜后，方可涂布后一遍涂料，且前后两遍涂料的涂布方向应相互垂直。涂膜防水层的收头，应用防水涂料多遍涂刷或用密封材料封严。应按屋面防水等级和设防要求选择防水涂料。对易开裂、渗水的部位，应留凹槽嵌填密封材料，并增设一层或多层带有胎体增强材料的附加层。涂膜防水层应沿找平层分格缝增设带有胎体增强材料的空铺附加层，空铺宽度宜为 100mm。涂膜防水屋面应设置保护层，保护层材料可采用细砂、云母、蛭石、浅色涂料、水泥砂浆或块体材料等。采用水泥砂浆或块材时，应在涂膜与保护层之间设置隔离层。水泥砂浆保护层厚度不宜小于 20mm。

3. 细部构造

　　（1）天沟、檐沟与屋面交接处宜空铺，空铺的宽度不应小于 250mm。涂膜收头应用防水涂料多遍涂刷或用密封材料封严。

　　（2）檐口处防水层的收头，应用防水涂料多遍涂刷或用密封材料封严（图6-17）。檐口下端应抹出滴水槽。

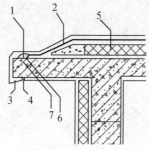

图6-17　涂膜防水屋面无组织排水檐口

1—涂料多遍涂刷；2—涂膜防水层；3—鹰嘴；4—滴水槽；5—保温层

（3）泛水处的涂膜防水层，宜直接涂刷至女儿墙的压顶下，收头处理应用防水涂料多遍涂刷封严，压顶应做防水处理。

任务 6.4 坡屋顶构造

6.4.1 坡屋顶的形式

坡屋顶是由一个倾斜面或几个倾斜面相互交接形成的屋顶，又称斜屋顶。根据斜面数量的多少，可分为单坡屋顶、双坡屋顶、四坡屋顶及其他形式屋顶数种。屋面坡度随所采用屋面材料与铺盖方法不同而异，一般屋面坡度大于10%。

1. 单坡屋顶

其为一面性坡屋顶，一般用于民居或辅助性建筑上，雨水仅向一侧排下，如图6-18和图6-19所示。

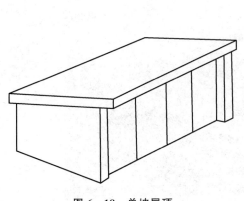

图 6-18 单坡屋顶

图 6-19 单坡屋顶实例

2. 双坡屋顶

其由两个交接的倾斜屋面覆盖在房屋顶部，雨水向两侧排下。这种形式的坡屋顶应用较广泛。根据屋面（檐口）和山墙的处理方式不同，可分为悬山屋顶、硬山屋顶、出山屋顶，如图6-20所示。

（1）悬山屋顶：是两端屋面伸出山墙外的一种屋顶形式，挑檐可保护墙身，有利于排水等作用。这是民用住宅的主要屋顶形式之一，常用于南方多雨地区。

（2）硬山屋顶：是两端屋面不伸出山墙且山墙高出屋面的一种屋顶形式，为民居建筑的主要屋顶形式之一，北方少雨地区采用较多。

（3）出山屋顶：是山墙超出屋顶，作为防火墙或装饰用。

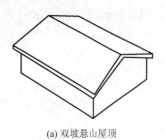

(a) 双坡悬山屋顶

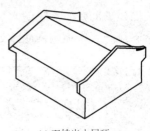

(b) 双坡硬山屋顶

(c) 双坡出山屋顶

图 6 - 20 双坡屋顶

3. 四坡屋顶

这是由四个坡面交接组成、雨水向四个方向排下的坡屋顶，构造上较双坡屋顶复杂。古代宫殿庙宇中的四坡屋顶称为庑殿，四坡屋顶两面形成两个小山尖，称为歇山，如图 6 - 21 和图 6 - 22 所示。

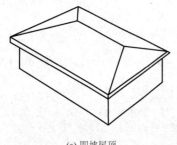

(a) 四坡屋顶

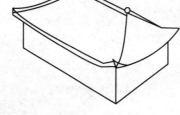

(b) 庑殿屋顶

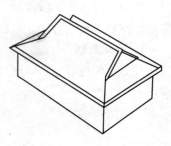

(c) 歇山屋顶

图 6 - 21 四坡屋顶

(a) 北京故宫太和殿庑殿屋顶

(b) 保和殿歇山屋顶

(c) 悬山屋顶

(d) 硬山屋顶

图 6 - 22 屋顶实例

4. 其他形式屋顶

随着建筑科学技术的发展，在大跨度公共建筑中使用了多种新型结构的屋顶，如薄壳屋顶、网架屋顶、拱屋顶、折板屋顶、悬索屋顶等，如图 6－23 所示。

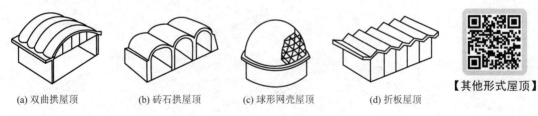

【其他形式屋顶】

(a) 双曲拱屋顶　　(b) 砖石拱屋顶　　(c) 球形网壳屋顶　　(d) 折板屋顶

图 6－23　其他形式的屋顶

6.4.2　**坡屋顶的组成**

坡屋顶是我国传统的建筑形式，主要由屋面、承重结构和顶棚等部分组成，根据使用要求不同，有时还需增设保温层或隔热层等，如图 6－24 所示。屋面的主要作用是防水和围护空间；承重结构主要是为屋面提供基层，承受屋面荷载并将它传到墙或柱；顶棚设置结合室内装修进行，可以增加室内空间的艺术效果，同时在有了屋顶夹层后对提高屋顶保温隔热性能有一定帮助。

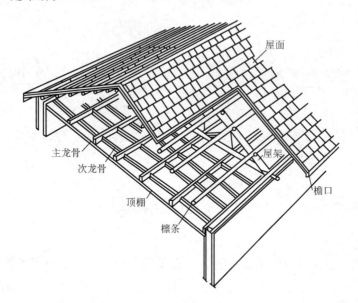

图 6－24　坡屋顶的基本构造

1. 承重结构

承重结构主要承受作用在屋面上的各种荷载，并把它们传到墙或柱上。坡屋顶的承重结构一般由椽条、檩条、屋架或大梁等组成，其结构类型有山墙承重、屋架承重等。

1）山墙承重

山墙承重即在山墙上搁檩条，檩条上设椽子后再铺屋面，也可在山墙上直接搁置挂瓦板、预制板等形成屋面承重体系，如图6-25所示。布置檩条时，山墙端部檩条可出挑形成悬山屋顶；常用檩条有木檩条、钢筋混凝土檩条、钢檩条等。

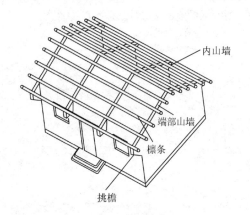

图6-25 山墙承重体系

木檩条有矩形和圆形（即原木）两种，钢筋混凝土檩条有矩形、L形、T形等，钢檩条有型钢或轻型钢檩条，如图6-26所示。当采用木檩条时，跨度以不超过4m为宜；钢筋混凝土檩条的跨度可以达到6m。檩条的间距根据屋面防水材料及基层构造处理而定，一般在700~1500mm。由于檩条及挂瓦板等跨度一般在4m左右，故山墙承重体系适用于小空间建筑，如宿舍、住宅等。这种承重方案简单，施工方便，在小空间建筑中是一种经济合理的方案。

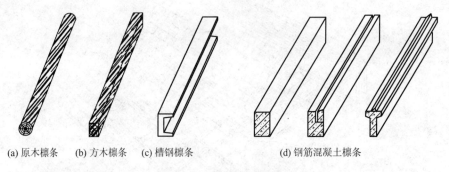

(a) 原木檩条　(b) 方木檩条　(c) 槽钢檩条　　　(d) 钢筋混凝土檩条

图6-26 檩条断面形式

2）屋架承重

屋架承重是将屋架设置于墙或柱上，再在屋架上放置檩条及椽子而形成的屋顶结构形式。屋架由上弦杆、下弦杆、腹杆组成，由于屋顶坡度较大，故一般采用三角形屋架。屋架有木屋架、钢屋架、钢筋混凝土屋架等类型，如图6-27所示。木屋架一般用于跨度不大于12m的建筑；钢木屋架是将木屋架中受拉力的下弦及直腹杆用钢筋或型钢代替，一般用于跨度不超过18m的建筑；当跨度更大时，需采用钢筋混凝土屋架或钢屋架。

屋架应根据屋面坡度进行布置，在四坡顶屋面及屋面相交处需增设斜梁或半屋架等构件，如图6-28所示。为保证坡屋顶的空间刚度和整体稳定性，屋架间需设支撑。屋架承重结构适用于有较大空间的建筑中。

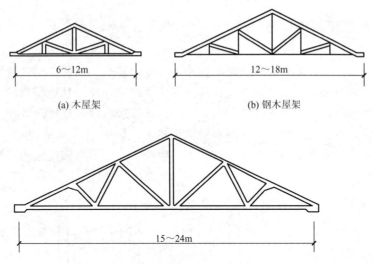

(a) 木屋架　　　　　　　　　(b) 钢木屋架

【屋架承重】

(c) 钢筋混凝土屋架

图 6 – 27　屋架形式

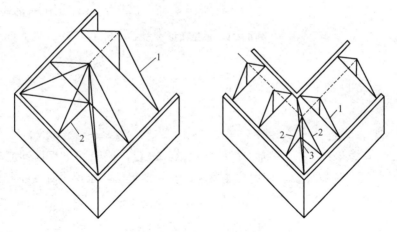

图 6 – 28　屋架布置示意图

1—屋架；2—半屋架；3—斜屋架

2. 屋面

屋面是屋顶上的覆盖层，直接承受风雨、冰冻和太阳辐射等大自然气候的作用，它包括屋面盖料和基层（如挂瓦条、屋面板等）。

坡屋顶的屋面坡度较大，可采用各种小尺寸的瓦材相互搭盖来防水。由于瓦材尺寸小、强度低，不能直接搁置在承重结构上，需在瓦材下面设置基层将瓦材连接起来构成屋面，所以坡屋顶屋面一般由基层和面层组成，面层不同，屋面基层的构造形式也不同。一般包括檩条、椽条、木望板及挂瓦条等组成部分。

3. 顶棚

顶棚是屋顶下面的遮盖部分，使室内上部平整，有一定光线反射，起保温隔热和装饰作用。其构造做法与楼板层的顶棚层相同。

6.4.3 坡屋顶的排水方式

坡屋顶的排水方式有两种，即无组织排水和有组织排水，如图 6 - 29 所示。无组织排水一般应用于少雨地区或低层建筑中，其构造简单，施工方便，且造价低廉，但适用范围不广。有组织排水包括挑檐沟外排水和女儿墙檐沟外排水两种，挑檐沟外排水是在坡屋顶挑檐处悬挂檐沟，雨水流向檐沟，经落水管排至地面，如图 6 - 29(b) 所示；女儿墙檐沟外排水是先在屋顶四周做女儿墙，再在女儿墙内做檐沟，使雨水流向檐沟，然后经落水管排至地面，如图 6 - 29(c) 所示。

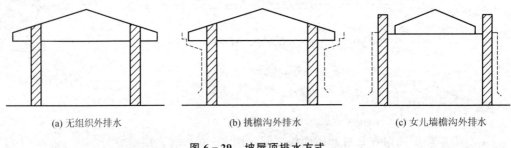

(a) 无组织外排水   (b) 挑檐沟外排水   (c) 女儿墙檐沟外排水

图 6 - 29 坡屋顶排水方式

6.4.4 屋面防水构造

1. 坡屋面防水等级

根据 GB 50693—2011《坡屋面工程技术规范》规定，坡屋面工程设计应根据建筑物的性质、重要程度、地域环境、使用功能要求以及依据屋面防水层设计使用年限，分为一级防水和二级防水，并应符合表 6 - 11 的规定。

表 6 - 11 坡屋面防水等级

项 目	坡屋面防水等级	
	一级	二级
防水层设计使用年限	≥20 年	≥10 年

注：1. 大型公共建筑、医院、学校等重要建筑屋面的防水等级为一级，其他为二级；

    2. 工业建筑屋面的防水等级按使用要求确定。

2. 屋面类型和防水垫层

1）屋面类型

根据屋面材料的不同，坡屋面可分为沥青瓦屋面、块瓦屋面、波形瓦屋面、防水卷材屋面、金属板屋面和装配式轻型坡屋面等几种类型。

在坡屋面中，需要根据建筑物高度、风力、环境等因素，确定坡屋面类型、坡度和防水垫层，并应符合表 6 - 12 的规定。

表 6-12　屋面类型、坡度和防水垫层

坡度与垫层	屋 面 类 型						
	沥青瓦屋面	块瓦屋面	波形瓦屋面	防水卷材屋面	金属板屋面		装配式轻型坡屋面
					压型金属板屋面	夹芯板屋面	
适用坡度（%）	≥20	≥30	≥20	≥3	≥5	≥5	≥20
防水垫层	应选	应选	应选	—	一级应选二级宜选	—	应选

注：防水垫层是指坡屋面中通常铺设在瓦材或金属板下面的防水材料；块瓦是由黏土、混凝土和树脂等材料制成的块状硬质屋面瓦材。

2）防水垫层

（1）防水垫层主要采用的材料如下。

① 沥青类防水垫层（自粘聚合物沥青防水垫层、聚合物改性沥青防水垫层、波形沥青通风防水垫层等）。

② 高分子类防水垫层（铝箔复合隔热防水垫层、塑料防水垫层、透汽防水垫层和聚乙烯丙纶防水垫层等）。

③ 防水卷材和防水涂料。

（2）防水垫层在瓦屋面构造层次中的位置。

① 当防水垫层铺设在瓦材和屋面板之间（图 6-30）时，屋面应为内保温隔热构造。

② 当防水垫层铺设在持钉层和保温隔热层之间（图 6-31）时，应在防水垫层上铺设配筋细石混凝土持钉层。

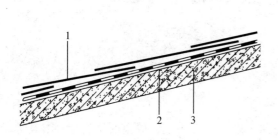

图 6-30　防水垫层在瓦材和屋面板之间
1—瓦材；2—防水垫层；3—屋面板

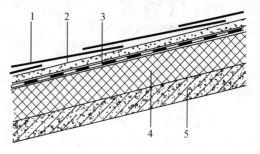

图 6-31　防水垫层在持钉层和保温隔热层之间
1—瓦材；2—持钉层；3—防水垫层；
4—保温隔热层；5—屋面板

③ 当防水垫层铺设在保温隔热层和屋面板之间（图 6-32）时，瓦材应固定在配筋细石混凝土持钉层上。

④ 当防水垫层或隔热防水垫层铺设在挂瓦条和顺水条之间（图 6-33）时，防水垫层宜呈下垂凹形。

防水垫层可空铺、满粘或机械固定。屋面坡度大于 50%，防水垫层宜采用机械固定或满粘法施工；防水垫层的搭接宽度不得小于 100mm。屋面防水等级为一级时，固定钉穿透非自粘防水垫层，钉孔部位应采取密封措施。

坡屋面细部节点部位的防水垫层应增设附加层，宽度不宜小于 500mm。

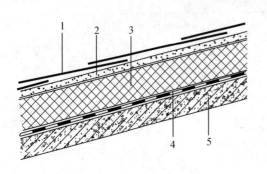

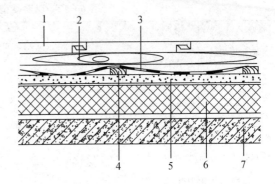

图 6 – 32　防水垫层在保温隔热层和屋面板之间

1—瓦材；2—持钉层；3—保温隔热层；

4—防水垫层；5—屋面板

图 6 – 33　防水垫层在挂瓦条和顺水条之间

1—瓦材；2—挂瓦条；3—防水垫层；4—顺水条；

5—持钉层；6—保温隔热层；7—屋面板

3. 块瓦屋面构造

块瓦包括烧结瓦、混凝土瓦等，适用于防水等级为一级和二级的坡屋面。块瓦屋面坡度不应小于 30%。块瓦屋面的屋面板可为钢筋混凝土板、木板或增强纤维板。块瓦屋面应采用干法挂瓦，固定牢固，檐口部位应采取防风揭措施。

任务 6.5　屋顶的保温与隔热构造

6.5.1　平屋顶的保温与隔热

1. 平屋顶保温

保温层的构造方案和材料做法，需根据使用要求、气候条件、屋顶的结构形式、防水处理方法等因素来综合考虑确定。

1）保温材料

屋面保温材料应选用轻质、多孔、导热系数小且有一定强度的材料。保温屋应根据屋面所需传热系数或热阻选择轻质、高效的保温材料，高温屋及其保温材料见表 6 – 13 规定。

表 6 – 13　保温层及其保温材料

保　温　层	保 温 材 料
板状材料保温层	聚苯乙烯泡沫塑料，硬质聚氨酯泡沫塑料，膨胀珍珠岩制品，泡沫玻璃制品，加气混凝土砌块，泡沫混凝土砌块
纤维材料保温层	玻璃棉制品，岩棉、矿渣棉制品
整体材料保温层	喷涂硬泡聚氨酯，现浇泡沫混凝土

2）保温层的设计

保温层宜选用吸水率低、密度和导热系数小，并有一定强度的保温材料；保温层厚度应根据所在地区现代节能设计标准，经计算确定；保温层的含水率，应相当于该材料在当地自然风干状态下的平衡含水率；屋面为停车场等高荷载情况时，应根据计算确定保温材料的强度；纤维材料做保温层时，应采取防止压缩的措施；屋面坡度较大时，保温层应采取防滑措施；封闭式保温层或保温层干燥有困难的卷材屋面，宜采取排汽构造措施。

3）平屋面保温构造

（1）保温层构造。保温层厚度需由热工计算确定。保温层位置主要有两种情况：第一种是将保温层设在结构层与防水层之间，这种做法施工方便，还可利用其进行屋面找坡。第二种是倒置式保温屋面，即将保温层设在防水层的上面。其优点是防水层被掩盖在保温层下面而不受阳光及气候变化的影响，温差较小，同时防水层不易受到来自外界的机械损伤。屋面保温材料宜采用吸湿性小的憎水材料，如聚苯乙烯泡沫塑料板或聚氨酯泡沫塑料板，而加气混凝土或泡沫混凝土吸湿性强，不宜选用。

（2）隔汽层。当严寒及寒冷地区屋面结构冷凝界面内侧实际具有的蒸汽渗透阻小于所需值，或其他地区室内湿气有可能透过屋面结构层进入保温层时，应设置隔汽层。

隔汽层是一道很弱的防水层，却具有较好的蒸汽渗透阻，大多采用气密性、水密性好的防水卷材或涂料，卷材隔汽层可采用空铺法进行铺设。隔汽层是隔绝室内湿气通过结构层进入保温层的构造层，常年湿度很大的房间，如温水游泳池、公共浴室、厨房操作间、开水房等的屋面应设置隔汽层。

隔汽层应符合以下规定：隔汽层应设置在结构层上、保温层下；隔汽层应选用气密性、水密性好的材料；隔汽层应沿周边墙面向上连续铺设，高出保温层上表面不得小于150mm。采用卷材做隔汽层时，卷材宜空铺，卷材搭接缝应满粘，其搭接宽度不应小于80mm；采用涂膜做隔汽层时，涂料涂刷应均匀，涂层不得有堆积、起泡和露底现象；穿过隔汽层的管道周围应进行密封处理。由于保温层下设隔汽层，上面设置防水层，即保温层的上下两面均被油毡封闭住。而在施工中往往出现保温材料或找平层未干透，其中残存一定的水气无法散发。为了解决这个问题，可以在保温层上部或中部设置排汽出口，排汽出口应埋设排汽管，如图 6-34 所示。穿过保温层的排汽管及排汽道的管壁四周应均匀打孔，以保证排汽的畅通。排汽管周围与防水层交接处应做附加层，排汽管的泛水处及顶部应采取防止雨水进入的措施。

2. 平屋面隔热

为减少太阳辐射热直接作用于屋顶表面，常见的屋顶隔热降温措施有通风隔热、蓄水隔热、植被隔热和反射降温隔热等。

1）通风隔热

通风隔热屋面是在屋顶中设置通风间层，上层表面遮挡太阳辐射热，利用风压和热压的作用把间层中的热空气不断带走，从而达到隔热降温的目的。通风间层通常有两种设置方式：一种是利用顶棚内的空间，另一种是利用屋面上的架空，如图 6-35 所示。

（1）顶棚通风隔热。利用顶棚与屋顶之间的空间作通风隔热层，一般在屋面板下吊顶棚，檐墙上开设通风口。

（2）架空通风隔热。在屋面防水层上用适当的材料或构件制品做架空隔热层。这种屋

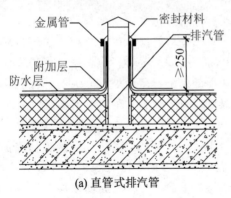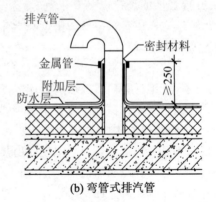

(a) 直管式排汽管　　　　　　　　　　(b) 弯管式排汽管

图 6-34　屋面排汽口构造

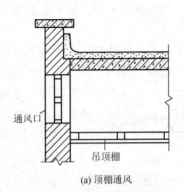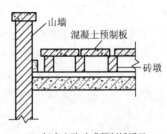

(a) 顶棚通风　　　　　　　　(b) 架空大阶砖或预制板通风

图 6-35　通风降温屋面

面不仅能达到通风降温、隔热防晒的目的，还可以保护屋面防水层。

2）蓄水隔热

蓄水隔热屋面是在平屋顶上蓄积一定深度的水，利用水吸收大量太阳辐射和室外气温，将热量散发，以减少屋顶吸收的热能，从而达到降温隔热的目的。蓄水隔热屋面的构造与刚性防水屋面基本相同，只是增设了分仓壁、泄水孔、过水孔和溢水孔，如图 6-36 所示。水层对屋面还可以起到保护作用，但使用中的维护费用较高。

3）植被隔热

该法是在平屋顶上种植植物，利用植物光合作用时吸收热量和植物对阳光的遮挡功能来达到隔热的目的。这种屋面在满足隔热要求时，还能够提高绿化面积，有利于美化环境、净化空气，但增加了屋顶荷载，结构处理较复杂。

种植平屋面的基本构造层次，包括基层、绝热层、找坡（找平）层、普通防水层、耐根穿刺防水层、保护层、排（蓄）水层、过滤层、种植土层和植被层等，如图 6-37 所示。

4）反射降温隔热

反射降温隔热屋面是在屋面铺浅色的砾石或刷浅色涂料等，利用材料的浅色和光滑度对热辐射的反射作用，将屋面的太阳辐射热反射出去，从而达到降温隔热的作用。当今卷材防水屋面采用的新型防水卷材，如高聚物改性沥青防水卷材和合成高分子防水卷材，其正面覆盖的铝箔，就是利用反射降温的原理来保护防水卷材的。

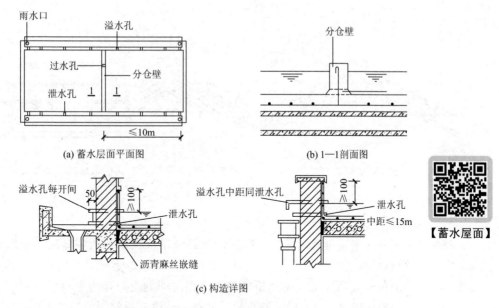

(a) 蓄水层面平面图 (b) 1—1剖面图

(c) 构造详图

图 6 - 36 蓄水屋面（单位：mm）

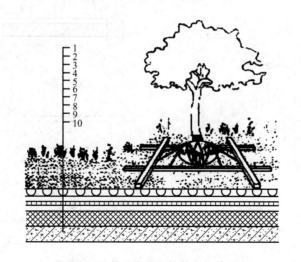

【种植屋面】

图 6 - 37 种植平屋面的基本构造层次

1—植被层；2—种植土层；3—过滤层；4—排（蓄）水层；5—保护层；6—耐根穿刺防水层；

7—普通防水层；8—找坡（找平）层；9—绝热层；10—基层

6.5.2 坡屋顶的保温与隔热

1. 坡屋顶的保温

坡屋顶的保温层一般布置在瓦材与檩条之间或吊顶棚上面，如图 6 - 38 所示。保温材料可根据工程具体要求，选用松散材料、块状材料或板状材料。在小青瓦屋面中，一般采用基层上满铺一层黏土麦秸泥作为保温层，小青瓦片黏结在该层上，在平瓦屋面中，可将保温层填充在檩条之间；在设有吊顶的坡屋顶中，常将保温层铺设在吊顶棚之上，可起到保温和隔热双重作用。

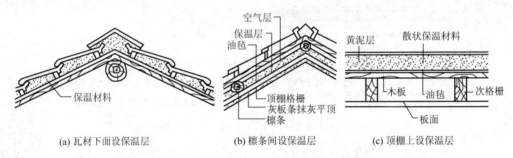

(a) 瓦材下面设保温层　　　(b) 檩条间设保温层　　　(c) 顶棚上设保温层

图 6-38　坡屋顶保温构造

2. 坡屋顶的隔热

坡屋顶一般利用屋顶通风来隔热，有屋面通风和吊顶棚通风两种做法。采用屋面通风时，应在屋顶檐口设进风口，屋脊设出风口，利用空气流动带走间层的热量，以降低屋顶的温度。如采用吊顶棚通风，可利用吊顶棚与坡屋面之间的空间作为通风层，在坡屋顶的歇山、山墙或屋面等位置设进风口，其隔热效果显著，是坡屋顶常用的隔热形式，如图 6-39 所示。由于吊顶空间较大，可利用其组织穿堂风来达到降温隔热的效果。

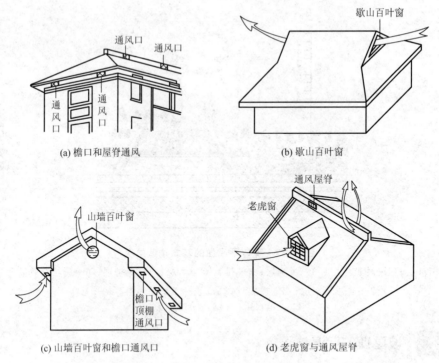

(a) 檐口和屋脊通风　　　　　　　　(b) 歇山百叶窗

(c) 山墙百叶窗和檐口通风口　　　　　(d) 老虎窗与通风屋脊

图 6-39　坡屋顶隔热构造

炎热地区将坡屋顶做成双层，由檐口处进风，屋脊处排风，利用空气流动带走一部分热量，以降低瓦底面的温度，也可利用檩条的间距通风。

任务 6.6　屋顶的其他构造

1. 屋顶排烟风道

屋面的排烟风道表面与木质可燃构件距离不应小于150mm，或在排烟道外表面包厚度不小于100mm的保温材料进行隔热。排烟风道穿过挡烟墙时，风道与挡烟隔墙的空隙应用水泥砂浆等不燃材料严密填塞。排烟风道与排烟风机宜采用法兰连接，或采用不燃烧的软性连接。需要隔热的金属排烟道，必须采用不燃保温材料，如矿棉、玻璃棉、岩棉、硅酸铝等材料。烟气排出口的材料，应采用耐火性能好的材料制作。排出口的位置应根据建筑物所处的条件确定，必须避开有燃烧危险的部位。根据规范要求，上人屋面出屋面的透气管，出屋面高度不小于400mm。

2. 屋顶风井

风井是建筑中预留的通道，主要用于通风或者防水，危急时刻也可用于逃生与消防，如图6-40和图6-41所示。不是所有建筑都必须设置风井，只在有某些功能要求，或是

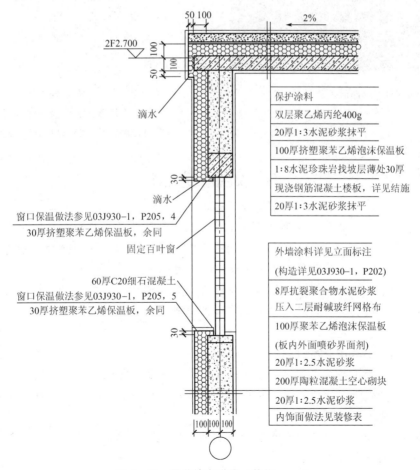

图6-40　风井墙身详图（单位：mm）

建筑体积较大、密封性高（如大建筑内部或地下室）的应该设通风井，一般有两种设置形式：一种是自然通风的风井，可以兼做进风井与排风井；另一种是机械辅助通风，一个进风井一个排风井，进风井安装进气扇，排风井安装排气扇，这种形式应该属于有组织气流。风井一般是从地下室的顶板通到外面。

3. 伸出屋面管理

伸出屋面管道的防水构造应符合下规定：

管道周围的找平层应抹出高度不小于30mm的排水坡；管道泛水处的防水层下应增设附加层，附加层在平面和立面的宽度均不应小于250mm；管道泛水处的防水层泛水高度不应小于250mm；卷材收头应用金属箍紧固和密封材料封严，涂膜收头应用防水涂料多遍涂刷，如图6-42所示。

图6-41 排烟风道及风井实例

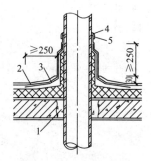

图6-42 伸出屋面管道
1—细石混凝土；2—卷材防水层；
3—附加层；4—密封材料；5—金属箍

项目小结

屋面有平屋顶、坡屋顶和曲面屋顶三种类型。平屋顶是指屋面排水坡度小于或等于10%的屋顶；坡屋顶是指屋面排水坡度在10%以上的屋顶；曲面屋顶指由各种薄壳结构、悬索结构和网架结构等作为屋顶承重结构的屋顶。

屋顶的排水方案分为有组织排水方案和无组织排水方案。有组织排水方案可分为外排水和内排水两种形式，外排水方式有女儿墙外排水、挑檐沟外排水、女儿墙挑檐沟外排水。

平屋顶的防水做法有卷材防水和涂膜防水。

卷材防水屋面是将防水卷材相互搭接用胶结材料贴在屋面基层上形成防水能力的，卷材具有一定的柔性，能适应部分屋面变形。卷材防水屋面由结构层、找坡层、找平层、防水层、隔离层和保护层组成。

卷材防水屋面在处理好大面积屋面防水的同时，应注意泛水、檐口、雨水口以及变形缝等部位的细部构造处理。

涂膜防水是用防水涂料直接涂刷在屋面基层上，利用涂料干燥或固化以后的不透水性来达到防水的目的。

在寒冷地区或有空调要求的建筑中，屋顶应做保温处理，以减少室内热的损失，降低能源消耗。保温构造处理的方法通常是在屋顶中增设保温层。

保温材料要求密度小、孔隙多、导热系数小。保温层位置主要有两种情况，将保温层设置在防水层上面称之为倒置式保温屋面。

练习题

一、填空题

1. 屋顶按照坡度和结构类型不同，分为_____、_____和_____三大类。

2. 屋顶坡度的表示方法，有_____、_____和_____。

3. 按照建筑物的性质、重要程度、使用功能要求、防水层耐用年限、防水层选用材料和设防要求，将屋面防水分为_____级。

4. 屋顶排水坡度的形成，有_____和_____两种方式。

5. 屋顶排水有_____和_____两种方式。

二、选择题

1. 平屋面屋面排水坡度通常用_____。

A. 2%～3%　　　　B. 10%　　　　C. 5%　　　　D. 30%

2. 屋顶设计最核心的要求是_____。

A. 美观　　　　B. 承重　　　　C. 防水　　　　D. 保温、隔热

3. 一般来说，高层建筑屋面宜采用_____。

A. 内排水　　　　B. 外排水　　　　C. 女儿墙外排水　　D. 挑檐沟外排水

4. 卷材防水屋面的基本构造层次主要包括_____。

A. 结构层、找平层、结合层、防水层、保护层

B. 结构层、找坡层、结合层、防水层、保护层

C. 结构层、找坡层、保温层、防水层、保护层

D. 结构层、找平层、防水层、隔热层

5. 对于保温层面，通常在保温层下设置_____，以防止室内水蒸汽进入保温层内。

A. 找平层　　　　B. 保护层　　　　C. 隔汽层　　　　D. 隔离层

【项目6　在线答题】

项目 **7** 楼梯与电梯构造

思维导图

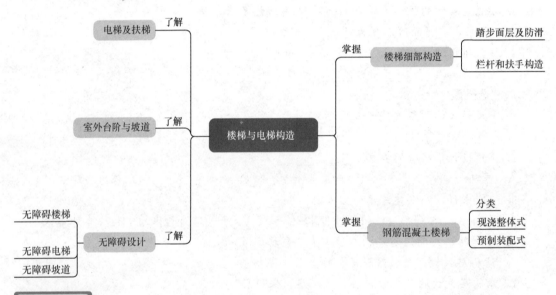

电梯及扶梯 — 了解

室外台阶与坡道 — 了解

无障碍楼梯
无障碍电梯 — 无障碍设计 — 了解
无障碍坡道

楼梯与电梯构造

掌握 — 楼梯细部构造 — 踏步面层及防滑 / 栏杆和扶手构造

掌握 — 钢筋混凝土楼梯 — 分类 / 现浇整体式 / 预制装配式

任务提出

　　楼梯、电梯，是能让人顺利上下两个空间的通道，它们必须设计合理，严格按照标准。楼梯的每一级踏步应该多高、多宽，设计师对此应有个透彻的了解，才能使楼梯设计得既便于行走，所占空间又最少。从建筑艺术和美学的角度来看，楼梯是视觉的焦点，也是彰显主人个性的一大亮点。掌握楼梯、电梯、台阶的设计及构造是必要的。

任务 7.1 概述

【不同类型的楼梯】

　　建筑物各个不同楼层之间的联系，需要有上、下交通设施，这些设施包括楼梯、电梯、自动扶梯、台阶、坡道及爬梯等。其中楼梯作为竖向交通和人员紧急疏散的主要设施，使用最为广泛。

　　楼梯要求坚固、耐久、安全、防火，做到上下通行方便，能搬运必要的家具物品，有足够的通行和疏散能力；另外尚有一定的美观要求。电梯用于层数较多或有特殊需要的建筑物中，而即使以电梯或自动扶梯为主要交通设施的建筑物，也必须同时设置楼梯，以便紧急疏散时使用。在建筑物入口处，因室内外地面的高差而设置的踏步段称为台阶。为方便车辆、轮椅通行，也可增设坡道，坡道也可用作多层车库、医疗建筑中的无障碍交通设施。而爬梯专用于检修等。

7.1.1　楼梯的组成

　　楼梯主要由楼梯梯段、楼梯平台及栏杆扶手三部分组成，如图 7-1 所示。

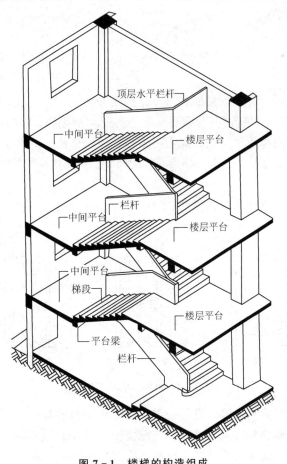

图 7-1　楼梯的构造组成

1. 楼梯梯段

设有踏步供建筑物楼层之间上下通行的通道，称为梯段。踏步又分为踏面（供行走时踏脚的水平部分）和踢面（形成踏步高差的垂直部分）。

为了减轻疲劳，每个梯段的踏步不应超过 18 级，但也不应少于 3 级，因为个数太少便不易被人们察觉，容易摔倒。

2. 楼梯平台

楼梯平台是指连接两梯段之间的水平部分，用作楼梯转折、连通某个楼层或供使用者稍事休息。平台的标高有时与某个楼层相一致，有时介于两个楼层之间。与楼层标高相一致的平台称为楼层平台，介于两个楼层之间的平台称为休息平台或中间平台。

3. 栏杆扶手

栏杆是设置在楼梯梯段和平台边缘处起安全保障的围护构件。扶手一般设于栏杆顶部，也可附设于墙上，称为靠墙扶手。

楼梯作为建筑空间竖向联系的主要构件，其位置应明显，起到提示及引导人流的作用，既要充分考虑造型美观、人流通行顺畅、行走舒适、结构安全、防火可靠等要求，又要满足施工和经济条件要求。因此需要合理选择楼梯的形式、坡度、材料、构造做法，精心处理好其细部构造。

7.1.2 楼梯的类型

楼梯的形式多种多样，应根据建筑形态及使用功能的不同进行选择。其基本类型如下。

（1）按楼梯的位置，有室内楼梯和室外楼梯之分。

（2）按楼梯的材料，可将其分为钢筋混凝土楼梯、钢楼梯、木楼梯及组合材料楼梯等。

（3）按楼梯的使用性质，可以分成主要楼梯、辅助楼梯、疏散楼梯及消防楼梯等。

（4）按楼梯间的平面形式，可以分为开敞楼梯间、封闭楼梯间、防烟楼梯间，如图 7-2 所示。

（5）按结构形式，可分为板式楼梯、梁式楼梯、悬挑楼梯等。

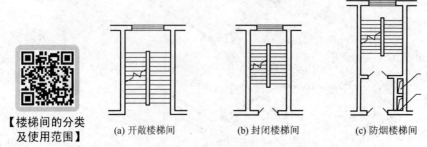

【楼梯间的分类及使用范围】　(a) 开敞楼梯间　　(b) 封闭楼梯间　　(c) 防烟楼梯间

图 7-2　楼梯间的平面形式

工程中，常按楼梯的平面形式进行分类。根据楼梯的平面形式，可以将其分为直行单跑楼梯、直行双跑楼梯、平行双跑楼梯、三跑楼梯、双分平行楼梯、双合平行楼梯、转角楼梯、双分转角楼梯、交叉楼梯、剪刀楼梯、螺旋楼梯等，如图 7-3 所示。

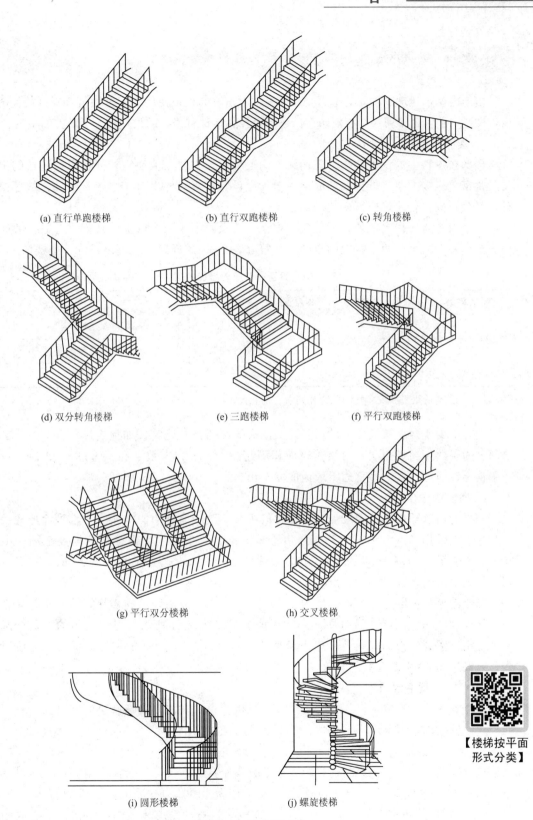

(a) 直行单跑楼梯 (b) 直行双跑楼梯 (c) 转角楼梯

(d) 双分转角楼梯 (e) 三跑楼梯 (f) 平行双跑楼梯

(g) 平行双分楼梯 (h) 交叉楼梯

(i) 圆形楼梯 (j) 螺旋楼梯

【楼梯按平面形式分类】

图 7-3 楼梯的形式

7.1.3 楼梯的设置与尺度

由于楼梯是建筑中重要的垂直交通设施,对建筑的正常使用和安全性负有不可替代的责任,因此,不论是管理部门、消防部门还是设计者,都对楼梯的设计给予了足够的重视。

1. 楼梯的设置

楼梯在建筑中的位置应当标志明显、交通便利,方便人流使用。楼梯应与建筑的出口关系紧密、连接方便,楼梯间的底层一般均应设置直接对外出口。当建筑中设置数部楼梯时,其分布应符合建筑内部人流的通行要求。

除个别的高层住宅之外,高层建筑中至少要设两个或两个以上的楼梯。普通公共建筑一般至少要设两个或两个以上的楼梯,如符合表 7 - 1 的规定,也可以只设一个楼梯。

表 7 - 1　设置一个疏散楼梯的条件

耐火等级	层　数	每层最大建筑面积/m²	人　数
一、二级	二、三层	500	第二、三层人数之和不超过 100 人
三级	二、三层	200	第二、三层人数之和不超过 50 人
四级	二层	200	第二层人数之和不超过 30 人

注:本表不适用于医院、疗养院、托儿所、幼儿园。

设有不少于两个疏散楼梯的一、二级耐火等级的公共建筑,如顶层局部升高时,其高出部分的层数不超过两层、每层建筑面积不超过 200m²、人数之和不超过 50 人时,可设一个楼梯,但应另设一个直通平屋面的安全出口。

2. 楼梯的坡度

楼梯的坡度即楼梯段的坡度,是指梯段中各级踏步前缘的假定连线与水平面形成的夹角。也可以采用另外一种表示法,即用踏步的高宽比表示。普通楼梯的坡度范围一般在 20°~45°之间,合适的一般为 30°左右,最佳坡度为 26°34′。当坡度小于 20°时,宜采用坡道;当坡度大于 45°时,宜采用爬梯。

确定楼梯的坡度,应根据房屋的使用性质、行走的方便和节约楼梯间的面积等多方面的因素综合考虑。楼梯、爬梯及坡道的坡度范围如图 7 - 4 所示。对于使用的人员情况复杂且使用较频繁的楼梯,其坡度应比较平缓,一般可采用 1∶2 的坡度,反之坡度可以大些,一般采用 1∶1.5 左右的坡度。

3. 楼梯段及平台尺寸

楼梯段和平台构成了楼梯的行走通道,是楼梯设计时需要重点解决的问题。由于楼梯的尺度比较精细,因此应当严格按设计意图进行施工。

1) 楼梯段的尺度

梯段的宽度,取决于同时通过的人流股数及家具、设备搬运所需的空间尺寸。供单人通行的楼梯净宽度应不小于 900mm,双人通行为 1100~1400mm,三人通行为 1650~2100mm。梯段的净宽,当一侧有扶手时,梯段净宽指的是墙体装饰面至扶手中心线的水平距离;当双侧有扶手时,梯段净宽指的是两侧扶手中心线之间的水平距离;当有凸出物

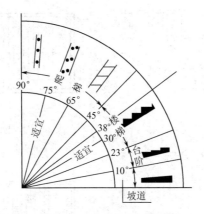

图 7 - 4 楼梯、爬梯、坡道的坡度范围

时，如框架柱，凸出在楼梯间内影响通行的宽度，梯段净宽应从凸出物表面算起。

梯段的长度，取决于梯段的踏步数及其踏面宽度。如果梯段踏步数为 n 步，则该梯段的长度为 $b×(n-1)$，其中 b 为踏面宽度，如图 7 - 5 所示。

【楼梯的设计步骤与实例】

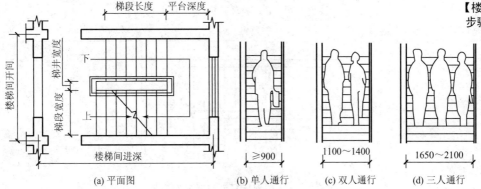

(a) 平面图   (b) 单人通行   (c) 双人通行   (d) 三人通行

图 7 - 5 楼梯段的宽度（单位：mm）

2）平台的尺度

平台的长度一般等同于楼梯间的开间尺寸，宽度应不小于梯段的净宽度，以保证通行与楼梯相同的人流股数。平台的净宽是指扶手处平台的宽度，平台宽度分为中间平台宽度和楼层平台宽度。平台宽度与楼梯段宽度的关系如图 7 - 6 所示。对于平行和折行多跑楼梯等类型楼梯，其转向后的中间平台宽度应不小于梯段宽度，并不得小于 1.20m，以保证通行和梯段同股数的人流，同时应便于家具搬运。医院建筑还应保证担架在平台处能转向通行，其中间平台宽度应不小于 1800mm。对于直行多跑楼梯，其中间平台宽度等于梯段宽，或者不小于 1000mm。楼层平台宽度则应比中间平台更宽松一些，以利于人流分配和停留。

另外，在下列情况下应适当加大平台深度，以防碰撞。

（1）楼层平台通向多个出入口，或有门向平台方向开启时。

（2）有突出的结构构件影响到平台的实际深度时，如图 7 - 7 所示。

开敞楼梯间的楼层平台已经同走廊连在一起，此时平台净宽可以小于上述规定，使楼梯起步点自走廊边线内退一段不小于 500mm 的距离即可，如图 7 - 8 所示。

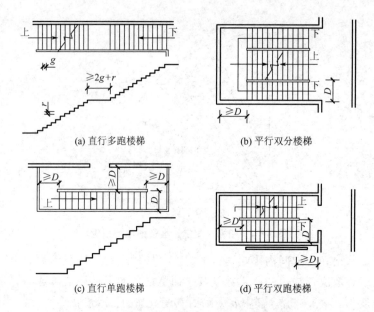

(a) 直行多跑楼梯   (b) 平行双分楼梯

(c) 直行单跑楼梯   (d) 平行双跑楼梯

图 7-6 平台和楼梯段的尺寸关系

D—楼梯净宽；g—踏面尺寸；r—踢面尺寸

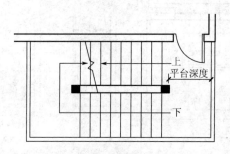

图 7-7 结构构件对平台深度的影响

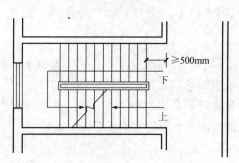

图 7-8 开敞楼梯间楼层平台的宽度

3) 楼梯井宽度

两段楼梯之间的空隙，称为楼梯井。楼梯井一般是为楼梯施工方便和安置栏杆扶手而设置的，其宽度一般在 100mm 左右。但公共建筑楼梯井的净宽一般不应小于 150mm。有儿童经常使用的楼梯，当楼梯井净宽大于 200mm 时，必须采取安全措施，以防止儿童坠落。

楼梯井从顶层到底层贯通，在平行多跑楼梯中可无楼梯井，但为了楼梯段安装和平台转弯缓冲，也可设置楼梯井。为了安全起见，楼梯井宽度应小些。

4）楼梯栏杆扶手的尺寸

楼梯栏杆扶手的高度，是指从踏步前缘至扶手上表面的垂直距离。一般室内楼梯栏杆扶手的高度不宜小于900mm（通常取900mm），室外楼梯栏杆扶手高度（特别是消防楼梯）应不小于1100mm。在幼儿建筑中，需要在500～600mm高度再增设一道扶手，以适应儿童的身高，如图7-9所示。另外，与楼梯有关的水平段栏杆长度大于500mm时，其高度应不低于1050mm。当楼梯段的宽度大于1650mm时，应增设靠墙扶手；当楼梯段宽度超过2200mm时，还应增设中间扶手。

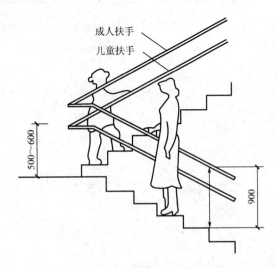

图7-9 栏杆扶手高度（单位：mm）

4. 踏步的尺寸

楼梯踏步的尺寸决定了楼梯的坡度，反过来根据使用的要求选定了合适的楼梯坡度之后，踏步的踏面宽及踢面高之间必须有一恰当的比例关系。除此之外，增加人行走时的舒适感、减少吃力和疲劳程度，也是决定踏步尺寸的重要因素。

假设楼梯踏步的踏面宽及踢面高分别为 b 和 h，确定及计算踏步尺寸的经验公式为 $2h+b=(600\sim620)\text{mm}$，踏步的极限尺度为 $b\geqslant250\text{mm}$，$h\leqslant180\text{mm}$。h、b 的取值可以参见表7-2。

表7-2 一般楼梯踏步尺寸　　　　　　　　　单位：mm

建筑类型	踢面高（h）	踏面宽（b）	建筑类型	踢面高（h）	踏面宽（b）
住宅	156～175	250～300	医院（病人用）	150	300
学校、办公楼	40～160	280～340	幼儿园	120～150	260～300
影院、会议室	120～150	300～350			

楼梯踏步的高宽关系应符合表7-3的规定。

表 7 - 3　楼梯踏步最小宽度和最大高度　　　　　　　　单位：m

楼 梯 类 别	最小宽度	最大高度
住宅共用楼梯	0.26	0.175
幼儿园、小学校等楼梯	0.26	0.15
电影院、剧场、体育馆、商场、医院、旅馆和大中学校等楼梯	0.28	0.16
其他建筑楼梯	0.26	0.17
专用疏散楼梯	0.25	0.18
服务楼梯、住宅套内楼梯	0.22	0.20

　　无中柱螺旋楼梯和弧形楼梯离内侧扶手中心 0.25m 处的踏步宽度不应小于 0.22m，如图 7 - 10 和图 7 - 11 所示。

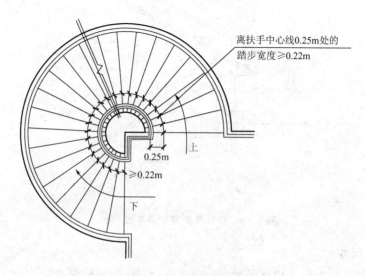

图 7 - 10　螺旋楼梯

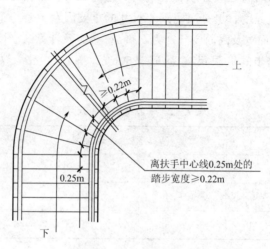

图 7 - 11　弧形楼梯

由于踏步的宽度受楼梯进深的限制，可以通过在踏步的细部进行适当的处理来增加踏面的尺寸，如采取加做踏步檐或使踢面倾斜，如图 7-12 所示。踏步檐的挑出尺寸一般不大于 20mm，若挑出檐过大，则踏步易损坏，而且会给行走带来不便。

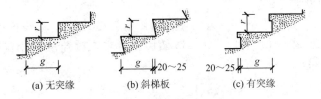

(a) 无突缘　　　(b) 斜梯板　　　(c) 有突缘

图 7-12　踏步细部尺寸（单位：mm）

疏散楼梯不得采用螺旋楼梯和扇形踏步；当踏步上下两级形成的平面角度不超过 10°，且每级离扶手 0.25mm 处踏步宽度超过 0.22m 时，可不受此限，如图 7-13 所示。

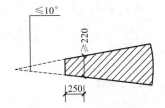

图 7-13　螺旋楼梯的踏步尺寸（单位：mm）

5. 楼梯的净空高度

楼梯的净空高度，是指梯段的任何一级踏步前缘至上一梯段结构下缘的垂直高度，或平台面（或底层地面）至顶部平台（或平台梁）底的垂直距离。楼梯下面净空高度的控制为：梯段上净高不应小于 2200mm，楼梯平台处梁底下面的净高不应小于 2000mm，如图 7-14 所示。

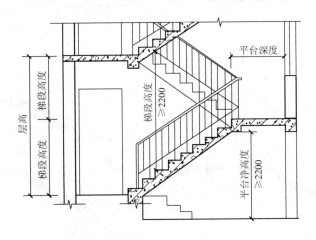

图 7-14　楼梯净高（单位：mm）

由于建筑竖向处理和楼梯做法变化，楼梯平台上部及下部净高不一定与各层净高一致，此时其净高不应小于 2000mm，使人行进时不碰头。梯段净高一般应满足人在楼梯上伸直手臂向上旋升时手指刚触及上方突出物下缘一点为限；为保证人在行进时不碰头和产生压抑感，梯段净高宜为 2200mm。

当采用平行双跑楼梯且在底层中间平台下设置供人进出的出入口时，为保证中间平台下的净高，可采用以下措施。

（1）将底层第一楼梯段加长，第二楼梯段缩短，变成长短跑楼梯段。这种方法只有楼梯间进深较大时采用，但不能把第一楼梯加得过长，以免减少中间平台上部的净高，如图 7-15（a）所示。

（2）将楼梯间地面标高降低。这种方法楼梯段长度保持不变，构造简单，但降低后的楼梯间地面标高应高于室外地坪标高 100mm 以上，以保证室外雨水不致流入室内，如图 7-15（b）所示。

（3）将上述两种方法综合采用，可避免前两种方法的缺点，如图 7-15（c）所示。

（4）底层采用直跑道楼梯。这种方法常用于南方地区的住宅建筑，此时应注意入口处雨篷底面标高的位置，保证净空高度在 2m 以上，如图 7-15（d）所示。

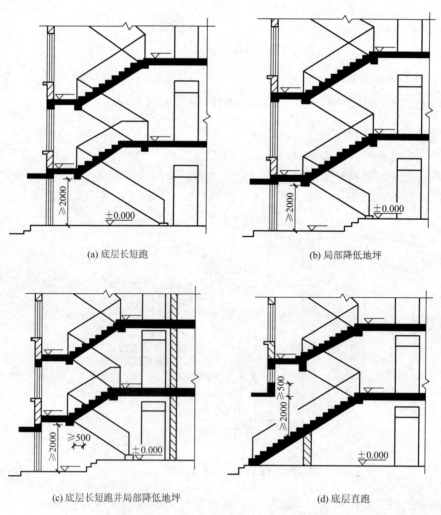

(a) 底层长短跑　　　　　　　　　　(b) 局部降低地坪

(c) 底层长短跑并局部降低地坪　　　　　(d) 底层直跑

图 7-15　底层中间平台下做出入口时的处理方式（长度单位：mm）

任务 7.2 钢筋混凝土楼梯构造

楼梯按照构成材料的不同，可以分成钢筋混凝土楼梯、木楼梯、钢楼梯和用几种材料制成的组合材料楼梯。楼梯是建筑中重要的安全疏散设施，对其耐火性能的要求较高，由于钢筋混凝土的耐火和耐久性能均好于木材和钢材，因此民用建筑大量采用钢筋混凝土楼梯。

7.2.1 钢筋混凝土楼梯的分类

钢筋混凝土楼梯具有坚固耐久、节约木材、防火性能好、可塑性强等优点，目前已得到广泛应用。按其施工方式，可分为现浇整体式和预制装配式钢筋混凝土楼梯。

1. 现浇整体式钢筋混凝土楼梯

现浇整体式钢筋混凝土楼梯结构整体性好、刚度大，能适应各种楼梯间平面和楼梯形式，可以充分发挥钢筋混凝土的可塑性。但由于需要现场支模，模板耗费较大、施工周期较长并且抽孔困难，不便于做成空心构件，所以混凝土用量和楼梯自重较大。

2. 预制装配式钢筋混凝土楼梯

装配式钢筋混凝土楼梯是将组成楼梯的各个部分分成若干个小构件，在预制厂或现场预制，再到现场组装。装配式钢筋混凝土楼梯能够提高建筑工业化程度，具有施工进度快、受气候影响小、构件由工厂生产、质量容易保证等优点，但施工时需要配套起重设备，投资较多，灵活性差。

【钢筋混凝土现浇楼梯】

7.2.2 现浇整体式钢筋混凝土楼梯

根据楼梯段的传力特点及结构形式，现浇整体式钢筋混凝土楼梯可分为板式楼梯和梁式楼梯两种。

1. 板式楼梯

板式楼梯是将楼梯段做成一块板底平整、板面上带有踏步的板，与平台、平台梁现浇在一起。楼梯段相当于一块斜放的现浇板，平台梁是支座，后者作用为将在楼梯段和平台上的荷载同时承受，再传到承重横墙或柱上。从力学和结构角度要求，梯段板的跨度大或梯段上的使用荷载大，都将导致梯段板的截面高度加大。这种楼梯构造简单，施工方便，但自重大、材料消耗多，适用于荷载较小、楼梯跨度不大的房屋，如图 7-16(a) 所示。

有时为了保证平台过道处的净空高度，可以在板式楼梯的局部位置取消平台梁，这种楼梯称为折板式楼梯，如图 7-16(b) 所示。此时，板的跨度应为梯段水平投影长度与平台深度尺寸之和。

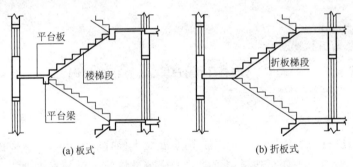

(a) 板式　　　　　(b) 折板式

图 7 - 16　板式楼梯

2. 梁式楼梯

梁式楼梯是指由斜梁承受梯段上全部荷载的楼梯。踏步板支承在斜梁上，斜梁又支承在上下两端平台梁上，如图 7 - 17(a) 所示。梁式楼梯段的宽度相当于踏步板的跨度，平台梁的间距即为斜梁的跨度。其配筋方式是梯段横向配筋，搁在斜梁上，另加分布钢筋。平台主筋均短跨布置，依长跨方向排列，垂直安放分布钢筋，如图 7 - 17(b) 所示。梯段的荷载主要由斜梁承担，并传递给平台梁。梁式楼梯具有跨度大、承受荷载重、刚度大的特点，适用于荷载较大、层高较大的建筑，如商场、教学楼等公共建筑。

【现浇钢筋混凝土楼梯构造】

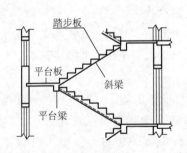
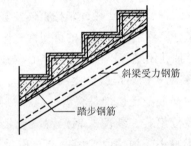

(a) 梁式楼梯剖面图　　　　　(b) 梁式楼梯配筋示意图

图 7 - 17　梁式楼梯

梁式楼梯的斜梁一般暴露在踏步板的下面，从梯段侧面就能看见踏步，俗称明步楼梯，如图 7 - 18(a) 所示；这种做法使梯段下部形成梁的暗角，容易积灰，梯段侧面经常被清洗踏步的脏水污染，影响美观。另一种做法是把斜梁反设到踏步板上面，此时梯段下面是平整的斜面，称为暗步楼梯，如图 7 - 18(b) 所示；暗步楼梯弥补了明步楼梯的缺陷，但由于斜梁宽度要满足结构的要求，往往宽度较大，从而使梯段的净宽变小。

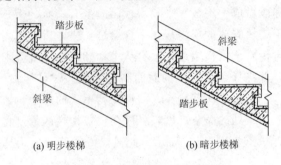

(a) 明步楼梯　　　　　(b) 暗步楼梯

图 7 - 18　明步楼梯和暗部楼梯

7.2.3 预制装配式钢筋混凝土楼梯

装配式钢筋混凝土楼梯按其构件尺寸和施工现场吊装能力的不同，可分为小型构件装配式楼梯、中型及大型构件装配式楼梯。

1. 小型预制装配式楼梯

小型构件装配式楼梯的构件尺寸小、质量轻、数量多，一般把踏步板作为基本构件，具有构件生产、运输、安装方便的优点，同时也存在施工较复杂、施工进度慢和湿作业量大的缺点，较适用于施工条件较差的地区。

小型构件装配式楼梯主要有梁承式楼梯、墙承式楼梯、悬臂楼梯三种。

1）梁承式楼梯

梁承式楼梯是由斜梁、踏步板、平台梁和平台预制板装配而成的，这些基本构件的传力关系是：踏步板搁置在斜梁上，斜梁搁置在平台梁上，平台梁搁置在两边侧墙上；而平台板可以搁置在两边侧墙上，也可以一边搁在墙上，另一边搁在平台梁上。图 7-19 所示为梁承式楼梯平面。

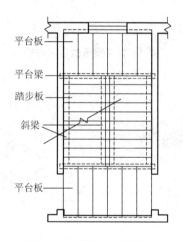

图 7-19 梁承式楼梯平面

梁承式楼梯的踏步板截面形式，有三角形、正 L 形、反 L 形和一字形四种；斜梁截面形式，有矩形、L 形、锯齿形三种。三角形踏步板配合矩形斜梁，拼装之后即形成明步楼梯，如图 7-20(a) 所示；三角形踏步板配合 L 形斜梁，拼装之后即形成暗步楼梯，如图 7-20(b) 所示。采用三角形踏步板的梁承式楼梯，具有梯段底面平整的优点。L 形和一字形踏步板应与锯齿形斜梁配合使用，当采用一字形踏步板时，一般用砖砌墙作为踏步的踢面，如图 7-20(c) 所示；如采用 L 形踏步板时，要求斜梁锯齿的尺寸和踏步板尺寸相互配合、协调，以免出现踏步架空和倾斜的现象，如图 7-20(d) 所示。

预制踏步板与斜梁之间应由水泥砂浆铺垫，逐个叠置。锯齿形斜梁应预设插铁并与一字形及 L 形踏步板的预留孔插接。为了使平台梁下能留有足够的净高，平台梁一般做成 L 形截面。为确保二者的连接牢固，斜梁搁置在平台梁挑出的翼缘部分可以用插铁连接，也可以利用预埋件焊接，如图 7-21 所示。

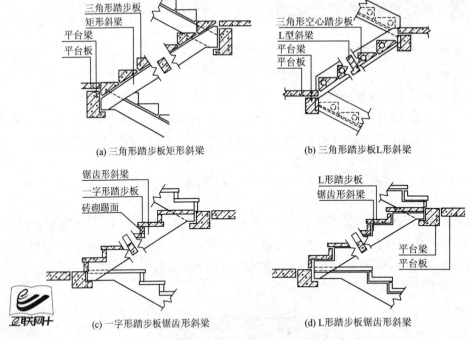

(a) 三角形踏步板矩形斜梁　　　　(b) 三角形踏步板L形斜梁

(c) 一字形踏步板锯齿形斜梁　　　　(d) L形踏步板锯齿形斜梁

图 7-20　梁承式楼梯构造

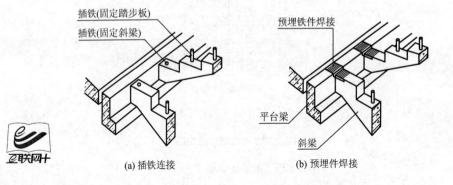

(a) 插铁连接　　　　(b) 预埋件焊接

图 7-21　斜梁与平台梁的连接

平台梁位置的选择：为了节省楼梯所占空间，上下梯段最好在同一位置起步和止步，由于现浇钢筋混凝土楼梯是现场施工绑扎钢筋的，因此可以顺利地做到这一点，如图 7-22(a) 所示；预制装配式楼梯为了减少构件类型，往往要求上下梯段应在同一高度进入平台梁，容易形成上下梯段错开一步或半步起止步，使梯段纵向水平投影长度加大，占用面积增大，如图 7-22(b)；若采用平台梁落低的方案，则对下部净空影响大，如图 7-22(c) 所示；还可将斜梁部分做成折梁，如图 7-22(d) 所示。

2）墙承式楼梯

墙承式楼梯是把预制的踏步板搁置在两侧的墙上，并按事先设计好的布置方案，依次升降、移动，最后形成楼梯段。此时踏步板相当于一块简支板，摆脱了对平台梁的依赖，可以不设平台梁，以增加平台下面的净高。通常，可将墙承式楼梯踏步板做成L形，也可

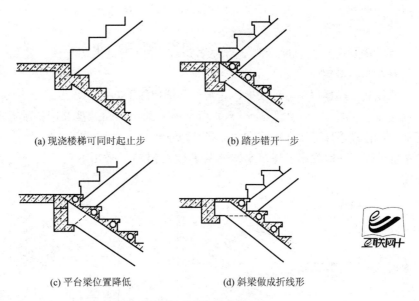

(a) 现浇楼梯可同时起止步   (b) 踏步错开一步

(c) 平台梁位置降低   (d) 斜梁做成折线形

图 7 - 22   楼梯起止步的处理

做成三角形。平台板常采用实心板，也可采用空心板和槽形板。为了确保行人的通行安全，应在楼梯间侧墙上设置扶手。

墙承式楼梯主要适用于二层建筑的直跑楼梯或中间设有电梯井道的三跑楼梯。双跑平行楼梯如果采用墙承式，必须在原楼梯井处设置承重墙，作为踏步板的支座，如图 7 - 23 所示。但楼梯间中部设墙之后，使楼梯间的空间感觉发生了很大的变化，阻挡了视线、光线，感觉空间狭窄了，在搬运大件家具设备时会感到不方便。为了解决梯段直接通视的问题，可以在楼梯井处墙体的适当部位开设若干洞口，以便瞭望。

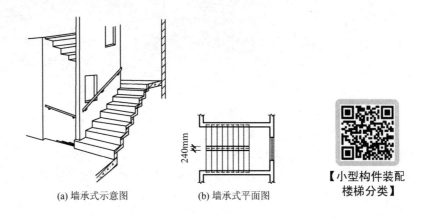

(a) 墙承式示意图   (b) 墙承式平面图

【小型构件装配
楼梯分类】

图 7 - 23   墙承式楼梯

3) 悬臂楼梯

悬臂楼梯又称悬臂踏板楼梯或悬挑式楼梯。悬臂楼梯与墙承式楼梯有许多相似之处，在小型构件楼梯中属于构造最简单的一种，它由单个踏步板组成楼梯段，由墙体承担楼梯的荷载，梯段与平台之间没有传力关系，因此可以取消平台梁。所不同的是，悬臂楼梯是根据设计把预制的踏步板一端嵌入墙内，依次砌入楼梯间侧墙，另一端形成悬臂，组成楼梯段，如图 7 - 24(a) 所示；悬臂楼梯也可做成中柱曲线悬挑板楼梯形式，如图 7 - 24(b)所示。

悬臂楼梯的悬臂长度一般不超过 1.5m，可以满足大部分民用建筑对楼梯的要求，但在具有冲击荷载时或地震区不宜采用。

悬挂式楼梯也属于悬臂楼梯，它与悬臂楼梯的不同之处在于踏步板的另一端是用金属拉杆悬挂在上部结构上，如图 7 - 24(c) 所示；或踏步两端悬挂在钢扶手梁上，如图 7 - 24(d)所示。悬挂式楼梯适于在单跑直楼梯和双跑直楼梯中采用，其外观轻巧，安装较复杂，要求的精度较高，一般在小型建筑或非公共区域的楼梯中采用，其踏步板也可以用金属或木材制作。

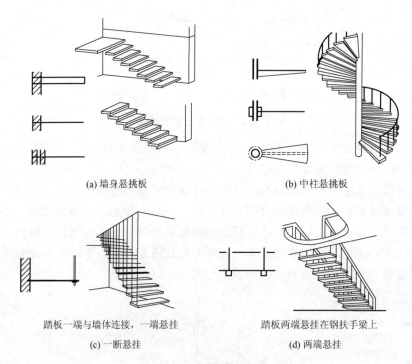

(a) 墙身悬挑板   (b) 中柱悬挑板

踏板一端与墙体连接，一端悬挂   踏板两端悬挂在钢扶手梁上

(c) 一断悬挂   (d) 两端悬挂

图 7 - 24　悬臂楼梯

2. 中型及大型构件装配式楼梯

中型构件装配式楼梯一般是由楼梯段、平台梁、中间平台板几个构件组合而成。大型构件装配式楼梯是将楼梯段与中间平台板一起组成一个构件，从而可以减少预制构件的种类和数量、简化施工过程、减轻劳动强度、加快施工速度，但施工时需用中型及大型吊装设备；主要用于装配工业化建筑中。

1) 平台板

平台板有带梁和不带梁两种，常采用预制钢筋混凝土空心板、槽形板或平板。采用空心板或槽形板时，一般平行于平台梁布置；采用平板时，一般垂直于平台梁布置。

带梁平台板是把平台梁和平台板制作成为一个构件。平台板一般采用槽形板，其中一个边肋截面加大，并留出缺口，以供搁置楼梯段用，如图 7 - 25 所示。楼梯顶层平台板的细部处理与其他各层略有不同，边肋的一半留有缺口，另一半不留缺口，但应预留埋件或插孔，供安装栏杆用。

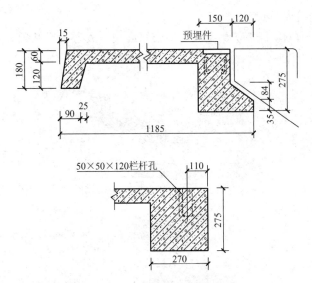

图 7 - 25　带梁平台板（单位：mm）

2）楼梯段

楼梯段按其构造形式的不同，可分为板式和梁板式两种。

(1) 板式楼梯段。板式楼梯段为一整块带踏步的单向板，有实心和空心之分。为了减轻楼梯的自重，一般沿板的横向抽孔，孔形可为圆形或三角形，形成空心楼梯段。板式楼梯段相当于明步楼梯，底面平整，适用于住宅、学生公寓等建筑。

(2) 梁板式楼梯段。梁板式楼梯段是在预制梯段的两侧设斜梁，梁板形成一个整体构件，一般比板式楼梯段节省材料。为了进一步节省材料、减轻构件自重，一般需设法对踏步截面进行改造，常用的方法是在踏步板内留孔，或把踏步板踏面和踢面相交处的凹角处理成小斜面。

3）踏步板与梯斜梁连接

一般在梯斜梁支承踏步板处用水泥砂浆坐浆连接。如需加强，可在梯斜梁上预埋插筋，与踏步板支承端预留孔插接，用高强度水泥砂浆填实。

4）楼梯段与平台梁、板的连接

梯段与平台梁、板的连接中，矩形平台梁影响净空高度，L 形平台梁节点处理相对复杂，斜面 L 形梁会产生局部水平力。梯段与平台梁、板的连接，可采用预埋铁件焊接或插铁插接、预留孔、水泥砂浆窝牢方法。图 7 - 26 所示为楼梯段与平台板连接的构造示例。

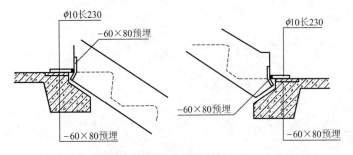

图 7 - 26　楼梯段与平台板连接的构造示例（单位：mm）

5）楼梯段与楼梯基础的连接

房屋底层第一梯段的下部应设基础，基础的形式一般为条形基础，可采用砖石砌筑或浇筑混凝土，也可采用平台梁代替，如图 7-27 所示。

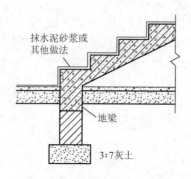

抹水泥砂浆或其他做法

地梁

3:7灰土

图 7-27　首层踏步下的基础

任务 7.3　楼梯细部构造

楼梯细部构造，是指楼梯的梯段与踏步构造、踏步面层构造及栏杆、栏板构造等细部的处理，如图 7-28 所示。

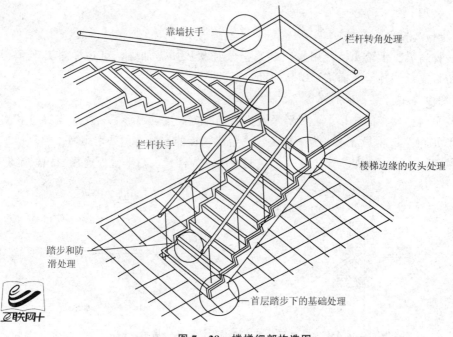

靠墙扶手

栏杆转角处理

栏杆扶手

楼梯边缘的收头处理

踏步和防滑处理

首层踏步下的基础处理

图 7-28　楼梯细部构造图

7.3.1　踏步面层及防滑措施

1. 踏步面层的构造

踏步的上表面要求耐磨，便于清洁，常采用水泥砂浆抹面，水磨石或缸砖贴面，或采用大理石等面层，如图 7-29 所示。

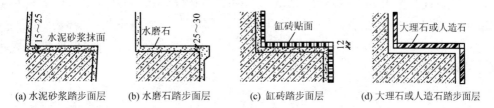

(a) 水泥砂浆踏步面层　　(b) 水磨石踏步面层　　(c) 缸砖踏步面层　　(d) 大理石或人造石踏步面层

图 7-29　踏步面层构造（单位：mm）

2. 踏步面层的防滑措施

人流较为集中而拥挤的建筑，若踏步面层较光滑，为防止行人上下楼梯时滑倒，踏步面层应采取防滑措施。一般建筑常在近踏步口做防滑条或防滑包口，如图 7-30 所示。也可铺垫地毯或防滑塑料，或用橡胶贴面等。

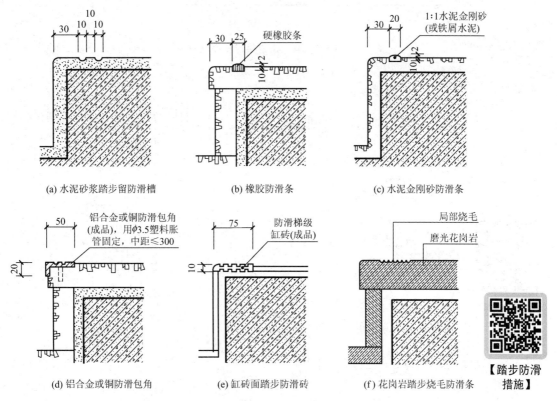

(a) 水泥砂浆踏步留防滑槽　　(b) 橡胶防滑条　　(c) 水泥金刚砂防滑条

(d) 铝合金或铜防滑包角　　(e) 缸砖面踏步防滑砖　　(f) 花岗岩踏步烧毛防滑条

【踏步防滑措施】

图 7-30　踏步防滑条构造（单位：mm）

7.3.2 栏杆和扶手构造

1. 栏杆与栏板

楼梯栏杆扶手的高度，指踏面中点至扶手顶面的垂直距离。楼梯扶手的高度与楼梯的坡度、楼梯的使用要求有关，很陡的楼梯其扶手的高度矮些，坡度平缓时高度可稍大。在30°左右的坡度下，常采用900mm；儿童使用的楼梯，一般为600mm；对一般室内楼梯应不小于900mm，如图7-31（a）所示；靠梯井一侧水平栏杆长度大于500mm时，其高度应不小于1050mm，如图7-31（b）、（c）所示。最常用的楼梯扶手形式如图7-32所示。

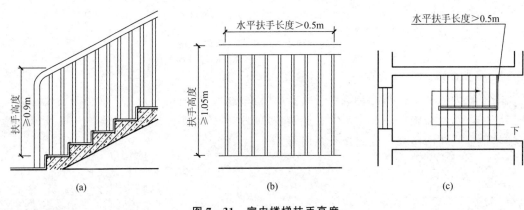

图7-31 室内楼梯扶手高度

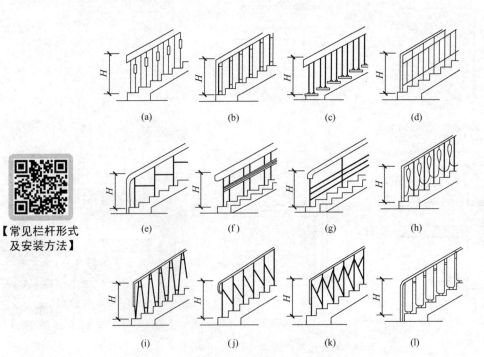

【常见栏杆形式及安装方法】

图7-32 常用楼梯扶手形式

栏板是用实体材料制作的，常用的材料有钢筋混凝土、钢化玻璃、加设钢筋网的砖砌体、现浇实心栏板、木材、玻璃等，其连接构造如图 7-33 所示。

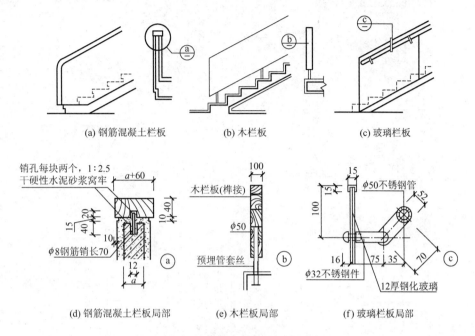

(a) 钢筋混凝土栏板　　　　(b) 木栏板　　　　(c) 玻璃栏板

(d) 钢筋混凝土栏板局部　　(e) 木栏板局部　　(f) 玻璃栏板局部

图 7-33　栏杆与楼梯段的连接构造（单位：mm）

常用的楼梯栏杆多为钢构件，立杆与混凝土梯段及平台之间的固定方式有预埋件焊接、开脚预埋（或留孔后装）、预埋件拴接、直接用膨胀螺栓固定等几种，安装位置为踏步侧面或踏步面上的边沿部分。横杆与立杆连接，多采用焊接方式。栏板的材料主要是混凝土、砌体或钢丝网、玻璃等。

2. 扶手构造

扶手位于栏杆顶部，可以用优质硬木、金属型材（铁管、不锈钢、铝合金等）、工程塑料及水泥砂浆抹灰、水磨石、天然石、大理石材等制作，如图 7-34 所示。室外楼梯不宜使用木扶手，以免淋雨后变形和开裂。不论何种材料的扶手，其表面必须要光滑、圆顺，便于扶持。绝大多数扶手是连续设置的，接头处应当仔细处理，使之平滑过渡。

楼梯顶层的楼层平台临空一侧，应设置水平栏杆扶手，扶手端部与墙应固定在一起，方法为：在墙上预留孔洞，将扶手和栏杆插入洞内，用水泥砂浆或细石混凝土填实；也可将扁钢用木螺钉固定于墙内预埋的防腐木砖上；若为钢筋混凝土墙或柱，则可采用预埋铁件焊接。如图 7-35 所示为楼梯扶手端部与墙（柱）的连接。

3. 栏杆扶手的转弯处理

在平行楼梯的平台转弯处，当上下行楼梯段的踏口相平齐时，为保持上下行梯段的扶手高度一致，常用的处理方法是将平台处的栏杆设置到平台边缘以内半个踏步宽的位置上，如图 7-36(a) 所示。在这一位置上下行梯段的扶手顶面标高刚好相同。这种处理方法，扶手连接简单、省工省料，但由于栏杆伸入平台半个踏步宽，使平台的通行宽度减

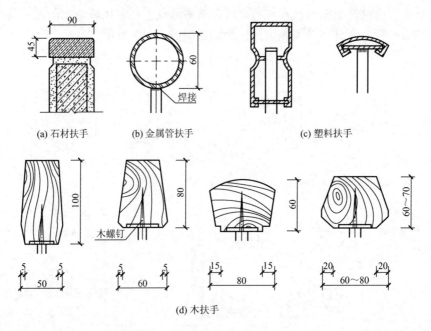

(a) 石材扶手   (b) 金属管扶手   (c) 塑料扶手

(d) 木扶手

图 7 – 34   楼梯扶手构造（单位：mm）

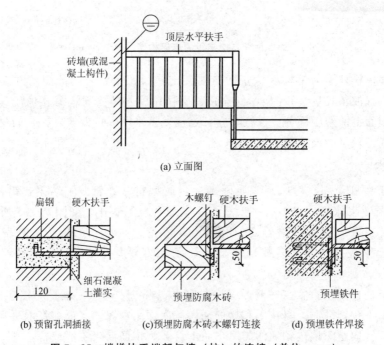

(a) 立面图

(b) 预留孔洞插接   (c)预埋防腐木砖木螺钉连接   (d) 预埋铁件焊接

图 7 – 35   楼梯扶手端部与墙（柱）的连接（单位：mm）

小，若平台宽度较小，会给人流通行和家具设备搬运带来不便。

若不改变平台的通行宽度，则应将平台处的栏杆紧靠平台边缘设置。此时在这一位置上下行梯段的扶手顶面标高不同，形成高差。处理高差的方法有几种，如采用鹤顶扶手，如图 7 – 36(b) 所示；另一种方法是将上下行梯段踏步错开一步，如图 7 – 36(c) 所示，这样扶手的连接比较简单、方便，但增加了楼梯的长度。

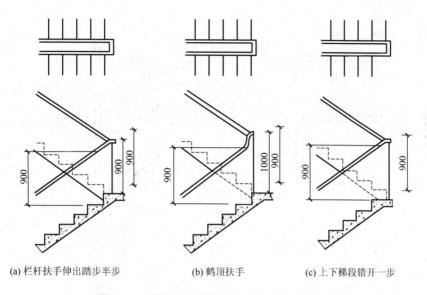

(a) 栏杆扶手伸出踏步半步   (b) 鹤顶扶手   (c) 上下梯段错开一步

图 7-36　转折处扶手高差处理（单位：mm）

任务 7.4　电梯及自动扶梯构造

电梯、自动扶梯是目前房屋建筑工程中常用的建筑设备。电梯多用于多层及高层建筑中，但有些建筑虽然层数不多，由于建筑级别较高或使用的特殊需要，也往往设置电梯，如高级宾馆、多层仓库等。部分高层及超高层建筑，为了满足疏散及救火的需要，还要设置消防电梯。自动扶梯主要用于人流集中的大型公共建筑，如大型商场、展览馆、火车站等。

【电梯的分类
及功能】

7.4.1　电梯

1. 电梯的类型

建筑中电梯作为一种方便上下运行的设施，其类型众多。按用途不同，可分为乘客电梯、住宅电梯、消防电梯、病床电梯、客货电梯、载货电梯、杂物电梯等；根据动力拖动的方式不同，可分为交流拖动电梯、直流拖动电梯；根据消防要求，可以分为普通乘客电梯和消防电梯；按电梯行驶速度，可分为高速电梯、中速电梯、低速电梯。

2. 电梯的组成

电梯通常由电梯井道、电梯厅门和电梯机房三部分组成，如图 7-37 和图 7-38 所示。不同厂家提供的设备，尺寸、运行速度及对土建的要求都不同，在设计时应按厂家提供的产品尺度进行设计。

【电梯整机模型】

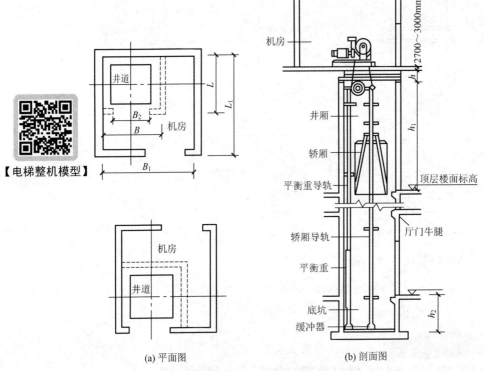

图 7-37 电梯组成示意图

图 7-38 电梯实例

1）电梯井道

电梯井道是电梯轿厢运行的通道。井道内部设置电梯导轨、平衡配重等电梯运行配件，并设有电梯出入口，如图 7-39 所示。

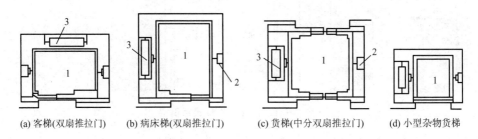

(a) 客梯(双扇推拉门)　(b) 病床梯(双扇推拉门)　(c) 货梯(中分双扇推拉门)　(d) 小型杂物货梯

图 7-39　电梯分类及井道平面

1—电梯厢；2—导轨及撑架；3—平衡重

井道是高层建筑穿通各层的垂直通道，其围护结构必须具备足够的防火性能，耐火极限应不低于 2.5h，应根据有关防火规定设计，较多采用钢筋混凝土墙。而消防电梯井道应设置隔火墙，且耐火极限不低于 20h，还应设挡水设施，井底应设置集水坑，容量不应小于 2m³。

电梯井道应只供电梯使用，不允许布置无关的管线。速度超过 2m/s 的载客电梯，应在井道顶部和底部设置尺寸不小于 600mm×600mm 带百叶窗的通风孔。

2）电梯厅门

电梯井道在停留的每一层都留有洞口，称为电梯厅门，具有坚固、美观、适用的特点。在厅门的上部和两侧都应装上门套，门套可采用水泥砂浆抹灰、水磨石、大理石、金属板或木板装修。门洞通常比电梯门宽 100mm。门套的构造如图 7-40 所示；门套装饰形式示例如图 7-41 所示。

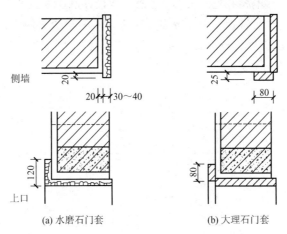

侧墙

(a) 水磨石门套　　　　(b) 大理石门套

图 7-40　门套的构造（单位：mm）

电梯门一般为双扇推拉门，宽 900～1300mm，有中央分开推向两边和双扇推向同一边两种形式。电梯出入口地面应设置地坎，并向电梯井道内挑出牛腿。推拉门的滑槽通常安置在门套下楼板边梁如牛腿状挑出部分，如图 7-42 所示。

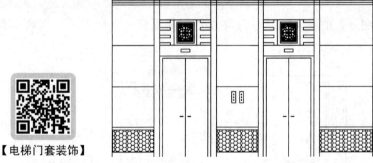

【电梯门套装饰】

图 7 - 41　门套装饰形式示例

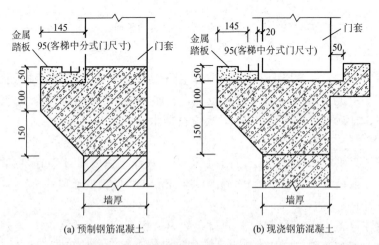

(a) 预制钢筋混凝土　　　　　(b) 现浇钢筋混凝土

图 7 - 42　电梯厅地面的牛腿（单位：mm）

3）电梯机房

电梯机房一般设置在电梯井道的顶部，也有少数设在底层井道旁边者。机房平面尺寸须根据机械设备尺寸的安排及管理、维修等需要决定，一般至少有两个面每边扩出600mm以上的宽度，高度多为2.7～3.0m。通往机房的通道、楼梯和门的宽度应不小于1.20m。如图7-43所示为电梯机房与井道的平面位置。

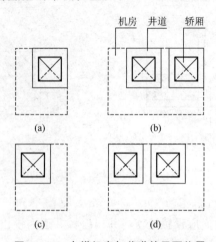

图 7 - 43　电梯机房与井道的平面位置

机房的围护构件的防火要求应与井道一样。为了便于安装和修理，机房的楼板应按机器设备要求的部位预留孔洞。电梯机房平面示例如图 7 - 44 所示。

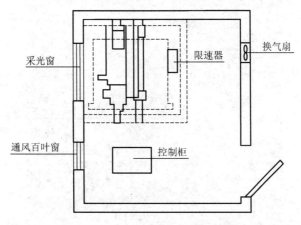

图 7 - 44 电梯机房平面示例

当建筑物（如住宅、旅馆、医院、学校、图书馆等）的功能有要求时，机房的墙壁、地板和房顶应能大量吸收电梯运行时产生的噪声；机房必须通风，有时在机房下部设置隔声层，如图 7 - 45 所示。

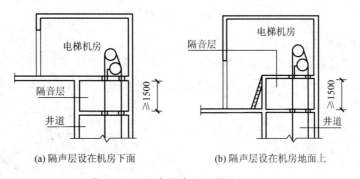

(a) 隔声层设在机房下面　　　(b) 隔声层设在机房地面上

图 7 - 45 机房隔声层（单位：mm）

7.4.2 自动扶梯

自动扶梯是人流集中的大型公共建筑常用的建筑设备。在大型商场、展览馆、火车站、航空港等建筑设置自动扶梯，对方便使用者、疏导人流可起到很大的作用，如图 7 - 46 所示。有些占地面积大、交通量大的建筑还要设置自动人行道，以解决建筑内部的长距离水平交通问题。一般自动扶梯均可正、逆向运行，停机时可当作临时楼梯行走。平面布置上可单台设置或双台并列，双台并列时往往采取一上一下的方式，以求得垂直交通的连续性，但必须在二者之间有足够的结构间距，以保证装修的方便及使用者的安全。

1. 自动扶梯的构造

自动扶梯由电动机械牵引，机房悬挂在楼板的下方，踏步与扶手同步，可以正向、逆向运行，在机械停止运转时，自动扶梯可作为普通楼梯使用。

图 7-46　自动扶梯实例

2. 自动扶梯的尺寸

自动扶梯的电动机械装置设置在楼板下面，需占用较大的空间；底层应设置地坑，以供安放机械装置用，并做防水处理。自动扶梯在楼板上应预留足够的安装洞，图 7-47 所示为自动扶梯的基本尺寸。

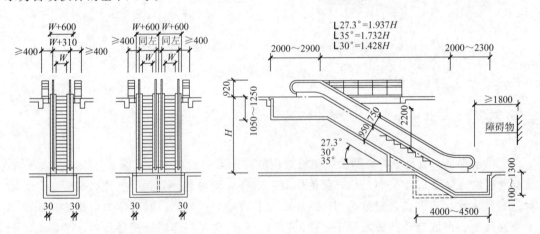

图 7-47　自动扶梯的基本尺寸（单位：mm）

3. 自动扶梯的布置

1）布置要求

自动扶梯的位置应设在大厅最为明显的位置。自动扶梯的安置角度有 27.3°、30°、35° 三种，但 30°是优先选用的角度，布置扶梯时，应尽可能采用这种角度。

2）布置方式

自动扶梯一般设在室内，也可以设在室外。根据自动扶梯在建筑中的位置及建筑平面布局，自动扶梯的布置方式主要有以下几种。

（1）并联排列式。楼层交通乘客流动可以连续，升降两个方向交通均分离清楚，外观豪华，但安装面积大，如图 7 - 48(a) 所示。

（2）平行排列式。安装面积小，但楼层交通不连续，如图 7 - 48(b) 所示。

（3）串联排列式。楼层交通乘客流动可以连续，如图 7 - 48(c) 所示。

（4）交叉排列式。乘客流动升降两方向均为连续，且搭乘场地相距较远，升降客流不发生混乱，安装面积小，如图 7 - 48(d) 所示。

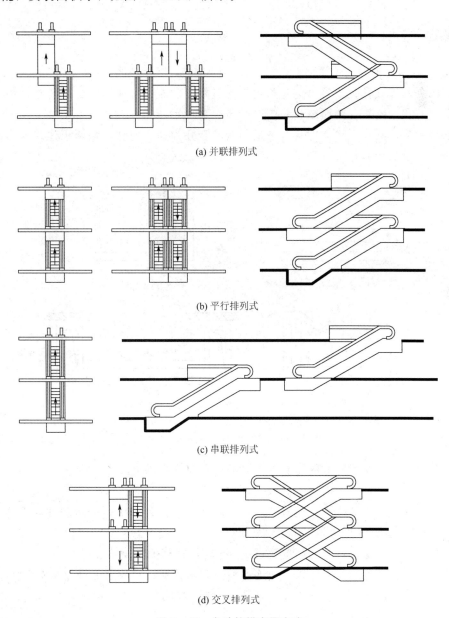

(a) 并联排列式

(b) 平行排列式

(c) 串联排列式

(d) 交叉排列式

图 7 - 48　自动扶梯布置方式

由于自动扶梯在安装及运行时，需要在楼板上开洞，此处楼板已经不能起到分隔防火分区的作用，如果上下两层建筑面积总和超过了防火分区面积要求，应按照防火规范要求用防火卷帘门封闭自动扶梯井。

任务 7.5　室外台阶与坡道构造

7.5.1　台阶

1. 室外台阶的形式和设置

台阶的平面形式种类较多，应当与建筑的级别、功能及基地周围的环境相适应。常见的台阶形式有单面踏步、两面踏步、三面踏步、单面踏步带花池（花台）等，如图 7-49 所示。部分大型公共建筑经常把行车坡道与台阶合并为一个构件，强调了建筑入口的重要性，提高了建筑的相对地位，如图 7-50 所示。

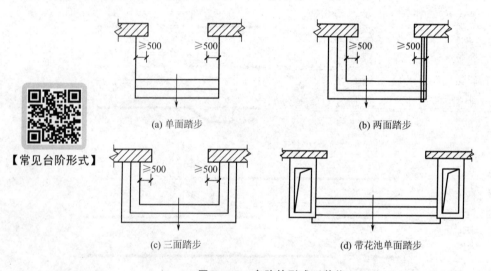

【常见台阶形式】

(a) 单面踏步　　　(b) 两面踏步

(c) 三面踏步　　　(d) 带花池单面踏步

图 7-49　台阶的形式（单位：mm）

为使台阶满足交通和疏散的需要，台阶的设置应满足以下要求：

（1）室内台阶踏步数不应少于 2 级；

（2）台阶的坡度宜平缓些，适宜坡度为 10°～23°，通常台阶每一级踢面高度为 100～150mm，踏面宽度为 400～300mm；

（3）在人流密集场所台阶的高度超过 1.0m 时，宜有护栏设施；

（4）台阶顶部平台的宽度应大于所连通的门洞口宽度，一般至少每边宽出 500mm；

（5）室外台阶顶部平台的深度不应小于 1.0m，影剧院、体育馆观众厅疏散出口平台的深度不应小于 1.40m；

图 7 - 50 台阶实例

（6）台阶和踏步应充分考虑雨、雪天气时的通行安全，台阶宜采用防滑性能好的面层材料。

2. 室外台阶的构造

台阶的构造分实铺和架空两种，大多数台阶采用实铺。实铺台阶的构造与室内地坪的构造相似，包括基层、垫层和面层。基层是夯实土；垫层多采用混凝土、碎砖混凝土或砌砖，其强度和厚度应当根据台阶的尺寸相应调整；面层有整体和铺贴两大类，采用水泥砂浆、水磨石、剁斧石、缸砖、天然石材等。在严寒地区，为保证台阶不受土壤冻胀影响，应把台阶下部一定深度范围内的土换掉，改设砂石垫层，如图 7 - 51(e)、(f)、(g)、(h) 所示。

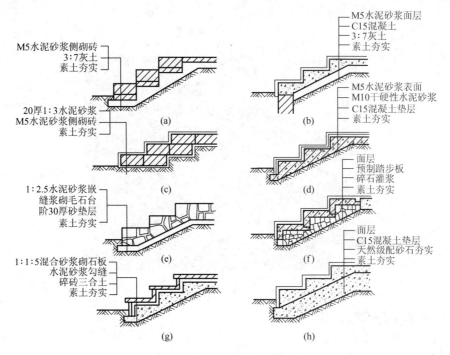

图 7 - 51 台阶的构造（单位：mm）

7.5.2 坡道

1. 坡道的分类

【坡道分类】

坡道按照用途不同，可分为行车坡道和轮椅坡道两类，其中行车坡道又分为普通行车坡道与回车坡道两种，如图 7-52 所示。普通行车坡道布置在有车辆进出的建筑入口处，如车库、库房等；回车坡道与台阶踏步组合在一起，可以减少使用者的行走距离，一般布置在某些大型公共建筑，如重要办公楼、旅馆、医院等的入口处；轮椅坡道是专供残疾人使用的坡道，在公共服务的建筑中均应设置轮椅坡道，如图 7-53 所示。

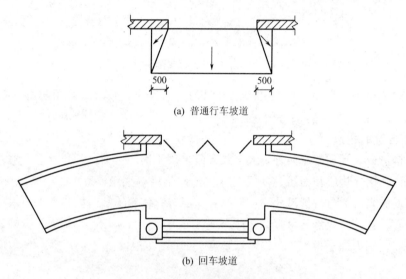

(a) 普通行车坡道

(b) 回车坡道

图 7-52 行车坡道

图 7-53 坡道实例

2. 坡道的尺寸和坡度

1）行车坡道

普通行车坡道的宽度应大于所连通的门洞口宽度，每边应至少宽出 500mm 以上。坡道的坡度与建筑的室内外高差及坡道的面层处理方法有关。光滑材料面层的坡道坡度不大于1∶12，粗糙材料面层的坡道（包括设置防滑条的坡道）坡度不大于1∶6；带防滑齿的坡道坡度不大于1∶4。

回车坡道的宽度与坡道的半径及通行车辆的规格有关，一般坡度不大于1∶10。

2）轮椅坡道

轮椅坡道是供残疾人使用的，因此应符合以下特殊要求。

（1）坡道的起点及终点，应留有深度不小于1.50m的轮椅缓冲地带。

（2）坡道的宽度不应小于0.9m。每段坡道的坡度、允许最大高度和水平长度应符合国家规范。应在坡道中部设休息平台，其深度不应小于1.20m。

（3）坡道在转弯处应设休息平台，休息平台的深度不应小于1.50m。

（4）坡道两侧应在0.9m高度处设扶手，两段坡道之间的扶手应保持连贯。坡道起点及终点处的扶手，应水平延伸0.3m以上。

3. 坡道的构造

坡道一般采用实铺，构造要求与台阶基本相同。垫层的强度和厚度应根据坡道长度及上部荷载的大小进行选择，严寒地区的坡道同样需要在垫层下部设置砂垫层，如图7-54所示。

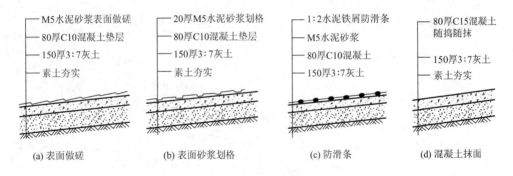

(a) 表面做礓 (b) 表面砂浆划格 (c) 防滑条 (d) 混凝土抹面

图 7-54　坡道构造示例（单位：mm）

任务 7.6　无障碍设计

在建筑物室内外有高差的部位，虽然可以采用诸如楼梯、电梯、坡道等设施解决高差的过渡，但这些设施在由某些残疾人使用时仍然会造成不便，特别是对下肢残疾和视觉残疾的人员。

下肢残疾的人往往会借助拐杖和轮椅代步，而视觉残疾的人则往往借助导盲棍来帮助行走。无障碍设计中，一部分内容就是为帮助上述两类残疾人顺利通过有高差部位而进行的设计。下面主要介绍无障碍设计中有关楼梯、电梯、坡道等的一些特殊构造。

无障碍楼梯设计

1. 楼梯形式及相关尺度

供借助拐杖行走者及视力残疾者使用的楼梯，应采用直行形式，如直跑楼梯、对折的双跑楼梯或成直角折行的楼梯等，如图 7 - 55 所示；不宜采用弧形梯段或在休息平台上设置扇步，如图 7 - 56 所示。

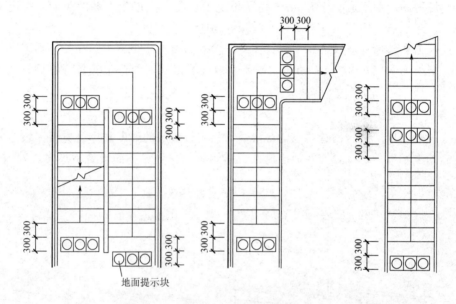

图 7 - 55 残疾楼梯的形式（单位：mm）

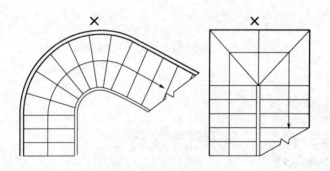

图 7 - 56 弧形楼梯及扇步不宜采用

楼梯的坡度应尽量平缓，宜在 35°以下，踢面高不宜大于 160mm，且每步踏步应保持等高。楼梯的梯段宽度不宜小于 1200mm。

2. 踏步设计注意事项

供借助拐杖者及视力残疾者使用的楼梯踏步应选用合理的构造形式及饰面材料，注意应无直角突沿，以防发生勾绊行人或其助行工具的意外事故，如图 7 - 57 所示。要求表面不滑，不得积水，防滑条不得高出踏面 5mm 以上。

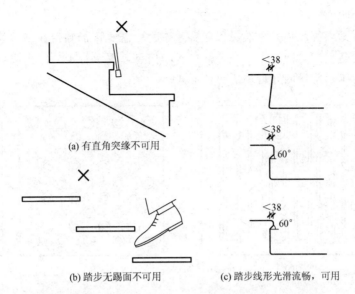

(a) 有直角突缘不可用

(b) 踏步无踢面不可用   (c) 踏步线形光滑流畅，可用

图 7 - 57   无障碍楼梯的踏步设计（单位：mm）

3. 楼梯、坡道的栏杆扶手设计

楼梯、坡道的扶手栏杆应坚固适用，且应在两侧都设扶手，公共楼梯可设上下双层扶手。在楼梯的梯段（或坡道的坡段）的起始及终结处，扶手应自梯段或坡段前缘向前伸出300mm 以上，两个相邻梯段的扶手应该连通；扶手末端应向下或伸向墙面，如图 7 - 58 所示。扶手的断面形式应便于抓握，如图 7 - 59 所示。

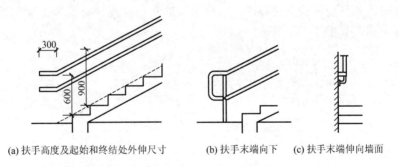

(a) 扶手高度及起始和终结处外伸尺寸   (b) 扶手末端向下   (c) 扶手末端伸向墙面

图 7 - 58   扶手基本尺寸及收头（单位：mm）

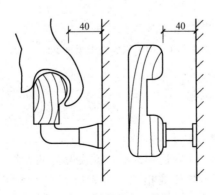

图 7 - 59   扶手断面形式（单位：mm）

4. 导盲块的设置

导盲块又称地面提示块，一般设置在有障碍物、需要转折和存在高差等场所，利用其表面上的特殊构造形式，向视力残疾者提供触摸信息，提示行走、停步或需改变行进方向等。图 7 - 60 所示为常用的导盲块的两种形式。

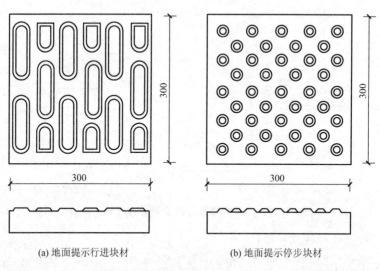

(a) 地面提示行进块材   (b) 地面提示停步块材

图 7 - 60　导盲块（单位：mm）

5. 构件边缘处理

鉴于安全方面的考虑，凡有凌空处的构件边缘都应该向上翻起，包括楼梯段和坡道的凌空一面、室内外平台的凌空边缘等，这样可以防止拐杖或导盲棍等工具向外滑出，对轮椅也是一种制约，如图 7 - 61 所示。

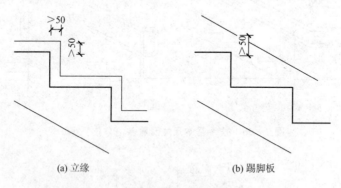

(a) 立缘   (b) 踢脚板

图 7 - 61　构件边缘处理图（单位：mm）

7.6.2　无障碍电梯设计

1. 无障碍电梯设计要求

无障碍电梯应设在入口大厅附近到达处，并设明显的无障碍标志。轿门和层门应为动力驱动的水平滑动门，能容纳轮椅或担架，出入口净宽不小于 800mm，井道尺寸应根据所选电梯型号确定，如图 7 - 62 所示。

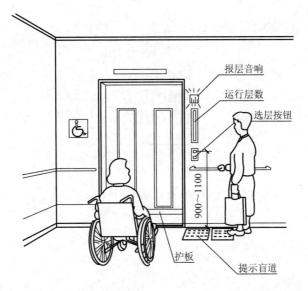

图 7 - 62　无障碍电梯入口示意图（单位：mm）

2. 无障碍电梯轿厢设施要求

（1）轿门与层门均为自动水平滑动门，开门后应保持全开启时间 6～20s。

（2）有特殊要求时可设折叠座椅，其椅座面距地高度 500mm，椅深 300～400mm，椅宽 400～500mm，椅子的支撑能力不小于 100kg。

（3）对于不能满足轮椅转向的轿厢内，面对轿门的轿壁上距地 900mm 起，应安装安全玻璃反光镜，轿厢内四壁距地 350mm 设置防撞金属护壁板，如图 7 - 63 所示。

（4）轿厢内的操作装置应增设专用呼叫按钮和专用选层按钮，最高按钮的中心距地 900～1100mm，按钮中心线距轿厢或层站拐角之间最小侧面间距为 400～500mm，如图 7 - 64 所示。

（5）轿厢内装饰应为光滑、清洁、不易聚集灰尘的表面材料，为不反射的亚克表面。

（6）轿厢内应设内线电话与报警灯，内线电话宜为对讲式。

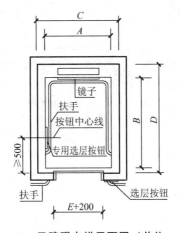

图 7 - 63　无障碍电梯平面图（单位：mm）

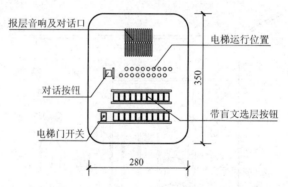

图 7-64 无障碍电梯专用选层按钮（单位：mm）

7.6.3 无障碍坡道设计

坡道是最适合残疾人轮椅通过的设施，它还适合于借助拐杖和导盲棍通过的残疾人，其坡度必须较为平缓，还必须保证一定的宽度，如图 7-65 所示。

图 7-65 室外坡道实例

1）坡道的坡度

我国对便于残疾人通行的坡道的坡度标准，定为不大于 1/12，同时还规定与之匹配的每段坡道的最大高度为 750mm，最大坡段水平长度为 9000mm。

2）坡道的宽度及平台宽度

为便于残疾人使用轮椅顺利通过，室内坡道的最小宽度应不小于 1000mm，室外坡道的最小宽度应不小于 1500mm。图 7-66 所示为室外坡道应具有的最小尺度。

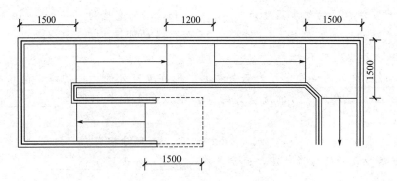

图 7 - 66 室外坡道的最小尺度（单位：mm）

项目小结

楼梯是建筑中楼层间的垂直交通联系设施，应满足交通和疏散的要求。

楼梯由梯段、平台、栏杆及扶手组成。楼梯段的宽度、坡度、楼梯的净空高度、栏杆的高度、踏步尺寸等均应满足有关要求。

钢筋混凝土楼梯包括现浇钢筋混凝土楼梯和预制钢筋混凝土楼梯。现浇钢筋混凝土楼梯有板式和梁式两种结构形式；预制钢筋混凝土楼梯的预制构件有小型、中型和大型三类。

楼梯踏步面层应耐磨、便于行走、易于清洁，踏面通常应做防滑处理。楼梯栏杆与踏步以及与扶手应有可靠的连接。上行和下行梯段的扶手在平台转弯处往往存在高差，应进行调整和处理。

电梯和自动扶梯都是用电作为动力的垂直交通设施。电梯由轿厢、电梯井道及驱动设备三部分组成。

进行无障碍设计时，应遵循相应的规范要求。

练习题

一、填空题

1. 楼梯主要是由_____、_____和_____三部分组成。

2. 楼梯平台按位置不同，分为_____平台和_____平台。

3. 楼梯按照材料，可分为_____、_____和_____等类型。

4. 钢筋混凝土楼梯按照施工方式不同，主要有_____和_____两种类型。

5. 钢筋混凝土预制踏步的断面形式，一般有_____、_____和_____三种形式。

6. 楼梯的平台深度（净宽）不应小于_____。

7. 楼梯梯段下面的净宽不得小于_____ mm，楼梯平台处的净高不得小于_____ mm。

8. 通常，室外台阶的踏步高度为_____ mm，踏面宽度为_____ mm。

9. 室内坡道的坡度不宜大于_____，室外坡道的坡度不宜大于_____。对于无障碍设计的坡道，其坡度应不大于_____。

10. 在无障碍设计的楼梯中，为安全考虑，凡有凌空处的构件边缘，包括楼梯梯段和坡道的凌空一面、室内外平台的凌空边缘等，都应向上翻起不低于_____ mm 的安全挡台。

11. 电梯主要由_____、_____和_____三部分组成。

12. 楼梯踏步表面的防滑处理，通常是在_____处设置_____。

二、选择题

1. 在下列楼梯形式中，_____不宜用作疏散楼梯。

A. 直跑楼梯　　　　B. 两跑楼梯　　　　C. 弧形楼梯　　　　D. 剪刀楼梯

2. 楼梯间梯井宽度以_____为宜。

A. 60～150mm　　B. 100～200mm　　C. 60～200mm　　D. 160～200mm

3. 楼梯栏杆扶手的高度一般为900mm，供儿童使用的楼梯应在高度为_____处增设扶手。

A. 400～500mm　　B. 500～600mm　　C. 600～700mm　　D. 700～800mm

4. 楼梯在梯段处的净空高度为_____。

A. ≥1.8m　　　　B. ≥1.9m　　　　C. ≥2.0m　　　　D. ≥2.2m

5. 楼梯平台下作为出入口通行时，一般净高度不小于_____。

A. 2000mm　　　B. 2100mm　　　C. 2200mm　　　D. 2400mm

【项目7　在线答题】

项目 **8** 门窗构造

思维导图

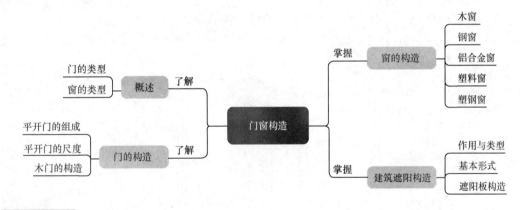

任务提出

　　门窗是建筑的重要组成部分，被称为建筑的"眼睛"。随着我国房地产业的迅猛发展，建筑门窗也迎来了自己的黄金时代。近 20 年来，我国建筑门窗的生产规模不断扩大，已经形成多元化、多层次的产品结构体系，建成了以门窗专用材料、专用配套附件、专用工艺设备、多品种协同发展的产业化生产体系。我国已经成为全世界最大的门窗生产国之一。掌握门窗设计的基本要领，是建筑设计上的一项必要技能。

任务 8.1 概述

门和窗是房屋建筑中两个不可缺少的围护构件。门的主要作用是交通联系,并兼采光和通风;窗的主要作用是采光、通风和眺望。在不同的情况下,门和窗还有分隔、保温、隔热、隔声、防水、防火、防尘、防辐射及防盗等功能。对门的基本要求是其功能合理、坚固耐用、开启方便、关闭紧密,而且便于维修。

门窗对建筑立面构图及室内装饰效果的影响也较大,其尺度、比例、形状、位置、数量、组合以及材料和造型的运用,都影响着建筑整体的艺术效果。

8.1.1 门的类型

常用门窗的材料,有木、钢、铝合金、塑料、玻璃等。

门的开启方式是由使用要求决定的。门按开启方式分类,通常包括以下几种,如图 8-1 和图 8-2 所示。

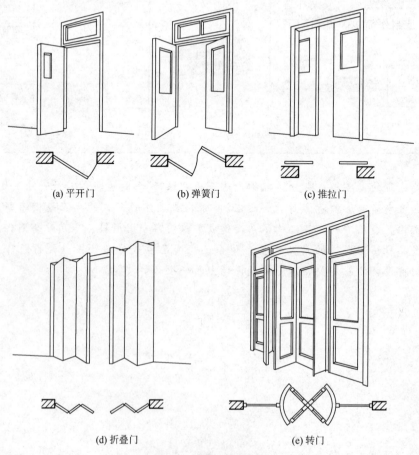

(a) 平开门   (b) 弹簧门   (c) 推拉门

(d) 折叠门   (e) 转门

图 8-1 门的开启方式

(a) 折叠门

(b) 转门

图 8-2　门的实例

（1）平开门——水平方向开启的门，如图 8-1(a) 所示。铰链安在侧边，有单扇、双扇，有向内开、向外开之分。

其特点是构造简单、开关灵活，制作安装和维修均较方便，是建筑中使用最广泛的门。

（2）弹簧门——形式同平开门，稍有不同的是，弹簧门的侧边用弹簧铰链或下面用地弹簧转动，开启后能自动关闭，如图 8-1(b) 所示。多数为双扇玻璃门，能内外弹动。少数为单扇或单向弹动门，如纱门。

其特点是制作简单、开启灵活、使用方便（弹簧门的构造和安装比平开门稍复杂），适用于人流出入较频繁或有自动关闭要求的场所，此时门上一般都安装玻璃，以免相互碰撞。

（3）推拉门——可以在上下轨道上滑行的门，如图 8-1(c) 所示。推拉门有单扇和双扇之分，可以藏在夹墙内或贴在墙面外，占地少，受力合理，不易变形。

其特点是制作简单，开启时所占空间较少，但构造较复杂，适用于两个空间需要扩大联系的多种大小洞口的民用及工业建筑。在人流众多的地方，还可以采用光电管或触动式设施，使推拉门自动启闭。

（4）折叠门——为多扇折叠，可以拼合折叠推移到侧边的门，如图 8-1(d) 和图 8-2(a) 所示。传动方式简单者可以同平开门一样，只在门的侧边装铰链；复杂者在门的上边或下边需装轨道及转动五金配件。

其特点是开启时所占空间少，五金较复杂，安装要求高，适用于两个空间需要扩大联系的各种大小洞口，但由于其结构复杂，目前已少用。

（5）转门——为三扇或四扇连成风车形、在两个固定弧形门套内旋转的门，如图 8-1(e)、图 8-2(b) 及图 8-3 所示。

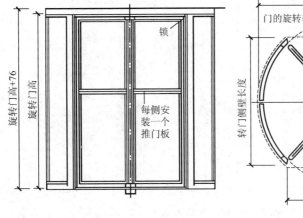

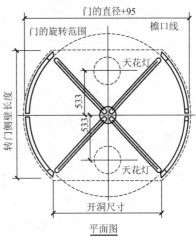

平面图

图 8-3　旋转门的构造（单位：mm）

其特点是使用时可以减少室内冷气或暖气的损失，但制作复杂，造价较高。常作为公共建筑及有空气调节器房屋的外门。在转门的两旁应另设平开门或弹簧门，以作为不需要空气调节器的季节或有大量人流疏散之用。

8.1.2 窗的类型

窗的开启方式主要取决于窗扇转动的五金连接件中铰链的位置及转动方式，通常有以下几种，如图 8-4 和图 8-5 所示。

(1) 固定窗——不能开启的窗，如图 8-4(a) 所示。一般将玻璃直接装在窗框上，尺寸可较大。

其特点是构造简单，制作方便，只能用做采光或装饰用。

(2) 平开窗——是一种可以水平开启的窗，有外开、内开之分，如图 8-4(b) 所示。

其特点是构造简单，制作、安装和维修均较方便，在一般建筑中使用最为广泛。

(3) 悬窗——按转动铰链或转轴的位置不同，可以分为上悬窗、中悬窗和下悬窗，如图 8-4(c)、(d)、(e) 所示。上悬窗一般向外开启，铰链安装在窗扇的上边，防雨效果好，常用于高窗和门上的亮子；中悬窗的铰链安装在窗扇中部，窗扇开启时，上部向内，下部向外，有利于防雨通风，常用于高窗；下悬窗铰链安装在窗扇的下边，一般向内开。

(4) 立转窗——是一种可以绕竖轴转动的窗，如图 8-4(f) 所示。

其特点是竖轴沿窗扇的中心垂线设置，主轴略偏于窗扇的一侧。其通风效果好，但不够严密，防雨防寒性能差。

(5) 推拉窗——分可以水平或垂直推拉的窗，如图 8-4(g)、(h) 所示。水平推拉窗需上下设轨槽，垂直推拉窗需设滑轮和平衡重。推拉窗开关时不占室内空间，但推拉窗不能全部同时开启，可开面积最大不超过 1/2 的窗面积。水平推拉窗扇受力均匀，所以窗扇尺寸可以做得较大，但五金件较贵。

其特点是开启时不占室内空间，窗扇和玻璃的尺寸均可较平开窗大，但推拉窗不能全部开启，通风效果受到影响。推拉窗在实际工程中大量采用。

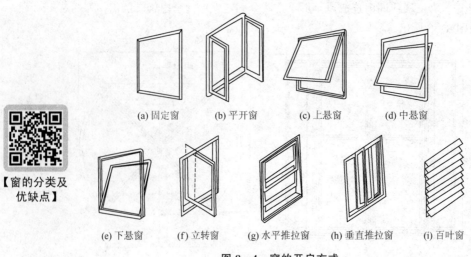

【窗的分类及优缺点】

(a) 固定窗　(b) 平开窗　(c) 上悬窗　(d) 中悬窗

(e) 下悬窗　(f) 立转窗　(g) 水平推拉窗　(h) 垂直推拉窗　(i) 百叶窗

图 8-4　窗的开启方式

（6）百叶窗——主要用于遮阳、防雨及通风，但采光差，如图 8-4(i) 所示。百叶窗可用金属、木材、玻璃、钢筋混凝土等制作，有固定式和活动式两种。

其特点是造型独特，具有良好的透气性能。

图 8-5　窗的实例

任务 8.2　门的构造

门的主要用途是交通联系和围护，在建筑的立面处理和室内装修中也有重要作用。

8.2.1　平开门的组成和尺度

1. 组成

平开门主要由门框、门扇、亮子和五金零件等组成，如图 8-6 所示。

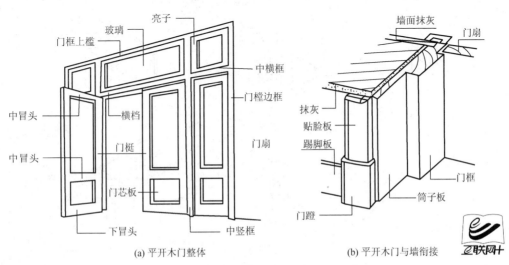

(a) 平开木门整体　　　　(b) 平开木门与墙衔接

图 8-6　平开木门的组成

2. 尺度

门的尺寸可根据交通、运输及疏散要求来确定。一般情况下，门的宽度为：800～1000mm（单扇），1200～1800mm（双扇）。门的高度一般不宜小于2100mm，有亮子时可适当增高300～600mm。对于大型公共建筑，门的尺度可根据需要另行确定。

8.2.2 木门的构造

【木门的组成及安装】

1. 门框

1）门框的断面形状和尺寸

门框又称门樘，其主要作用是固定门扇和腰窗并与门洞间相联系，一般由两根边框和上槛组成；有腰窗的门还有中横档，多扇门还有中竖梃，外门及特种需要的门有些还有下槛。门框的断面形状与构造如图8-7～图8-9所示。

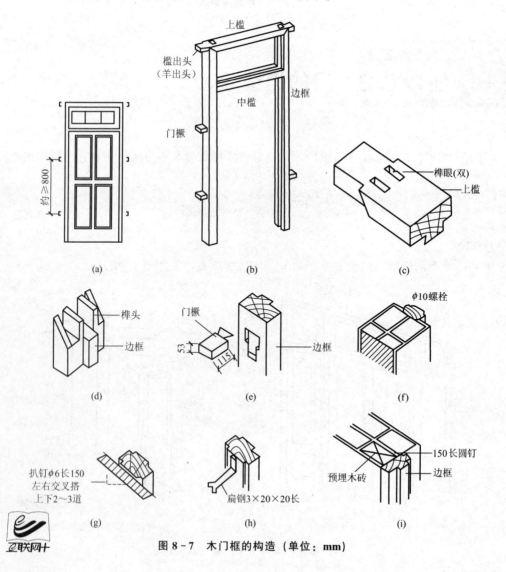

图8-7 木门框的构造（单位：mm）

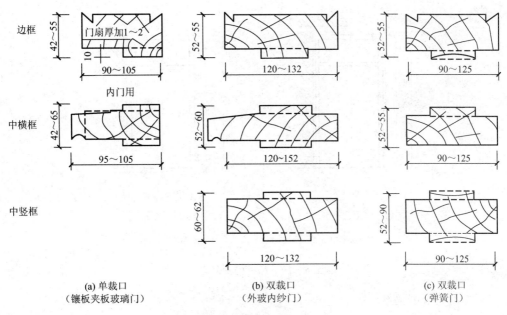

图 8-8　门框的断面形式与尺寸（单位：mm）

图 8-9　门框实例

2）门框的安装方法

（1）塞口法。在墙砌好后再安装门框，如图 8-10（a）所示。采用塞口时，洞口的高、宽尺寸应比门框尺寸大 10～30mm。

（2）立口法。在砌墙前即用支撑先立门框，然后砌墙，框与墙的结合紧密，但是立樘与砌墙工序交叉、施工不便，如图 8-10（b）所示。

【门窗安装】

197

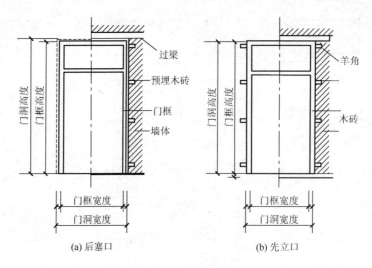

图 8-10 门框的安装方式

3）门框与墙的关系

门框在墙洞中的位置，有门框内平、门框居中和门框外平三种情况，如图 8-11 所示。门框的墙缝处理与窗框相似，但应更牢固。门窗靠墙一边开防止因受潮而变形的背槽，并做防潮处理。门框外侧的内外角做灰口，缝内填弹性密封材料。

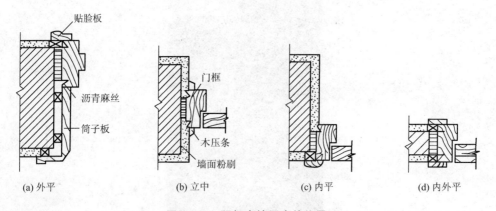

图 8-11 门框在墙洞中的位置

2. 门扇

木门扇主要由上冒头、中冒头、下冒头、门框及门心板等组成。按门板的材料，木门又有全玻璃门、半玻璃门、镶板门、夹板门、纱门、百叶门等类型。如图 8-12 所示为门扇实例。

（1）夹板门：门扇由骨架和面板组成，骨架通常采用（32～35）mm×（34～36）mm 的木料制作，如图 8-13 所示。

（2）镶板门：门扇由骨架和门芯板组成。骨架一般由上冒头、下冒头及边梃组成，有时中间还有中冒头或竖向中梃；门芯板可采用木板、胶合板、硬质纤维板及塑料板、玻璃等。

图 8 - 12　门扇实例

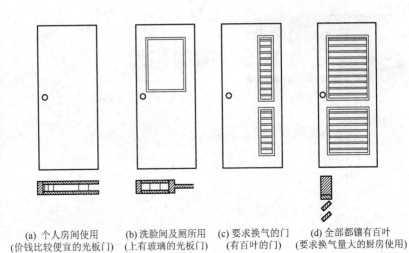

(a) 个人房间使用
(价钱比较便宜的光板门)

(b) 洗脸间及厕所用
(上有玻璃的光板门)

(c) 要求换气的门
(有百叶的门)

(d) 全部都镶有百叶
(要求换气量大的厨房使用)

图 8 - 13　夹板门示意图

3. 门的五金零件

门的五金零件主要有铰链、插销、门锁和拉手等，如图 8 - 14、图 8 - 15 所示，均为工业定型产品，形式多种多样。在选型时，铰链需特别注意其强度，以防止因其变形影响门的使用；拉手需结合建筑装修进行选型。

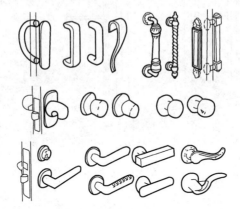

图 8 - 14　拉手和拉手门锁

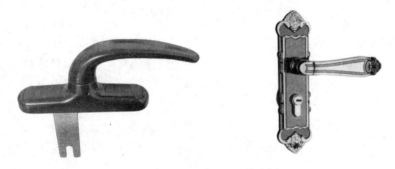

图 8 - 15　拉手和拉手门锁实例

任务 8.3 窗的构造

8.3.1 窗的组成与尺度

1. 组成

窗主要由窗框、窗扇、五金零件三部分组成，如图 8-16 所示。

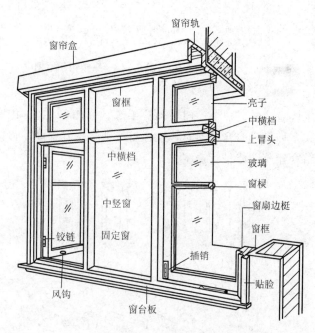

图 8-16 窗的组成

（1）窗框：又称窗樘，其主要作用是与墙连接并通过五金零件固定窗扇。窗框由上槛、中槛、下槛、边框用合角全榫拼接成框。一般尺度的单层窗，窗樘的厚度常为 40～50mm，宽度为 70～95mm，中竖梃双面窗扇需加厚一个铲口的深度 10mm，中横档除加厚 10mm 外，若要加披水，一般还要加宽 20mm 左右。

（2）窗扇：平开玻璃窗一般由上下冒头和左右边梃榫接而成，有的中间还设窗棂。窗扇厚度为 35～42mm，一般为 40mm。上下冒头及边梃的宽度视木料材质和窗扇大小而定，一般为 50～60mm，下冒头可较上冒头适当加宽 10～25mm，窗棂宽度为 27～40mm。

玻璃常用厚度为 3mm，较大面积可采用 5mm 或 6mm。为了隔声保温等需要，可采用双层中空玻璃；需遮挡或模糊视线时，可选用磨砂玻璃或压花玻璃；为了安全，可采用夹丝玻璃、钢化玻璃及有机玻璃等；为了防晒，可采用有色、吸热和涂层、变色等种类的玻璃。

纱窗窗扇用料较小，一般为（30mm×50mm）～（35mm×65mm）。

(3) 五金零件：一般有铰链、插销、窗钩、拉手和铁三角等。铰链又称合页、折页，是连接窗扇和窗框的连接件，窗扇可绕铰链转动；插销和窗钩是固定窗扇的零件；拉手为开关窗扇用。

2. 尺度

窗的尺度应根据采光、通风与日照的需要来确定，同时兼顾建筑造型和 GB/T 50002—2013《建筑模数协调标准》等的要求。为确保窗的坚固、耐久，应限制窗扇的尺寸，一般平开木窗的窗扇高度为 800～1200mm，宽度不大于 500mm；上下悬窗的窗扇高度为 300～600mm；中悬窗的窗扇高度不大于 1200mm，宽度不大于 1000mm；推拉窗的高宽均不宜大于 1500mm。目前各地均有窗的通用设计图集，可根据具体情况直接选用。

窗的类型与构造

1. 木窗

1）木窗的断面形状和尺寸

木窗窗框的断面形状与尺寸，主要由窗扇的层数、窗扇厚度、开启方式、窗洞口尺寸及当地风力大小来确定，一般多为经验尺寸，可根据具体情况进行斟酌。常见单层窗窗框的断面形状及尺寸如图 8-17 所示，图中虚线为毛料尺寸，粗实线为刨光后的设计尺寸（净尺寸），中横框若加披水或滴水槽，其宽度还需增加 20～30mm。

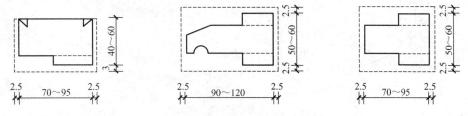

图 8-17　单层窗窗框断面形状与尺寸（单位：mm）

窗扇的厚度为 35～42mm，上、下冒头和边梃的宽度为 50～60mm，下冒头若加披水板，应比上冒头加宽 10～25mm。窗芯宽度一般为 27～40mm。为镶嵌玻璃，在窗扇外侧要做裁口，其深度为 8～12mm，但不应超过窗扇厚度的 1/3。窗扇的构造如图 8-18 所示。窗料的内侧常做装饰性线脚，既少挡光又美观。两窗扇之间的接缝处，常做高低缝的盖口，也可以一面或两面加钉盖缝条，以提高防风挡雨能力。

2）窗的安装

窗的安装也是分先立口和后塞口两类。

(1) 立口又称立樘子，施工时先将窗樘放好后砌窗间墙。上下档各伸出约半砖长的木段（羊角或走头），在边框外侧每 500～700mm 设一木拉砖（木鞠）或铁脚砌入墙身，如图 8-19 所示。这种方法的特点是窗樘与墙的连接紧密，但施工不便，窗樘及其临时支撑易被碰撞，目前已较少采用。

(2) 塞口又称塞樘子或嵌樘子，在砌墙时先留出窗洞，以后再安装窗樘。为了加强窗樘与墙的联系，窗洞两侧每隔 500～700mm 砌入一块半砖大小的防腐木砖（窗洞每侧应不少于两块），安装窗樘时用长钉或螺钉将窗樘钉在木砖上，也可在樘子上钉铁脚，再用膨

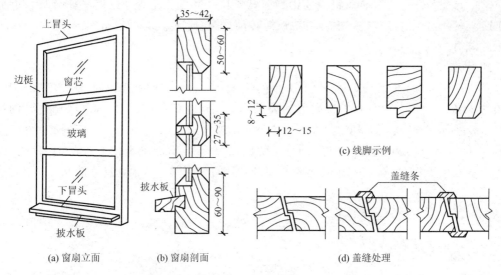

图 8-18　窗扇的构造（单位：mm）

（a）窗扇立面　　（b）窗扇剖面　　（c）线脚示例　　（d）盖缝处理

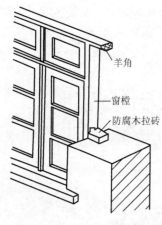

图 8-19　窗的先立口安装

胀螺钉钉在墙上，或用膨胀螺钉直接把樘子钉于墙上。为了抗风雨，外侧须用砂浆嵌缝，也可加钉压缝条或油膏嵌缝，寒冷地区应用纤维或毡类如毛毡、矿棉、麻丝或泡沫塑料绳等垫塞。塞樘子的窗樘，每边应比窗洞小 10~20mm。

一般窗扇都用铰链、转轴或滑轨固定在窗樘上。通常在窗樘上做铲口，深为 10~12mm，也有钉小木条形成铲口。为提高防风雨能力，可适当提高铲口深度（约 15mm）或钉密封条，或在窗樘上留槽，形成空腔的回风槽。

外开窗的上口和内开窗的下口，一般须做拔水板及滴水槽，以防止雨水内渗，同时在窗樘内槽及窗盘处做积水槽及排水孔，将渗入的雨水排除。

3）窗框在墙中的位置

窗框在墙中的位置一般是与墙内表面齐平，安装时窗框突出砖面 20mm，以便墙面粉刷后与抹灰面平。框与抹灰面交接处，应用贴脸板搭盖，以阻止由于抹灰干缩形成缝隙后风透入室内，同时可增加美观。贴脸板的形状及尺寸与门的贴脸板相同。

当窗框立于墙中时，应内设窗台板，外设窗台。窗框外平时，靠室内一面设窗台板。

2. 钢窗

钢窗与木窗相比，具有强度高、刚度大，耐久、耐火性能好，外形美观以及便于工厂化生产等特点。钢窗的透光系数较大，与同样大小洞口的木窗相比，其透光面积增加 15％左右，但钢窗易受酸碱和有害气体的腐蚀，其加工精度和观感稍差，目前较少在民用建筑中使用。

1）钢窗的类型

根据钢窗使用材料形式的不同，钢窗可以分为实腹式和空腹式两种。

（1）实腹式钢窗。实腹式钢窗料采用的热轧型钢有 25mm、32mm、40mm 三种系列，肋厚 2.5～4.5mm，适用于风荷载不超过 $0.7kN/m^2$ 的地区。民用建筑中窗料多用 25mm 和 32mm 两种系列。部分实腹钢窗料的料型与规格如图 8-20 所示。

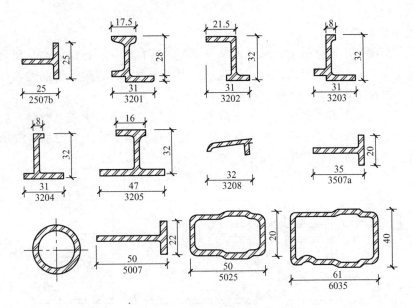

图 8-20　实腹钢窗的料型与规格（单位：mm）

（2）空腹式钢窗。空腹式钢窗料是采用低碳钢经冷轧、焊接而成的异形管状薄壁钢材，其壁厚为 1.2～2.5mm。目前在我国主要有京式和沪式两种类型，如图 8-21 所示。空腹式钢窗料壁薄、质量轻、节约钢材，但不耐锈蚀，应注意保护和维修。一般在成型后，内外表面均需做防锈处理，以提高防锈蚀的能力。

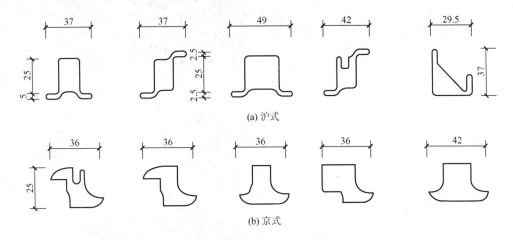

(a) 沪式

(b) 京式

图 8-21　空腹钢窗的料型与规格（单位：mm）

2）钢窗的安装

钢窗玻璃的安装方法与木窗不同，一般先用油灰打底，然后用弹簧夹子或钢皮夹子将玻璃嵌固在钢窗上，然后再用油灰封闭。

钢窗一般采用塞口法安装,窗框与洞口四周通过预埋铁件用螺钉牢固连接。固定点的间距为500～700mm。在砖墙上安装时多预留孔洞,将燕尾形铁脚插入洞口,并用砂浆嵌牢。在钢筋混凝土梁或墙柱上则先预埋铁件,将钢窗的Z形铁脚焊接在预埋铁板上。

3. 铝合金窗

【塑钢门窗构造及安装】

铝合金窗是用铝合金型材来做窗框和扇框,具有质量轻、强度高、耐腐蚀、密封性较好及便于工业化生产的优点,但普通铝合金窗的隔声和热工性能差,如果采用断桥铝合金窗技术,热工性能就会得到改善。

铝合金窗多采用水平推拉式的开启方式,窗扇在窗框的轨道上滑动开启。窗扇与窗框之间用尼龙密封条进行密封,并可以避免金属材料之间相互摩擦。玻璃卡在铝合金窗框料的凹槽内,并用橡胶压条固定,如图8-22和图8-23所示。

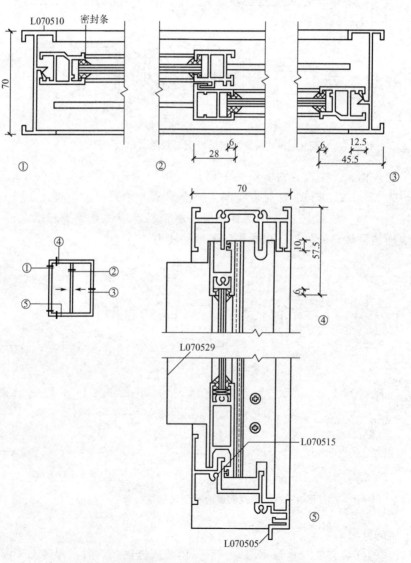

图8-22 70系列铝合金推拉窗节点示例(单位:mm)

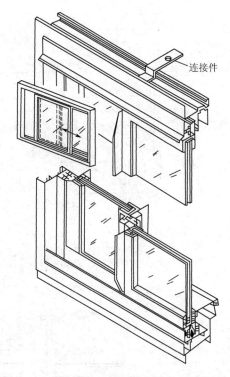

连接件

图 8-23 铝合金推拉窗构造示意图

　　铝合金窗一般采用塞口的方法安装,固定时,窗框与墙体之间采用预埋铁件、燕尾铁脚、膨胀螺栓、射钉固定等方式连接,如图 8-24 所示。为了便于铝合金窗的安装,一般先在窗框外侧用螺钉固定钢质锚固件,安装时与洞口四周墙中的预埋铁件焊接或锚固在一起。玻璃应嵌固在铝合金窗料中的凹槽内,并加密封条,如图 8-25 所示。

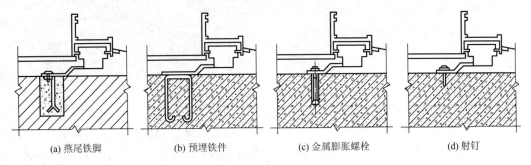

(a) 燕尾铁脚　　　　　(b) 预埋铁件　　　　　(c) 金属膨胀螺栓　　　　　(d) 射钉

图 8-24 铝合金窗框与墙体的固定方式

4. 塑料窗

　　塑料窗是采用 PVC 工程塑料为原料,经专用挤压机具挤压形成空心型材,并用该型材作为窗的框料。其主要特性是刚性强、耐冲击,耐腐蚀性能好,使用寿命长,且具有很好的气密性、水密性和电绝缘性。

　　塑料窗按其型材尺寸,分为 50、60、80、90 和 100 系列,各系列的号码为型材断面的标志宽度,窗扇面积越大,所需型材的断面尺寸也越大;塑料窗按开启方式,分为平开窗、推拉窗、旋转窗及固定窗;塑料窗按窗扇结构形式,分为单玻、双玻、三玻、百叶窗和气窗。

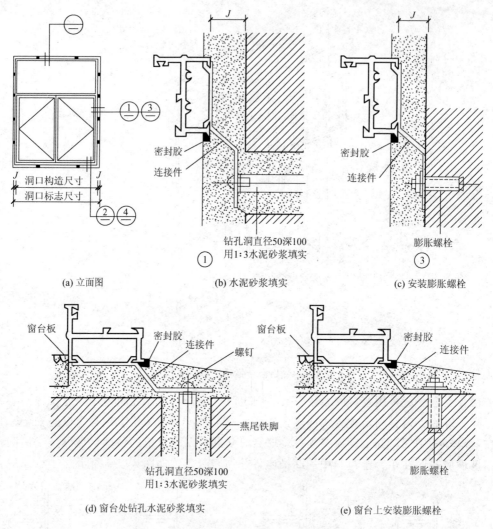

(a) 立面图   (b) 水泥砂浆填实   (c) 安装膨胀螺栓

(d) 窗台处钻孔水泥砂浆填实   (e) 窗台上安装膨胀螺栓

图 8－25　铝合金窗安装构造（单位：mm）

5. 塑钢窗

塑钢窗是以 PVC 为主要原料制成空腹多腔异型材，中间设置薄壁加强型钢（简称加强筋），经加热焊接制成的一种新型窗。它具有导热系数低、耐弱酸碱、无须油漆，并有良好的气密性、水密性、隔声性等优点，是国家重点推荐的新型节能产品，目前已在建筑中被广泛采用。

塑钢窗由窗框、窗扇、窗的五金零件三部分组成，塑钢窗的开启方式同其他材料窗相同，主要有平开、推拉和上悬、中悬等方式。窗框和窗扇应视窗的尺寸、用途、开启方法等因素选用合适的型材，材质应符合 GB/T 8814—2004《门、窗用未增塑聚氯乙烯（PVC－U）型材》的规定。一般情况下，型材框扇外壁厚度不小于 2.3mm，内腔加强筋厚度不小于 1.2mm，内腔加衬的增强型钢厚度不小于 1.2mm，且尺寸必须与型材内腔尺寸一致。增强型钢及紧固件应采用热镀锌的低碳钢，其镀膜厚度不小于 12μm。固定窗可选用 50mm、60mm 厚度系列型材，平开窗可选用 50mm、60mm、80mm 厚度系列型材，推拉窗可选用 60mm、80mm、90mm、100mm 厚度系列型材。平开窗扇的尺寸不宜超过 600mm×1500mm，推拉窗的窗扇尺寸不宜超过 900mm×1800mm。图 8-26 所示为部分塑钢窗专用型材示意图。

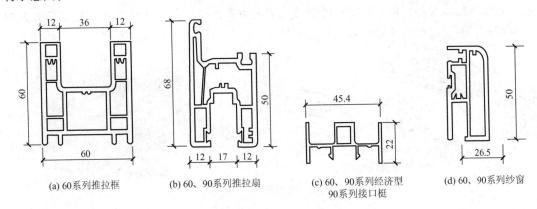

(a) 60系列推拉框　(b) 60、90系列推拉扇　(c) 60、90系列经济型 90系列接口框　(d) 60、90系列纱窗

图 8-26　塑钢窗专用型材（单位：mm）

　　塑钢窗一般采用后立口安装，在墙和窗框间的缝隙应用泡沫塑料等发泡剂填实，并用玻璃胶密封。安装时可用射钉或塑料、金属膨胀螺钉固定，也可用预埋件固定，如图 8-27 所示。

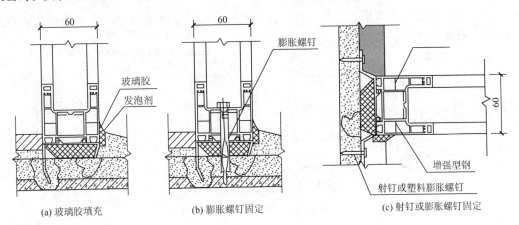

(a) 玻璃胶填充　(b) 膨胀螺钉固定　(c) 射钉或膨胀螺钉固定

图 8-27　塑钢窗的安装（单位：mm）

任务 8.4　建筑遮阳构造

8.4.1　建筑遮阳的作用和类型

　　建筑遮阳是为防止直射阳光照入室内，以减少太阳辐射热，避免夏季室内过热或产生眩光，以及保护室内物品不受阳光照射而采取的一种建筑措施。建筑遮阳包括建筑外遮阳、窗遮阳、玻璃遮阳、建筑内遮阳等。

用于遮阳的方法很多，结合规划及设计确定好朝向，采取必要的绿化，巧妙地利用挑檐、外廊、阳台等是最好的遮阳方式；简易活动遮阳是利用苇席、布篷、竹帘等措施进行遮阳，其简单、经济、灵活，但耐久性差，如图 8-28 所示；设置耐久的遮阳板即为构件遮阳，如在窗口悬挂窗帘、设置百叶窗或利用门窗构件自身的遮光性以及窗扇开启方式的调节变化，不仅可以有效遮阳，还可起到挡雨和美观作用，故应用较为广泛。

【建筑遮阳】

(a) 活动挡板　　　　　(b) 布篷　　　　　(c) 布篷实物图

图 8-28　简易遮阳

8.4.2　窗户构件遮阳的基本形式

窗户遮阳板按其形状和效果而言，可分为水平遮阳、垂直遮阳、综合遮阳及挡板遮阳四种基本形式，如图 8-29 所示。

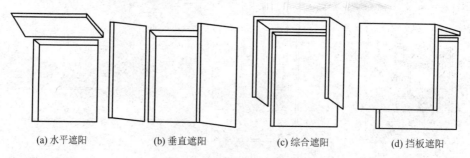

(a) 水平遮阳　　　(b) 垂直遮阳　　　(c) 综合遮阳　　　(d) 挡板遮阳

图 8-29　遮阳板基本形式

1. 水平遮阳

在窗口上方设置一定宽度的水平方向的遮阳板，能够遮挡太阳高度角较大时从窗口上方照射下来的阳光，适用于南向及其附近朝向的窗口，或北回归线以南低纬度地区之北向及其附近的窗口。水平遮阳板可做成实心板，也可做成格栅或百叶板，较高大的窗口可在不同高度设置双层或多层水平遮阳板，以减少板的出挑宽度。

2. 垂直遮阳

在窗口两侧设置垂直方向的遮阳板，能够遮挡太阳高度角较小的、从窗口两侧斜射下来的阳光，对高度角较大的、从窗口上方照射下来的阳光或接近日出日落时正射窗口的阳光，它不起遮挡作用。根据光线的来向和具体处理的不同，垂直遮阳板可以垂直于墙面，也可以与墙面形成一定的夹角，主要适用于偏东偏西的南向或北向窗口。

3. 综合遮阳

水平遮阳和垂直遮阳的结合就是综合遮阳。综合遮阳能够遮挡从窗口正上方或两侧斜射之光线，遮挡效果均匀，主要用于南向、东南向及西南向的窗口。

4.挡板遮阳

这种遮阳板是在窗口正前方一定距离设置与窗户平行方向的垂直挡板。由于封堵于窗口以外，能够遮挡太阳高度较小的、正射窗口的阳光，主要适用于东西向附近朝向的窗口。

8.4.3 遮阳板的构造及建筑处理方法

遮阳板一般采用混凝土板，也可以采用钢构架石棉瓦、压型金属板等构造。建筑立面上设置遮阳板时，为兼顾建筑造型和立面设计要求，遮阳板布置宜整齐有规律。建筑通常将水平遮阳板或垂直遮阳板连续设置，可形成较好的立面效果，如图 8-30 所示。

【遮阳板】

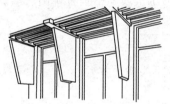

图 8-30　遮阳板的建筑立面效果

项目小结

　　窗和门是建筑物的重要组成部分，也是主要围护构件之一。窗的主要作用是采光、通风、接受日照和供人眺望；门的主要作用是交通联系、紧急疏散，并兼有采光、通风的作用。

　　门一般由门框、门扇、腰窗、五金零件及附件组成。目前在房建工程中常采用的门的类型，按门在建筑物中所处的位置，分内门和外门；按门的材料，分木门、铝合金门、塑钢门、钢门、玻璃门及混凝土门；按门的使用功能，分普通门和特殊门；按门扇的开启方式，分平开门、弹簧门、推拉门、折叠门、转门和卷帘门。

　　窗一般由窗框、窗扇和五金零件组成。窗框的安装分为立口和塞口两种。工程中常用的窗，按窗扇的开启方式，分固定窗、平开窗、推拉窗、悬窗、立转窗、百叶窗等；按窗的框料材质，分铝合金窗、塑钢窗、钢窗、木窗等；按窗的层数，分单层、双层及双层中空玻璃窗等形式。

　　建筑的外遮阳是非常有效的遮阳措施。

练习题

一、填空题

1. 门窗主要由_____、_____和_____等部分组成。

2. 门的主要作用是_____、_____和_____；窗的主要作用是_____、_____和_____。

3. 窗框在墙中的位置有_____、_____和_____三种情况。

4. 门框的安装方法，有_____和_____两种施工方法。成品门的安装多采用_____法施工。

5. 门的尺度应根据交通运输和_____要求确定。

6. 门的高度一般不小于_____mm。

7. 木门框与墙之间的缝隙处理，一般采用_____、_____和_____三种方法。

8. 防火门分为_____、_____和_____三级，耐火极限应分别大于_____、_____和_____。

9. 遮阳板的基本形式，可分为_____、_____、_____和_____等几种形式。

二、选择题

1. 居住建筑中，使用最广泛的木门为_____。

A. 推拉门　　　　B. 平开门　　　　C. 弹簧门　　　　D. 转门

2. _____开启时不占室内空间，但擦窗及维修不便；_____擦窗安全方便，但影响家具布置和使用。

A. 内开窗，固定窗　　　　　　　　B. 内开窗，外开窗

C. 立转窗，外开窗　　　　　　　　D. 外开窗，内开窗

3. 关于各种门的表述中，_____是正确的。

A. 转门可作为寒冷地区公共建筑的外门

B. 推拉门是建筑中最常见、使用最广泛的门

C. 转门可向两个方向旋转，故可以作为双向疏散门

D. 车间门因其尺度较大，故不宜采用推拉门

4. 当推拉门的门扇高度超过4m时，应采用_____构造方式。

A. 上挂式　　　　B. 下滑式　　　　C. 轻便式　　　　D. 立转式

【项目8　在线答题】

项目 **9** 变形缝构造

思维导图

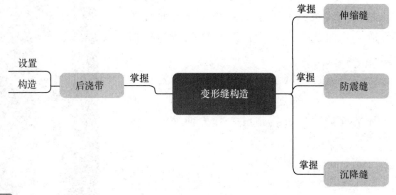

任务提出

随着经济的发展、科学技术的进步，人们大量建设各类大型建筑、高低错层建筑以及不规则的建筑。在施工过程中，出现的沉降缝、伸缩缝、抗震缝等各类变形缝越来越多，影响建筑的使用功能。控制这些变形缝的施工质量，成为施工的重点和难点。对于初学者，掌握建筑物变形缝等的设置与构造是非常必要的。

任务 9.1 变形缝的设置与构造

9.1.1 变形缝概述

在工程实践中,常会遇到不同大小、不同体型、不同层高及建在不同地质条件上的建筑物,某些建筑由于受温度变化、地基不均匀沉降及地震等因素影响,结构内部产生附加应力和变形,轻则产生裂缝,重则倒塌,影响使用安全。为避免这种情况的发生,除了加强房屋的整体刚度以外,在设计时可有意在建筑物的敏感部位留出一定的缝隙,把建筑分成若干独立的单元,允许其自由变形而不造成建筑物总的破损,这些缝隙即为变形缝,如图9-1所示。

变形缝包括伸缩缝、沉降缝和防震缝。建筑物在外界因素作用下常会产生变形,导致开裂甚至破坏,变形缝即是针对这种情况而预留的构造缝,分为伸缩缝、沉降缝、抗震缝三种。

9.1.2 伸缩缝

【变形缝设置原则】

建筑构件因温度和湿度等因素的变化会产生胀缩变形,为此,通常在建筑物适当的部位设置垂直缝隙,称为伸缩缝,自基础以上将房屋的墙体、楼板层、屋顶等构件断开,将建筑物分离成几个独立的部分。为克服过大的温度差而设置的伸缩缝,基础可不断开,从基础顶面至屋顶沿结构断开,缝宽一般为20~30mm。

1. 伸缩缝的设置原则

伸缩缝的设置间距与结构所用材料、结构类型、施工方式、建筑所处环境和位置有关。伸缩缝应设在因温度和收缩变形可能引起应力集中、砌体产生裂缝可能性最大的地方。表9-1和表9-2对砌体结构和钢筋混凝土结构建筑的伸缩缝最大设置间距作出了规定。

图 9-1 变形缝实例

表 9 - 1 砌体房屋伸缩缝的最大间距

屋盖或楼盖类别		间距/m
整体式或装配整体式钢筋混凝土结构	有保温层或隔热层的屋盖、楼盖	50
	无保温层或隔热层的屋盖	40
装配式无檩体系钢筋混凝土结构	有保温层或隔热层的屋盖、楼盖	60
	无保温层或隔热层的屋盖	50
装配式有檩体系钢筋混凝土结构	有保温层或隔热层的屋盖	75
	无保温层或隔热层的屋盖	60
瓦材屋盖、木屋盖或楼盖、轻钢屋盖		100

注：1. 对烧结普通砖、多孔砖、配筋砌块砌体房屋取表中数值；对石砌体、蒸压灰砂砖、蒸压粉煤灰砖和混凝土砌块房屋，取表中数值乘以 0.8 的系数。当有实践经验并采取有效措施时，可不遵守本表规定。

2. 在钢筋混凝土屋面上挂瓦的屋盖，应按钢筋混凝土屋盖采用。

3. 按本表设置的墙体伸缩缝，一般不能同时防止由于钢筋混凝土屋盖的温度变形和砌体干缩变形引起的墙体局部裂缝。

4. 层高大于 5m 的烧结普通砖、多孔砖、配筋砌块砌体结构单层房屋，其伸缩缝间距可按表中数值乘以 1.3。

5. 温差较大且变化频繁地区和严寒地区不采暖的房屋及构筑物墙体的伸缩缝的最大间距，应按表中数值予以适当减小。

6. 墙体的伸缩缝应与结构的其他变形缝相重合，在进行立面处理时，必须保证缝隙的伸缩作用。

表 9 - 2 钢筋混凝土结构伸缩缝最大间距

结构类别		室内或土中/m	露天/m
排架结构	装配式	100	70
框架结构	装配式	75	50
	现浇式	55	35
剪力墙结构	装配式	65	40
	现浇式	45	30
挡土墙、地下室墙壁等类结构	装配式	40	30
	现浇式	30	20

注：1. 装配整体式结构房屋的伸缩缝间距宜按表中现浇式的数值取用。

2. 框架-剪力墙结构或框架-核心筒结构房屋的伸缩缝间距，可根据结构的具体布置情况取表中框架结构与剪力墙结构之间的数值。

3. 当屋面无保温或隔热措施时，框架结构、剪力墙结构的伸缩缝间距宜按表中露天栏的数值取用。

4. 现浇挑檐、雨罩等外露结构的伸缩缝间距不宜大于 12m。

5. 排架结构柱高（从基础顶面算起）低于 8m 时，宜适当减小伸缩缝间距；经常处于高温作用下的结构、采用滑模类施工工艺的剪力墙结构，宜适当减小伸缩缝间距。

2. 伸缩缝的结构处理

1）砖混结构

砖混结构的墙和楼板及屋顶的伸缩缝结构布置，可采用单墙也可采用双墙承重方案，如图 9－2 所示。

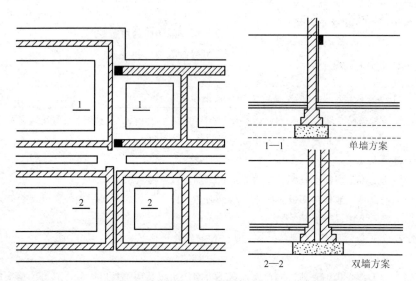

图 9－2　砖墙承重方案

2）框架结构

框架结构的墙和楼板及屋顶的伸缩缝结构一般采用悬臂梁方案，如图 9－3(a) 所示；也可采用双梁双柱方式，如图 9－3(b) 所示，但施工较复杂。

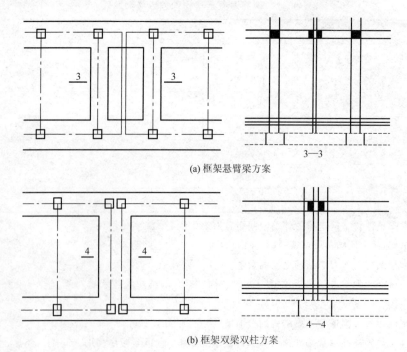

(a)框架悬臂梁方案

(b)框架双梁双柱方案

图 9－3　框架结构方案

3. 伸缩缝的构造

1）砖墙伸缩缝的构造

伸缩缝因墙厚的不同，可做成平缝、错口缝和凹凸缝，如图9-4所示，主要视墙体材料、厚度及施工条件而定。

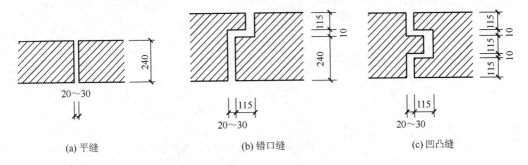

（a）平缝 （b）错口缝 （c）凹凸缝

图9-4 砖墙伸缩缝构造（单位：mm）

外墙伸缩缝位于露天，为保证其沿水平方向自由伸缩，并防止雨雪对室内的渗透，需对伸缩缝进行嵌缝和盖缝处理，缝内应填具有防水、防腐蚀性的弹性材料，如沥青麻丝、橡胶条、塑料条或金属调节片等。缝口可用镀锌铁皮、彩色薄钢板、铅皮等金属调节片做盖缝处理。对内墙或外墙内侧的伸缩缝，应尽量从室内美观角度来考虑，通常以装饰性木板或金属调节盖板予以遮挡，盖缝板条一侧固定，以保证结构在水平方向的自由伸缩。内墙及外墙的伸缩缝构造，如图9-5所示。

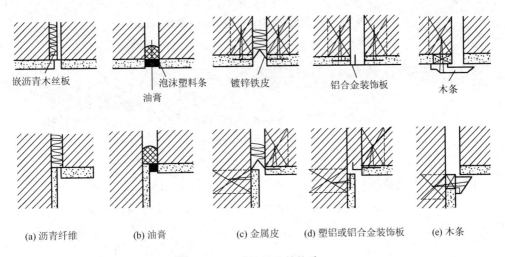

嵌沥青木丝板 泡沫塑料条 镀锌铁皮 铝合金装饰板 木条
油膏

（a）沥青纤维 （b）油膏 （c）金属皮 （d）塑铝或铝合金装饰板 （e）木条

图9-5 砖墙伸缩缝构造

2）楼地板层伸缩缝的构造

楼地板层伸缩缝的位置和缝宽大小应与墙体、屋顶变形缝一致，如图9-6所示。缝内常用可压缩变形的材料（如油膏、沥青麻丝、橡胶、金属或塑料调节片等）做封缝处理，上铺活动盖板或橡塑地板等地面材料，满足地面平整、光洁、防滑、防水及防尘等功能。顶棚的盖缝条只能固定一端，以保证两端构件能自由伸缩变形。

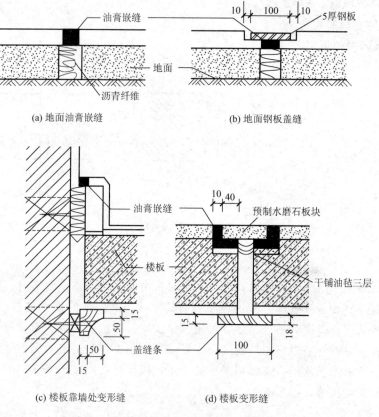

(a) 地面油膏嵌缝　　　　　　　　　(b) 地面钢板盖缝

(c) 楼板靠墙处变形缝　　　　　　　(d) 楼板变形缝

图 9 - 6　楼地面及顶棚伸缩缝构造（单位：mm）

9.1.3　防震缝

地震区设计多层砖混结构房屋时，为防止地震破坏，应用防震缝将房屋分成若干形体简单、结构刚度均匀的独立部分。即防震缝是为减轻或防止相邻结构单元由地震作用引起的碰撞而预先设置的间隙。

1. 防震缝的设置原则

为了避免因地震造成建筑破坏，我国制定了相应的建筑抗震设计规范。对多层砌体房屋，应优先采用横墙承重或纵横墙混合承重的结构体系。凡在 6 级设防地区的建筑物，下列情况之一应设置防震缝：

（1）建筑立面高差在 6m 以上；

（2）建筑有错层，而错层楼层高差较大；

（3）建筑物相邻各部分结构刚度、质量截然不同。

在多层砖混结构建筑中，防震缝的宽度按设防烈度不同，采用 50～70mm。在多层钢筋混凝土框架结构建筑中，当其高度小于 15m 时，缝宽为 70mm；当建筑高度大于 15m 时，按不同设防烈度，随建筑高度增加按表 9 - 3 设置缝宽。

表 9 – 3　不同设防烈度时建筑高度增量与缝宽的关系

地区设防烈度	建筑每增加高度/m	缝宽从 70mm 起增宽/mm
6	5	20
7	4	20
8	3	20
9	2	20

　　防震缝两侧均匀设置墙体，以加强两侧建筑物的刚度。防震缝在地面以下的基础可不设缝。防震缝在与伸缩缝、沉降缝同时设置时，可将缝合并，其设置构造应满足各种缝的要求。

　　2. 防震缝的构造

　　防震缝的构造及要求与伸缩缝相似，前者比后者缝宽，如图 9-7 和图 9-8 所示。在施工时，必须确保缝宽符合要求。防震缝应与伸缩缝、沉降缝统一布置，并满足防震缝的设计要求。要充分考虑盖缝条的牢固性以及应变能力。在施工过程中不能让砂浆、碎砖或其他硬杂物掉入防震缝内，不能将墙缝做成错口或凹凸口。外墙变形缝应做到不透风、不渗水，其嵌缝材料必须具有防水、防腐、耐久等性能以及一定的弹性。

【变形缝比较】

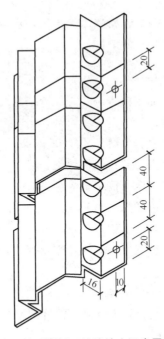

图 9-7　墙体防震缝盖缝板（镀锌铁皮开半圆孔；单位：mm）

9.1.4　沉降缝

　　为防止建筑物各部分由于地基不均匀沉降引起的破坏，所设置的垂直缝称为沉降缝。

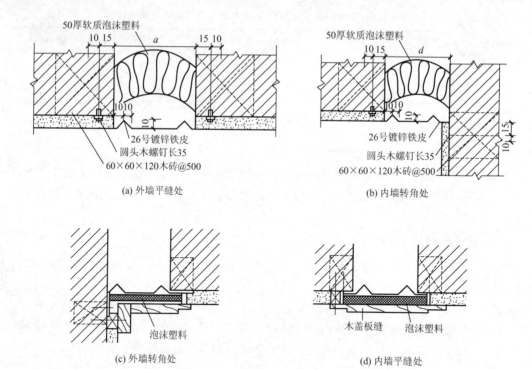

(a) 外墙平缝处　　　　　　　　(b) 内墙转角处

50厚软质泡沫塑料
26号镀锌铁皮
圆头木螺钉长35
60×60×120木砖@500

(c) 外墙转角处　　　　　　　　(d) 内墙平缝处

泡沫塑料　　木盖板缝　泡沫塑料

图 9-8　墙体防震缝构造（单位：mm）

1. 沉降缝的设置

1）沉降缝的设置原则

沉降缝是为了预防建筑物各部分由于不均匀沉降引起的破坏而设置的变形缝，凡属于下列情况之一应考虑设置沉降缝：

（1）当建筑物建造在不同的地基上时；

（2）当同一建筑物相邻部分高度差在两层以上，或部分高度差超过 10m 以上时；

（3）当建筑物部分的基础底部压力值有较大差别时；

（4）原有建筑物和扩建建筑物之间；

（5）当相邻的基础宽度和埋置深度相差悬殊时；

（6）在平面形状比较复杂的建筑中，应将建筑物平面划分成规则简单的几何单元，在各个部分之间设置沉降缝；

（7）当相邻建筑物的结构形式变化较大时。

为了使沉降缝相邻两部分建筑能自由沉降，沉降缝部位的墙体、楼地面、屋顶以及基础等所有构件都需设缝断开，如图 9-9 所示。

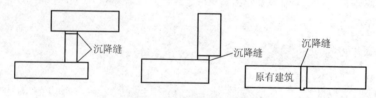

沉降缝　　　沉降缝　　沉降缝　原有建筑

图 9-9　沉降缝的设置部位

218

2）沉降缝的设置宽度

沉降缝的宽度与地基情况和建筑物的高度有关，应按表 9-4 设置沉降缝的宽度。

表 9-4　沉降缝的宽度

房屋层数	沉降缝宽度/mm
2～3	50～80
4～5	80～120
5 层以上	≥120

2.沉降缝的构造

【变形缝的构造做法】

1）基础沉降缝

基础沉降缝应断开，以避免因不均匀沉降造成的相互干扰。常见砖墙条形基础处理方案有三种。

（1）双墙偏心基础，如图 9-10(a) 所示，此法基础整体刚度大，但基础偏心受力，在沉降时产生一定的挤压力。

（2）挑梁基础，如图 9-10(b) 所示，对沉降量大的一侧墙基不做处理，而另一侧用悬挑基础梁，梁上做轻质隔墙，挑梁两端设构造柱。当沉降缝两侧基础埋深相差较大或新旧建筑毗连时，宜用该方案。

（3）双墙交叉基础，如图 9-10(c) 所示，基础不偏心受力，因而地基受力与双墙偏心基础及挑梁基础相比，将大有改进。

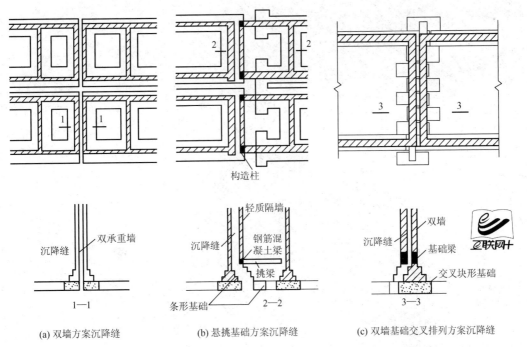

(a) 双墙方案沉降缝　　　　(b) 悬挑基础方案沉降缝　　　　(c) 双墙基础交叉排列方案沉降缝

图 9-10　基础沉降缝示意图

2）墙身、楼底层、屋顶沉降缝

墙身沉降缝与相应基础沉降缝方案有关。

（1）采用偏心基础时，其上为双承重墙，如图9-10(a)所示。

（2）采用挑梁基础时，其上为一承重墙和一轻质隔墙，如图9-10(b)所示。

（3）采用交叉基础时，墙体为承重或非承重双墙，如图9-10(c)所示。

墙身及楼底层沉降缝构造与伸缩缝构造基本相同，如图9-11所示，但要求建筑物的两个独立单元能自由沉降，所以金属盖缝调节片不同于伸缩缝。

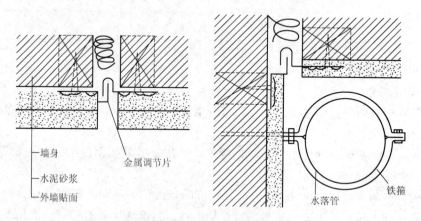

图9-11　墙体沉降缝构造

屋顶沉降缝的构造应充分考虑屋顶沉降对屋面防水材料及泛水的影响，如图9-12所示。

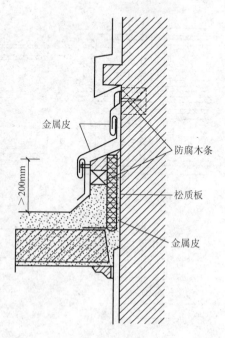

图9-12　屋顶沉降缝构造

楼顶变形缝、楼面盖缝做法实例，如图9-13和图9-14所示。

图 9-13　楼顶变形缝做法实例

图 9-14　楼面盖缝做法实例

任务 9.2　后浇带的设置与构造

　　后浇带是指在现浇整体钢筋混凝土结构中，在施工期间留置的临时性温度、收缩和沉降的变形缝。后浇带的留设和其位置皆由设计确定，分沉降后浇带、收缩后浇带、温度后浇带和伸缩后浇带四种类型。后浇带做法如图 9-15 所示。

【后浇带施工控制措施】

图 9 - 15　地下室底板后浇带做法实例

9.2.1　后浇带的设置

后浇带的设置应遵循"抗放兼备，以放为主"的设计原则。因为普通混凝土存在开裂问题，设置后浇缝的目的就是将大部分的约束应力释放，然后用膨胀混凝土填缝，以抗衡残余应力。

（1）后浇带的留置宽度一般为 700～1000mm，常见的有 800mm、1000mm、1200mm 三种。

（2）后浇带的接缝形式有平直缝、阶梯缝、槽口缝和 X 形缝四种形式。

（3）后浇带内的钢筋，有全断开再搭接，及不断开另设附加筋的规定。

（4）后浇带混凝土的补浇时间，有的规定不少于 14d，有的规定不少于 42d，有的规定不少于 60d，有的规定封顶后 28d。

（5）后浇带的混凝土配制及强度，有的要求比原混凝土提高一级强度等级，也有的要求用同等级或提高一级的无收缩混凝土浇筑。

（6）养护时间规定不一致，有 7d、14d 或 28d 等几种要求。上述差异的存在给施工带来诸多不便，有很大的可伸缩性，所以只有认真理解各专业规范的不同和根据本工程的特点、性质，灵活可靠地应用规范，才能有效地保证工程质量。

9.2.2　后浇带的构造

1. 地下室底板后浇带

底板后浇带下部须设基槽，做成后的基槽表面须比底板底面低 250mm 以上，两边放坡不大于 45°，上部宽度各大出后浇带 150mm 以上。底板后浇带下部须设防水附加层，防水附加层宽度需在两边各大出后浇带 300mm 以上。地下室底板后浇带做法如图 9 - 16 所示。

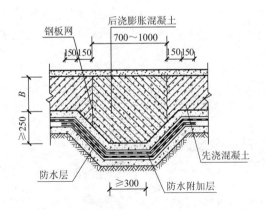

图 9 – 16 地下室底板后浇带做法（单位：mm）

1）后浇带基槽

底板下后浇带基槽做法除在混凝土垫层上部增加一层防水附加层外，其余顺序与底板下部做法相同，防水附加层宽度需在两边各大出后浇带 300mm 以上。

2）浇筑底板混凝土

浇筑底板混凝土前，须在后浇带处安装具有一定强度的密目钢板网，以阻挡底板混凝土流失，浇筑底板混凝土时须保证钢板网处混凝土密实。

3）清理后浇带

清理干净底板与后浇带接合处的浮浆和垃圾并湿润 24h 以上，清理干净后浇带内钢筋上的附着物，清理干净后浇带基槽内的垃圾和积水。

4）浇筑后浇带混凝土

后浇带混凝土的抗渗和抗压等级，不得低于底板混凝土；后浇带混凝土须选用具有补偿收缩作用的微膨胀混凝土。后浇带混凝土须一次浇筑完成，不得留设施工缝。

5）养护

后浇带混凝土浇筑完成后应及时养护，养护时间不少于 28d。

基本工艺流程如下：做后浇带基槽—浇筑底板混凝土—清理后浇带—浇筑后浇带混凝土—养护。

2. 地下室外墙后浇带

（1）外墙后浇带两侧须按施工缝做法预埋钢板止水带，浇筑外墙混凝土前在后浇带两侧安装具有一定强度的阻挡混凝土流失的密目钢板网，钢板网与钢板止水带焊接并固定牢实。

（2）外墙后浇带外部须设防水附加层，防水附加层宽度需在两边各大出后浇带 300mm 以上。

（3）外墙后浇带模板应加固牢靠，防止胀模及漏浆。

（4）外墙后浇带混凝土尽可能与地下室顶板后浇带混凝土同时浇筑。

（5）墙体表面缺陷处理及螺杆孔封闭处理后，施工防水附加层，附加层验收合格后再施工防水层。

（6）为及时进行地下室外墙侧回填土施工，可在完成大面外墙防水施工后，在后浇带两侧各 1m 位置先砌 240mm 实心砖墙分隔；待外墙后浇带混凝土浇筑完成后，将后浇带位置外墙防水与大面先行施工的防水在分隔墙内做好搭接。地下室外墙后浇带做法如图 9-17 所示。

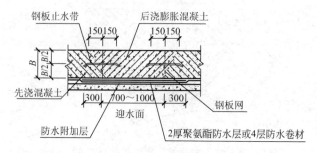

图 9-17　地下室外墙后浇带做法（单位：mm）

工艺流程如下：埋设钢板止水带—浇筑外墙混凝土—后浇带清理—支模板—浇筑后浇带混凝土—做防水附加层—做防水层—做防水保护层。

项目小结

　　变形缝是为了解决建筑物由于温度变化、不均匀沉降及地震等因素影响而产生裂缝的一种措施，按其作用的不同，分为伸缩缝、沉降缝、防震缝三种。伸缩缝是为防止由于建筑物超长而产生的伸缩变形，其应把建筑物地面以上部分全部断开，基础不需断开，其宽度一般为 20~30mm；沉降缝应从基础到屋顶所有构件均断开；防震缝一般基础不断开。

　　沉降缝用于解决由于建筑物高度不同、重量不同、平面部位转折等而产生的不均匀沉降变形。防震缝用于解决由于地震产生的相互撞击变形。

　　根据墙体厚度和材料，伸缩缝可分为平缝、高低缝和企口缝。基础沉降缝有悬挑式基础和双墙式基础两种类型。防震缝应沿建筑的全高设置，其两侧应布置墙或柱，形成双墙、双柱或一墙一柱，使各部分封闭，以增加刚度。

练习题

一、填空题

1. 变形缝分为 _____ 、_____ 、_____ 三种形式。

2. 沉降缝的宽度与地基的性质和建筑物的高度有关，地基越 _____ ，建筑高度越 _____ ，缝宽就越大。

3. _____ 从基础以上的墙体、楼板到屋顶全部断开。

二、选择题

1. 关于变形缝的构造措施表述中，_____ 是不正确的。

A. 当建筑物的长度或宽度超过一定限度时，要设伸缩缝

B. 当建筑物竖向高度相差悬殊时，应设伸缩缝

C. 在沉降缝处应将基础以上的墙体、楼板全部分开，基础可不分开

D. 抗震缝可与温度缝合二为一，宽度按抗震缝宽取值

2. 伸缩缝是为了预防_____对建筑物的不利影响而设置的。

A. 地基不均匀沉降   B. 地震作用

C. 温度变化   D. 结构各部分的刚度变化较大

3. 15m 高框架结构房屋，必须设防震缝时，其最小宽度为_____。

A. 50mm   B. 60mm   C. 70mm   D. 80mm

【项目9 在线答题】

项目 **10** 建筑施工图识读

思维导图

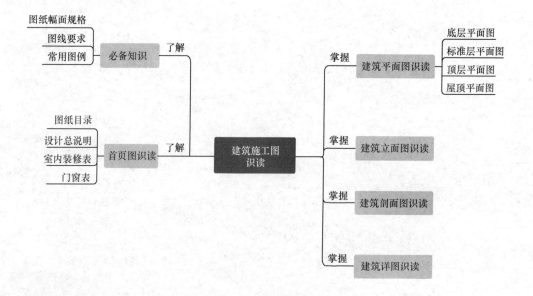

任务提出

　　建筑施工图是工程技术人员科学地表示实际建筑的书面语言。了解施工图的基本知识并正确理解设计意图,看懂施工图纸,是建筑施工技术人员、工程监理人员和工程管理人员应掌握的基本技能。

任务 10.1 建筑施工图识读必备知识

10.1.1 图纸幅面规格与图纸编排顺序

1. 图幅

图幅即图纸幅面的大小。为了使图纸规整，便于装订和保管，GB/T 50001—2019《房屋建筑制图统一标准》对图纸的幅面作了统一的规定，见表 10-1。

表 10-1 幅面及图框尺寸 单位：mm

尺寸代号＼幅面代号	A0	A1	A2	A3	A4
$b \times l$	841×1189	594×841	420×594	297×420	210×297
c	10			5	
a	25				

注：表中 b 为幅面短边尺寸，l 为幅面长边尺寸，c 为图框线与幅面线间宽度，a 为图框线与装订边间宽度。

必要时允许加长 A0～A3 图纸幅面的长度，其加长部分应符合表 10-2 的规定。

表 10-2 图纸长边加长尺寸 单位：mm

幅面代号	长边尺寸	长边加长后的尺寸		
A0	1189	1486（A0+1/4l）	1635（A0+3/8l）	1783（A0+1/2l）
		1932（A0+5/8l）	2080（A0+3/4l）	2230（A0+7/8l）
		2378（A0+ l）		
A1	841	1051（A1+1/4l）	1261（A1+1/2l）	1471（A1+3/4l）
		1682（A1+ l）	1892（A1+5/4l）	2102（A1+3/2l）
A2	594	743（A2+1/4l）	891（A2+1/2l）	1041（A2+3/4l）
		1189（A2+l）	1338（A2+5/4l）	1486（A2+3/2l）
		1635（A2+7/4l）	1783（A2+2l）	1932（A2+9/4l）
		2080（A2+5/2l）		
A3	420	630（A3+1/2l）	841（A3+l）	1051（A3+3/2l）
		1261（A3+2l）	1471（A3+5/2l）	1682（A3+3l）
		1892（A3+7/2l）		

注：有特殊需要的图纸，可采用 $b \times l$ 为 841mm×891mm 与 1189mm×1261mm 的幅面。

图纸以短边作为垂直边时称为横式，如图 10-1(a)、(b) 所示；以短边作为水平边时称为立式，如图 10-1(c)、(d) 所示。一般 A0～A4 图纸宜按横式使用，必要时也可按立式使用。

2. 标题栏

标题栏根据工程的需要选择确定其尺寸、格式及分区，其中签字栏应包括实名列和签名列，并应符合相关规定，如图 10-2 所示。

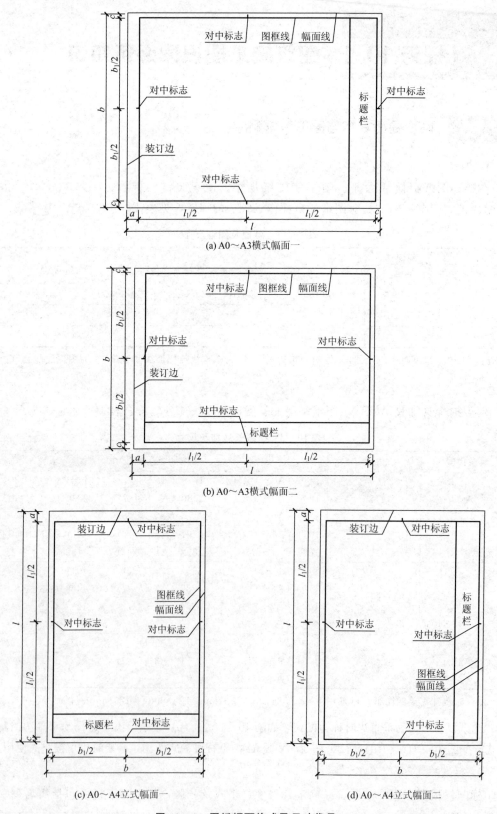

(a) A0～A3横式幅面一

(b) A0～A3横式幅面二

(c) A0～A4立式幅面一

(d) A0～A4立式幅面二

图 10-1　图纸幅面格式及尺寸代号

图 10 - 2 标题栏（单位：mm）

涉外工程的标题栏内，各项主要内容的中文下方应附有译文，设计单位的上方或左方应加"中华人民共和国"字样。当由两个以上的设计单位合作设计同一个工程时，设计单位名称区可依次列出设计单位的名称，在计算机辅助制图文件中使用的电子签名与认证，应符合《中华人民共和国电子签名法》的有关规定。

10.1.2 图线

1. 图线宽度

画在图纸上的线条统称为图线。为了使图样主次分明、形象清晰，国家制图标准对此作了明确规定，图线的宽度 b 应根据图样的复杂程度与比例大小从下列线宽中选取：1.4mm、1.0mm、0.7mm、0.5mm、0.35mm、0.25mm、0.18mm、0.13mm。建筑工程图样中各种线型分粗、中、细三种图线宽度。应先选定基本线宽 b，再选用表 10 - 3 所列的相应线宽组。

表 10 - 3 线宽组

单位：mm

线　宽	线　宽　组			
b	1.4	1.0	0.7	0.5
$0.7b$	1.0	0.7	0.5	0.35
$0.5b$	0.7	0.5	0.35	0.25
$0.25b$	0.35	0.25	0.18	0.13

注：1. 需要微缩的图纸，不宜采用 0.18mm 及更细的线宽。

2. 同一张图纸内，各不同线宽中的细线，可统一采用较细的线宽组的细线。

图纸的图框线和标题栏线的宽度选用见表 10 - 4。

表 10 - 4 图框线、标题栏线的宽度

单位：mm

幅面代号	图框线	标题栏外框线	标题栏分格线、会签栏线
A0、A1	b	$0.5b$	$0.25b$
A2、A3、A4	b	$0.7b$	$0.35b$

2. 图线线型和用途

建筑工程图样采用的各种线型、线宽及其主要用途，见表 10-5。

表 10-5　图线

名　称		线　型	线宽	一　般　用　途
实线	粗		b	主要可见轮廓线
	中粗		$0.7b$	可见轮廓线、变更云线
	中		$0.5b$	可见轮廓线、尺寸线
	细		$0.25b$	图例填充线、家具线
虚线	粗		b	见各有关专业制图标准
	中粗		$0.7b$	不可见轮廓线
	中		$0.5b$	不可见轮廓线、图例线
	细		$0.25b$	图例填充线、家具线
单点长画线	粗		b	见各有关专业制图标准
	中		$0.5b$	见各有关专业制图标准
	细		$0.25b$	中心线、对称线、轴线等
双点长画线	粗		b	见各有关专业制图标准
	中		$0.5b$	见各有关专业制图标准
	细		$0.25b$	假想轮廓线、成型前原始轮廓线
折断线	细		$0.25b$	断开界线
波浪线	细		$0.25b$	断开界线

10.1.3　常用建筑材料图例

为简化作图，工程图样中采用各种图例表示所用的建筑材料，称为建筑材料图例，《房屋建筑制图统一标准》规定常用建筑材料应按表 10-6 所列图例画法绘制。

表 10-6　常用建筑材料图例

序号	名　称	图　例	备　注
1	自然土壤		包括各种自然土壤
2	夯实土壤		—
3	砂、灰土		—

（续）

序号	名　　称	图　　例	备　　注
4	砂砾石、碎砖三合土		—
5	石材		—
6	毛石		—
7	普通砖、多孔砖		包括实心砖、多孔砖、砌块等砌体，断面较窄不易绘出图例线时，可涂红，并在图纸备注中加注说明，画出该材料图例
8	耐火砖		包括耐酸砖等砌体
9	空心砖、空心砌块		包括空心砖、普通或轻骨料混凝土小型空心砌块等砌体
10	饰面砖		包括铺地砖、马赛克、陶瓷锦砖、人造大理石等
11	焦渣、矿渣		包括与水泥、石灰等混合而成的材料
12	混凝土		（1）本图例是指能承重的混凝土及钢筋混凝土； （2）包括各种强度等级、骨料、添加剂的混凝土； （3）在剖面图上画出钢筋时，不画图例线； （4）断面图形小，不易画出图例线时，可涂黑
13	钢筋混凝土		
14	多孔材料		包括水泥珍珠岩、沥青珍珠岩、泡沫混凝土、非承重加气混凝土、软木、蛭石制品等
15	纤维材料		包括矿棉、岩棉、玻璃棉、麻丝、木丝板、纤维板等

（续）

序号	名　　称	图　　例	备　　注
16	泡沫塑料材料	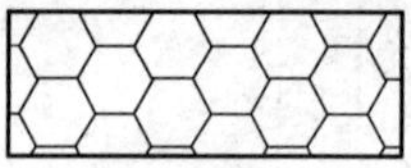	包括聚苯乙烯、聚乙烯、聚氨酯等多孔聚合物类材料
17	木材		上图为横断面，上左图为垫木、木砖或木龙骨；下图为纵断图
18	胶合板	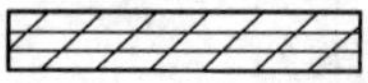	应注明为×层胶合板
19	石膏板	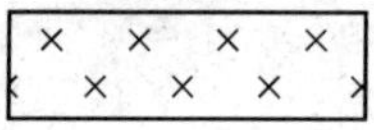	包括圆孔和方孔石膏板、防水石膏板、硅钙板、防火石膏板等
20	金属	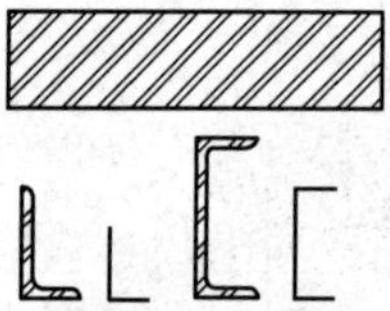	包括各种金属；图形小时，可涂黑
21	网状材料		包括金属、塑料网状材料；应注明具体材料名称
22	液体	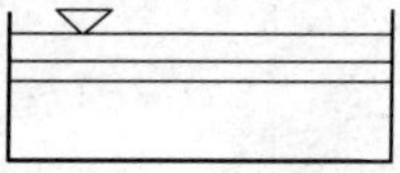	应注明具体液体名称
23	玻璃	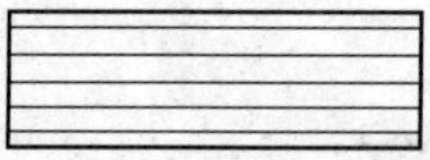	包括平板玻璃、磨砂玻璃、夹丝玻璃、钢化玻璃、中空玻璃、夹层玻璃、镀膜玻璃等
24	橡胶		—
25	塑料		包括各种软、硬塑料及有机玻璃等
26	防水材料		构造层次多或比例大时，采用上图例
27	粉刷		本图例采用较稀的点

注：序号1、2、5、7、8、13、14、16、17、18图例中的斜线、短斜线、交叉斜线等均为45°。

10.1.4 总平面图图例

GB/T 50103—2010《总图制图标准》规定，总平面图例应符合表 10 - 7 的要求。

表 10 - 7　总平面图例

序号	名　称	图　例	备　注
1	新建建筑物	$\begin{array}{c} X= \\ Y= \end{array}$　① 12F/2D H=59.00m	新建建筑物以粗实线表示与室外地坪相接处±0.00m 外墙定位轮廓线； 建筑物一般以±0.00m 高度处的外墙定位轴线交叉点坐标定位，轴线用细实线表示，并标明轴线号； 根据不同设计阶段标注建筑编号，地上、地下层数，建筑高度，建筑出入口位置（两种表示方法均可，但同一图纸采用一种表示方法）； 地下建筑物以粗虚线表示其轮廓； 建筑上部（±0.00m 以上）外挑建筑用细实线表示； 建筑物上部连廊用细虚线表示并标注位置
2	原有建筑物		用细实线表示
3	计划扩建的预留地或建筑物		用中粗虚线表示
4	拆除的建筑物		用细实线表示
5	建筑物下面的通道		—
6	散状材料露天堆场		需要时可注明材料名称
7	其他材料露天堆场或露天作业场		需要时可注明材料名称

（续）

序号	名　称	图　例	备　注
8	铺砌场地	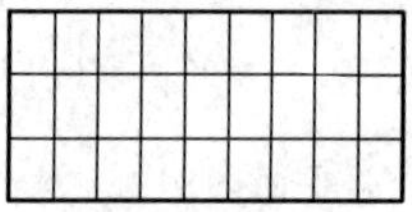	—
9	敞棚或敞廊	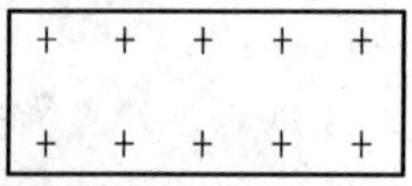	—
10	漏斗式贮仓		左、右图为底卸式；中图为侧卸式
11	斜井或平碉	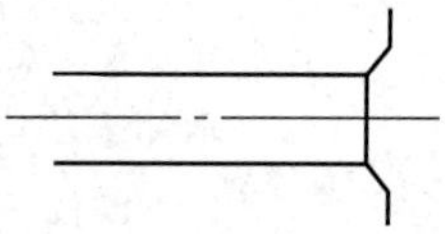	—
12	烟囱	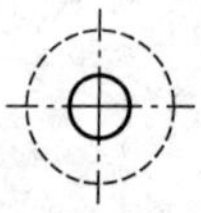	实线为烟囱下部直径，虚线为基础，必要时可注写烟囱高度和上、下口直径
13	围墙及大门	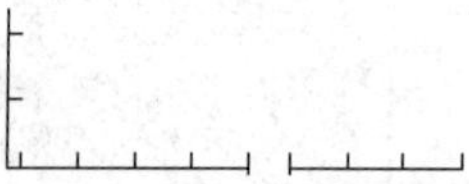	—
14	挡土墙	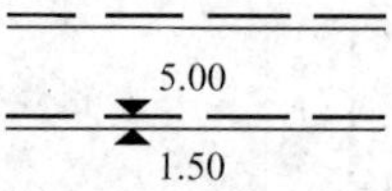 5.00 1.50	挡土墙根据不同设计阶段的需要标注，图线上下含义如下： 墙顶标高 墙底标高
15	台阶及无障碍坡道	1. 2. 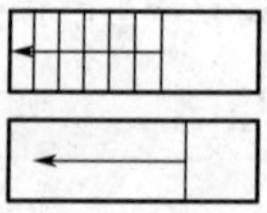	1表示台阶（级数仅为示意），2表示无障碍坡道
16	斜坡卷扬机道		—
17	坐标	1. $X=105.00$ $Y=425.00$ 2. $A=105.00$ $B=425.00$ 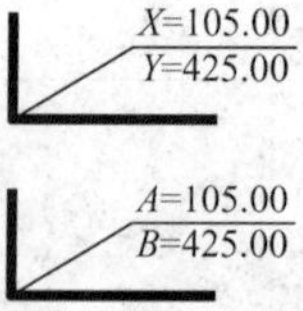	1表示地形测量坐标系，2表示自设坐标系；坐标数字平行于建筑标注

（续）

序号	名　称	图　例	备　注
18	方格网 交叉点标高	−0.50 ｜ 77.85 78.35	"78.35"为原地面标高，"77.85"为设计标高，"−0.50"为施工高度，"−"表示挖方（"＋"表示填方）
19	填方区、 挖方区、 未整平区 及零点线	＋ ／ − ＋ ／ −	"＋"表示填方区，"−"表示挖方区，中间为未整平区，点画线为零点线
20	填挖边坡		—
21	室内 地坪标高	151.00 ▽ (±0.00)	数字平行于建筑物书写
22	室外 地坪标高	▼ 143.00	室外标高也可采用等高线
23	盲道		—
24	地下车库入口		机动车停车场
25	地面露天 停车场		—
26	露天机械 停车场		露天机械停车场
27	新建的道路	0.30% ／ R=6.00 100.00 107.50	"R＝6.00"表示道路转弯半径；"107.50"为道路中心线交叉点设计标高，两种表示方式均可，同一图纸采用一种方式表示；"100.00"为变坡点之间距离，"0.30％"表示道路坡度，——表示坡向

（续）

序号	名　　称	图　　例	备　　注
28	道路断面		1 为双坡立道牙，2 为单坡立道牙，3 为双坡平道牙，4 为单坡平道牙
29	原有道路		—
30	计划扩建的道路		—
31	拆除的道路		—
32	人行道		—
33	常绿针叶乔木		—
34	落叶针叶乔木		—
35	常绿阔叶乔木		—
36	常绿阔叶灌木		—
37	落叶阔叶灌木		—

10.1.5　常用构造及配件图例

GB/T 50104—2010《建筑制图标准》规定了常用构造及配件的图例，见表 10 - 8。

表 10 - 8　常用的构造与配件图例

名称	图例	备注	名称	图例	备注
墙体	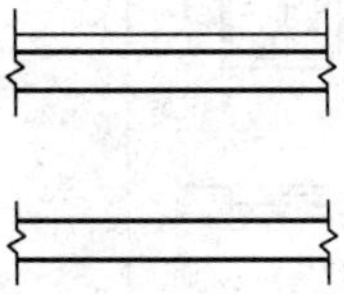	（1）上图为外墙，下图为内墙； （2）外墙细线表示有保温层或有幕墙； （3）应加注文字或涂色或图案填充，表示各种材料的墙体； （4）在各层平面图中防火端宜着重以特殊图案填充表示	隔断	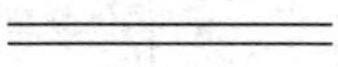	（1）加注文字或涂色或图案填充，表示各种材料的轻质隔断； （2）适用于到顶与不到顶的隔断
玻璃幕墙		幕墙龙骨是否表示，由项目设计决定	栏杆		—
楼梯	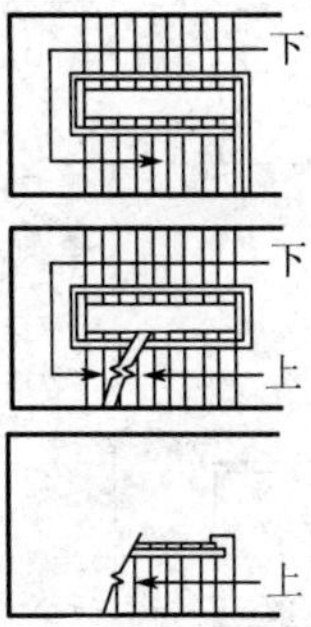	（1）上图为顶层楼梯平面，中图为中间层楼梯平面，下图为底层楼梯平面； （2）需设置靠墙扶手或中间扶手时，应在图中表示	新建的墙和窗	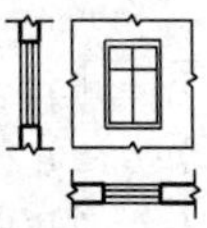	—
			改建时保留的墙和窗	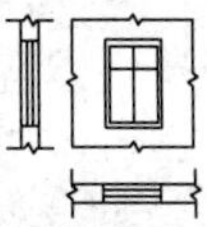	只更换窗，应加粗窗的轮廓线
			拆除的墙	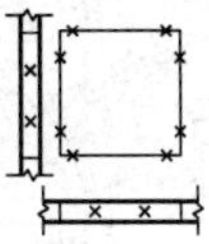	—
烟道	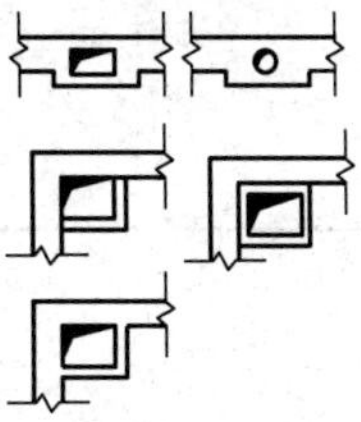	（1）阴影部分亦可填充灰度或涂色代替； （2）烟道、风道与墙体为相同材料，其相接处墙体线应连通； （3）烟道、风道根据需要增加不同材料的内衬	内开平开内倾窗	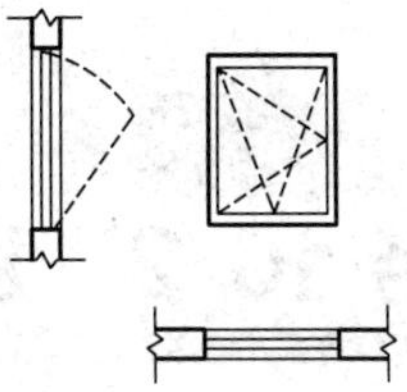	（1）窗的名称代号用 C 表示。 （2）平面图中，下为外，上为内。 （3）立面图中，开启线实线为外开，虚线为内开。开启线交角的一侧为安装合页一侧。开启线在建筑立面图中可不表示，在门窗立面大样图中需绘出。
风道	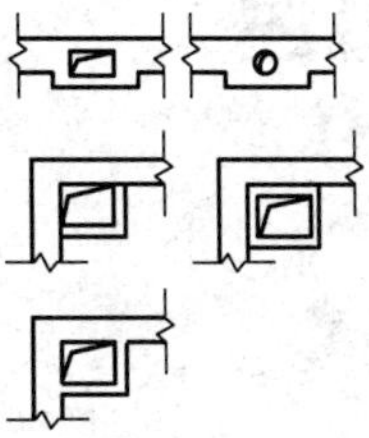				

（续）

名称	图例	备注	名称	图例	备注
孔洞		阴影部分亦可填充灰度或涂色代替	单层外开平开窗	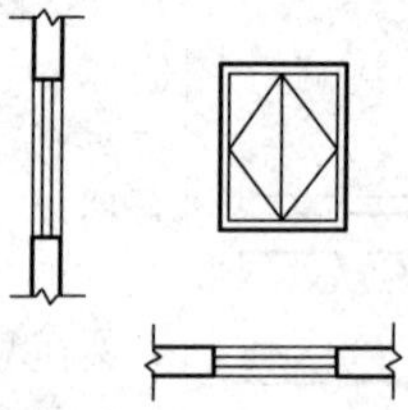	（4）剖面图中，左为外，右为内，虚线仅表示开启方向，项目设计不表示。 （5）附加纱窗应以文字说明，在平、立、剖面图中均不表示。 （6）立面形式应按实际情况绘制
检查口		左图为可见检查口，右图为不可见检查口			
坑槽		—	单层内开平开窗		
单面开启单扇门（包括平开或单面弹簧）	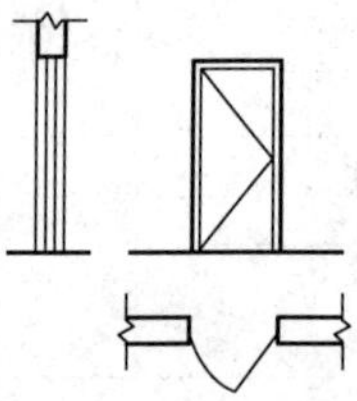	（1）门的名称代号用 M 表示。 （2）平面图中，下为外，上为内，门开启线为90°、60°或45°，开启弧线宜绘出。 （3）立面图中，开启线实线为外开，虚线为内开。开启线交角的一侧为安装合页一侧。开启线在建筑立面图中可不表示，在立面大样图中可根据需要绘出。 （4）剖面图中，左为外，右为内。 （5）附加纱窗应以文字说明，在平、立、剖面图中均不表示。 （6）立面形式应按实际情况绘制		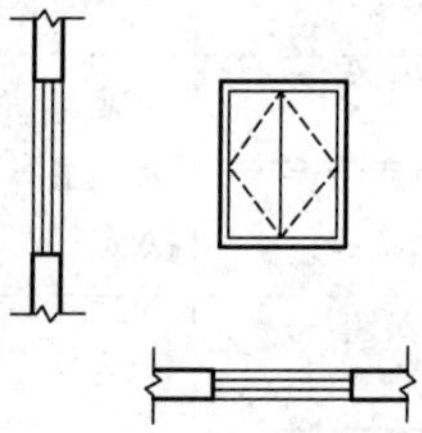	
双面开启单扇门（包括双面平开或双面弹簧）	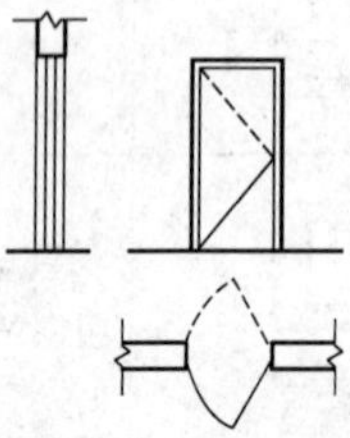		双层内外开平开窗		
双层单扇平开门	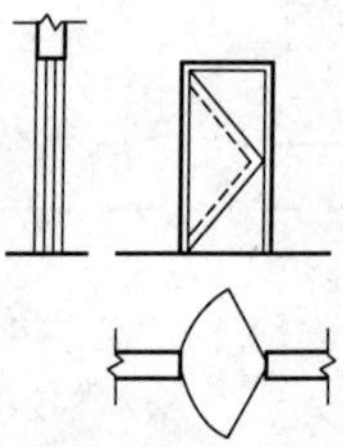			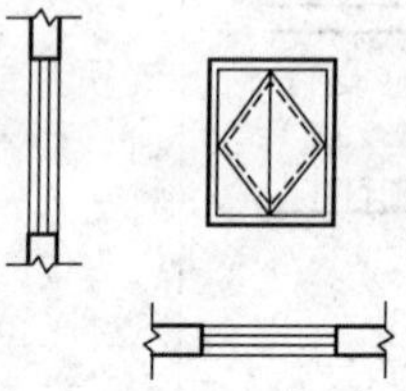	

任务 10.2　建筑施工图识读概述

10.2.1　建筑设计程序

设计人员应根据设计文件，通过调查研究收集必要的原始数据和勘测设计资料，综合考虑总体规划、功能要求、基地环境、结构类型、材料设备、建筑经济等多方面的问题，进行设计并绘制成建筑图纸，编写各种说明书。整套设计图纸和文件便成为房屋施工的依据。

1. 设计前期准备工作

（1）熟悉设计任务书，以明确建设项目的设计要求。

（2）收集必要的设计原始收据，如所在地区的温度、湿度、雨雪、日照等气象资料，地形地貌、基地情况、地下水位、土壤种类及承载力等地质水文资料，基地地下的给水、排水、电缆等设备管线布置资料等。

（3）设计前开展调查研究、基地踏勘，明确建筑材料供应状况及建筑物的使用功能。

（4）了解设计项目的有关定额指标，即国家或所在省市地区有关设计项目的定额指标，如教室的面积定额，建筑用地、用材等指标。

2. 建筑设计阶段

建筑设计阶段是龙头工作，在设计中需要统筹考虑其他专业实现的最优可能。对大多数建筑工程而言，建筑设计阶段主要包括方案设计阶段、初步设计阶段、技术设计阶段和施工图设计阶段。

1）方案设计阶段

方案设计是建筑设计的第一阶段，它的主要任务是提出设计方案，即在已定的基地范围内，按照设计任务书所拟的房屋使用要求，综合考虑技术经济条件和建筑艺术方面的要求，提出设计方案。

方案设计的内容，包括确定建筑物的组合方式，选定所用建筑材料和结构方案，确定建筑物在基地的位置，说明设计意图，分析设计方案在技术上、经济上的合理性，并提出投资估算。方案设计有时可有几个方案进行比较、送审，经有关部门审议并确定批准后方可进入下一阶段的设计。

方案设计应完成以下内容。

（1）设计说明书：包括设计依据、设计要求及主要技术经济指标、总平面设计说明、建筑设计说明、结构设计说明、建筑电气设计说明、给排水设计说明、采暖通风与空气调节设计说明等。

（2）设计图纸：包括总平面设计图纸、建筑设计图纸和热能动力设计图纸。在建筑设计图纸中，主要包括建筑平面图、立面图和剖面图。

方案设计文件的编排顺序一般如下。

（1）封面：包括项目名称、编制单位、编制年月。

（2）扉页：包括单位法定代表人、技术总负责人、项目总负责人，并经上述人员签署授权或盖章。

（3）设计文件目录。

（4）设计说明书。

（5）设计图纸。

2）初步设计阶段

初步设计阶段是建筑设计的中间阶段，主要任务是提出设计方案，具体内容包括确定建筑物的组合方式，选定所用的建筑材料和结构方案等。

建筑初步设计提出若干种设计方案供选用，待方案确定后，按比例绘制初步设计图，确定工程概算，报送有关部门审批，经确定后的方案批准下达后，便是二阶段设计时施工准备、施工图编制等的重要依据。

3）技术设计阶段

技术设计阶段的主要任务，是在初步设计的基础上进一步确定建筑设计各工种和工种之间的技术问题。技术设计的图纸和设计文件，要求建筑工种的图纸标明与各技术工种有关的详细尺寸，并编制建筑部分的技术说明书、结构工种应有结构的布置方案图，并附初步计算说明，设备工种也提供相应的设备图纸及说明书。

4）施工图设计阶段

施工图设计阶段是建筑设计的最后阶段，是通过反复协调、修改与完善，产生一套能够满足施工要求的、反映房屋整体和细部全部内容的图样，即施工图，它是房屋施工的主要依据。施工图设计的内容包括：确定全部工程尺寸和用料，绘制建筑、结构、设备等的全部施工图，编制工程说明书等。

施工图设计阶段应完成以下内容。

（1）建筑总平面：设计图纸包括总平面图、竖向布置图、土方图、管道综合图、绿化及建筑小品布置图等，总平面图要求完成图纸目录、设计说明书、设计图纸、计算书等。

（2）建筑：设计图纸包括平面图、立面图、剖面图、详图等。

（3）结构：设计图纸包括基础平面图、基础详图、结构平面图、构件详图、节点详图等。

（4）建筑电气：设计图纸包括电气总平面图、变配电站、配电照明、热工检测自动调节系统、建筑设备监控系统等。

（5）给水排水：设计图纸包括给水排水总平面图、排水管道高程表和纵剖面图、取水工程相关图纸等。

10.2.2　施工图的编制依据

根据投影原理、标准或有关规定，用来表示工程对象并有必要的技术说明的图称为图样，在建筑领域常称图纸。工程图样是工程界的技术语言，是工程技术人员用来表达设计意图、交流技术思想的重要工具。为保证图面质量，便于绘制、识读、审核和管理工程图样，适应工程建筑的需要，管理机构制定并颁布了各种工程图样的制图国家标准，简称"国标"，代号"GB"。现行有关建筑制图的国家标准主要有：GB/T 50001—2010《房屋建筑制图统一标准》、GB/T 50103—2010《总图制图标准》、GB/T 50104—2010《建筑制图标准》、GB/T 50105—2010《建筑结构制图标准》、GB/T 50106—2010《建筑给水排水制图标准》、GB/T 50114—2010《暖通空调制图标准》等。这些标准由国家住房和城乡建设部会同有关部门编制、发布并更新，工程建筑人员应熟悉并严格遵守其规定。

10.2.3　施工图的种类

按照专业分工的不同，施工图一般分为建筑施工图、结构施工图和设备施工图。

1) 建筑施工图

建筑施工图（简称"建施图"）通常包括图纸目录、设计总说明、总平面图、各层平面图、立面图、剖面图及构造详图等。

（1）建筑总平面图，比例尺为 1∶500（建筑基地范围较大时，也可用 1∶1000、1∶2000）。

（2）各层平面图及主要剖面、立面图，比例尺为（1∶100）～（1∶200）。

（3）建筑构造节点详图，根据需要可采用 1∶1、1∶5、1∶10、1∶20 等比例尺（主要为檐口、墙身和各构件的连接点，楼梯、门窗及各部分的装饰大样等）。

2) 结构施工图

结构施工图（简称"结施图"）主要包括结构设计说明、基础施工图、结构平面布置图和各部分构件的结构详图。如基础平面图和基础详图，楼板及屋顶平面图和详图，结构构造节点详图等。

3) 设备施工图

设备施工图（简称"设施图"）主要包括给排水、采暖通风、电气设备等的平面布置图和详图，具体如下。

（1）给排水、电气照明及暖气或空调等工种的平面布置图、系统图和节点详图。

（2）给排水、电气照明及暖气或空调等设备施工图。

10.2.4 施工图的编排顺序

一套房屋建筑的施工图按建筑的复杂程度不同，可由几张或几十张图组成。大型复杂的建筑工程的图纸，可以多到上百张甚至几百张。因此，为了便于识图、易于查找，应把这些图纸按顺序编排。

一项工程中，各工种图纸的编排，一般是总体图在前，局部图在后；主要部分在前，次要部分在后；布置图在前，构件图在后；先施工的在前，后施工的在后。基本顺序为：图纸目录→施工总说明→总平面图→建筑施工图→结构施工图→给排水施工图→采暖通风施工图→电气设备施工图等。

10.2.5 建筑施工图识读步骤

1. 设计总说明识读

从中可以看工程的名称、设计意图，了解建筑物的大小、工程造价、建筑物的类型等。

2. 总平面图识读

看总平面图可以了解拟建建筑物的具体位置以及与四周的关系，具体涉及周围的地形、道路、绿地率、建筑密度、容积率、日照间距等。

3. 平面图识读

看平面图时，一般是先看首层平面图，再看二层平面图、顶层平面图等。

（1）看首层平面图：阅读轴线网、了解尺度，弄清各区域空间的功能和结构形式，弄清交通疏散空间如楼梯间、电梯间、走道、入口、消防前室等，弄清各房间或各空间的尺度、功能、门窗位置等；了解结构形式、空间形式及相互关系。

（2）看标准层平面图：除阅读以上内容外，还应了解各部分空间与下部楼层的功能与结构的对应关系。

（3）看顶部各层平面图：建筑顶部楼层因功能、造型等因素，可能与下部楼层差别较大，因此应注意建筑功能、交通、结构等与下部楼层的对应关系，注意屋面类型、排水方式、檐口类型等。

任务 10.3　首页图识读

施工图首页图，主要包括图纸目录、设计总说明、构造做法表、门窗表等。

10.3.1　图纸目录

图纸目录放在一套图纸的最前面，说明本工程项目由哪几类专业图纸组成，各专业图纸的名称、张数和图纸顺序，可以使人们快速找到所需要的图纸。如表 10-9 所列为某小区综合住宅楼的图纸目录，由表可知，该综合住宅楼共有建筑施工图 16 张。

表 10-9　图纸目录

序　号	图　号	图　名	张　数	图　幅	备　注
1	建施-01	建筑设计总说明、室内装修表	1	A1	
2	建施-02	总平面位置图	1	A2	
3	建施-03	底层平面图	1	A1	
4	建施-04	二层平面图	1	A1	
5	建施-05	标准层平面图	1	A1	
6	建施-06	A—A、B—B 剖面图	1	A1	
7	建施-07	⑮～①立面图	1	A1	
8	建施-08	①～⑮立面图	1	A1	
9	建施-09	屋面排水平面图	1	A1	
10	建施-10	Ⓐ～Ⓒ立面图	1	A1	
11	建施-11	Ⓒ～Ⓐ立面图	1	A1	
12	建施-12	A 单元大样图	1	A1	
13	建施-13	C 单元大样图	1	A1	
14	建施-14	楼梯平面、剖面详图	1	A1	
15	建施-15	墙身大样图	1	A1	
16	建施-16	门窗表、门窗详图	1	A1	

10.3.2 设计总说明

建筑设计总说明，主要说明工程的概况和总的要求，包括工程设计依据、项目概况、设计标准、建筑规模、构造做法及材料要求等。表 10 - 10 所列为某小区综合住宅楼的建筑设计总说明，可供参考。

表 10 - 10 设计总说明

某小区综合住宅楼建筑设计说明

1. 设计依据

　　1.1 建设单位提供总图、任务书。

　　1.2 经批准的本工程初步设计或方案设计文件建设方认可的设计方案。

　　1.3 城市建设规划管理部门对本工程初步设计或方案设计的审批意见文件号。

　　1.4 消防、人防、园林等有关主管部门对本工程初步设计或方案设计的审批意见文件号。

　　1.5 现行的国家有关建筑设计规范、规程和规定。

　　GB 50352—2005《民用建筑设计通则》

　　GB 50016—2006《建筑设计防火规范》

　　GB 50096—2011《住宅设计规范》

　　GB 50368—2005《住宅建筑规范》

　　其他有关国家及地方规范及规定。

　　1.6 工程地质勘察报告。

2. 项目概况

　　2.1 本工程建筑名称：××小区综合住宅楼。

　　2.2 建设地点：××市××小学道南西南角，建筑位置及坐标详见总图。

　　2.3 建设单位：××房地产开发有限责任公司。

　　2.4 本工程为四坡六层楼单元式住宅。由两个户型组成两个单元综合住宅楼。

　　2.5 本工程占地面积为 705.024m²，标准层建筑面积为 768.836m²，本工程建筑面积合计为 4549.204m²。

　　2.6 建筑结构形式为砖混结构，抗震设防烈度为 6 度。

　　2.7 本工程耐火等级为二级。

　　2.8 本工程设计使用年限为 50 年。

3. 建筑标高

　　3.1 标高：本工程一层地面为±0.000，室内外高低差为 0.15m，设计标高±0.000 以地质报告中假定标高为准。

　　3.2 各层标注标高为完成建筑面标高。

　　3.3 本工程标高以 m 为单位，其他尺寸以 mm 为单位。

　　3.4 层高：本住宅层高为 2.9m。

4. 防水、防潮工程

　　4.1 墙身防潮层位置详见墙身大样，采用 20 厚 1∶2 水泥砂浆掺 7%硅质密实剂。

（续）

4.2 有水房间地面标高均较相邻房间地面低 20mm，以 0.5％坡度坡向地漏或排水沟，排水沟及地漏周围应严密做好防水，做法参见 03J930—1 P404。

5. 外部装修工程

5.1 外装修设计和做法索引见立面图及外墙详图。

5.2 墙面砖颜色、方砖规格、材质由甲乙双方决定。

5.3 窗口刷外墙涂料见 J602 P5 20。

5.4 内外装修材料、色彩均需由施工单位、建设单位、设计单位三方认可方可施工。

6. 内装修工程

6.1 内装修工程执行 GB 50222—1995《建筑内部装修设计防火规范》，楼地面部分执行 GB 50037—2013《建筑地面设计规范》。

6.2 卫生间、厨房及其他所有有水地面垫层为 20 厚 1：2.5 水泥砂浆掺 JJ91 硅质密实剂（做法参见 LJ515）。

6.3 一层地面为混凝土 C20 随打随抹，厚为 120mm，下部素土分层夯实。

6.4 南阳台地面构造见大样，北阳台为 1：3 水泥砂浆找平即可，面层用户自理。

6.4 凡设有地漏房间应做防水层，图中未注明整个房间做坡度者，均在地漏周围 1m 范围内做 1％～2％坡度坡向地漏。

6.5 卫生间、厨房内墙面采用 1：3 水泥砂浆打底即可，其他用户自理。

6.6 所有内墙阳角处，抹 1：2 水泥砂浆护角，高 1.8m。

6.7 顶棚找平抹完灰即可。

7. 屋面工程

7.1 屋面做法详见剖面图。

7.2 排水方式采用有组织排水，均为外排水，屋面排水构件选用奥尼德成品排水系统构件，纵向坡度不小于 1％。

7.3 通气孔出屋做法参见 02J916-1 做法。

7.4 落水管落到屋面及地面时，均在落到屋面处、地面处做 60 厚 600×600 的 C20 细石混凝土滴水石。

7.5 屋面检查口做法见 J812 P9。

8. 油漆工程

8.1 平台、露台、护窗钢栏杆刷防锈漆一道。

8.2 室外金属件的油漆，为刷防锈漆两道后再刷同室内外部位相同颜色的漆三道。

8.3 本工程所有埋入墙内铁件、木件均应刷防锈漆、防腐漆一遍。

10.3.3　室内装修表

室内装修表的内容，一般包括工程的部位、名称、做法及备注说明等。

10.3.4 门窗表

门窗表是对建筑物上所有不同类型门窗的统计表格，主要反映门窗的类型、大小、所选用的标准图集及类型编号等。表 10-11 所列为某小区综合住宅楼的门窗统计表。

表 10-11 某小区综合住宅楼的门窗统计表

| 编号 | 洞口尺寸/mm | | 各 层 数 量 | | | | 合计 | 颜色 | | 备 注 |
	宽	高	一	二	三~六	七		里	外	
M-1	1500	3200	4				4	深褐色	深褐色	电子保温防盗门
M-2	1800	3200	8				8	深褐色	深褐色	防盗铁皮门
M-3	800	2000	8	10	40	10	68	深褐色	深褐色	实木门用户自理
M-4	900	2000		10	40	10	60	银灰色	银灰色	乙级防火防盗门
M-5	900	2000	18		72	18	108	深褐色	深褐色	实木门用户自理
CM-1	1500	2450		6	18	6	30	墨绿色	墨绿色	塑钢、三玻
CM-2	1600	2450		4	24	6	34	墨绿色	墨绿色	塑钢、三玻
M-6			2				2	深褐色	深褐色	实木门用户自理
M-7	1200	2100	2				2	深褐色	深褐色	实木门用户自理
M-8	1800	2100	8				8	深褐色	深褐色	实木门用户自理
C-1	2500	3000	4				4	白色	白色	白钢双层真空固定
C-2	2200	3000	4				4	白色	白色	白钢双层真空固定
C-3	1500	1000	4				4	白色	白色	白钢双层真空固定
C-4	2000	2000	2				2	墨绿色	墨绿色	塑钢、三玻塑钢内开窗
C-5	1800	2000	2				2	墨绿色	墨绿色	塑钢、三玻塑钢内开窗
C-6	2000	1550		8	32	8	48	墨绿色	墨绿色	塑钢、三玻塑钢内开窗
C-7	1800	1550		12	48	12	72	墨绿色	墨绿色	塑钢、三玻塑钢内开窗

（续）

编号	洞口尺寸/mm		各层数量				合计	颜色		备注
	宽	高	一	二	三~六	七		里	外	
C-8	1500	1550		2	8	2	12	墨绿色	墨绿色	塑钢、三玻塑钢内开窗
C-9	1500	1500		4	16	4	24	墨绿色	墨绿色	塑钢、三玻塑钢内开窗
C-10	1500	800				4	4	墨绿色	墨绿色	塑钢、三玻塑钢内开窗

任务 10.4　建筑平面图识读

10.4.1　概述

1. 建筑平面图的形成

用一个假想的水平剖切平面沿着门、窗洞口且略高于窗台的部位剖切房屋，移去上面部分，将剩余部分向水平面做正投影而得到的水平投影图，称为建筑平面图，简称平面图，如图 10-3 所示。

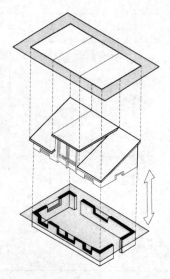

图 10-3　建筑平面图的形成

2. 建筑平面图的作用

建筑平面图主要用来表示房屋的平面布置，在施工过程中是放线、砌墙、安装门窗和编制预算的重要依据。

3. 建筑平面图的名称

在多层和高层建筑中，一般有底层平面图、标准层平面图、顶层平面图和屋顶平面图。有的建筑还有地下层平面图，并在图形的下方注出相应的图名、比例等。

沿房屋底层窗洞口剖切开得到的平面图，称为底层平面图，又称首层平面图或一层平面图；沿二层门窗洞口剖切开得到的平面图，称为二层平面图，如果中间各层平面布置相同，可只画一个平面图表示，称为标准层平面图；沿最上一层的门窗洞口剖切开得到的平面图，称为顶层平面图；将房屋直接从上向下进行投影得到的平面图，称为屋顶平面图；如果建筑物设有地下室，还要画出地下室平面图。

4. 建筑平面图的图示内容

（1）表示建筑物某一平面形状，房间的位置、形状、大小、用途及相互关系。

（2）表示建筑物的墙、柱的位置并对其轴线编号。

（3）表示建筑物的门、窗位置及编号。

（4）表示室内设施（如卫生器具、水池等）的形状、位置。

（5）表示楼梯的位置、楼梯上下行方向及级数、楼梯平台标高等。

（6）底层平面图应注明剖面图的剖切位置、投影方向及编号，确定建筑朝向的指北针，以及散水、入口台阶、花坛等。

（7）标明主要楼面、地面及其他主要台面的标高。

（8）屋顶平面图主要表明屋面形状、屋面坡度、排水方式、雨水口位置，挑檐、女儿墙、烟囱、上人孔及电梯间等构造和设施。

（9）标注各墙厚、墙段、门、窗、房间的进深、开间等尺寸。

（10）标注图名、绘图比例以及详图索引符号、必要的文字说明等。

5. 建筑平面图的图示方法

1）建筑平面图的图名、比例

应注明是哪层平面图，绘制该平面图时选用的比例。建筑平面图一般采用1：50、1：100、1：150、1：200的比例绘制；局部平面图根据需要，可采用1：100、1：50、1：20、1：10等比例绘制。

2）建筑平面图的线型

建筑平面图的线型，按"国标"规定，凡是被剖切到的墙、柱等断面轮廓线，宜用粗实线绘制；未被剖切到的可见轮廓（如窗台、台阶等）及门扇的开启示意线，用中实线绘制；其余可见投影线（如图例线、索引符号指引线等），用中实线、细实线绘制。

3）建筑平面图的轴线及其编号

定位轴线是确定建筑构配件位置及相互关系的基准线，也是施工中定位和放线的重要依据。在施工图中，主要承重构件（如墙、柱、梁）用定位轴线编号，非承重构件（如非承重墙、隔墙等）用附加轴线编号。通过定位轴线，大体可以看出房间的开间、进深和规模。

4）建筑平面图的门窗及其编号

门窗一般位于墙体上，与墙体共同分隔空间。为编制概预算的统计及施工备料，平面图上所有的门窗都应进行编号。门常用"M1""M2"或"M－1""M－2"等表示，窗常用"C1""C2"或"C－1""C－2"等表示，也可用标准图集上的门窗代号来标注门窗。

门窗实际是墙体上的洞口，多数可以被剖切到，绘制时将此处墙线断开，以相应图例显示；对于不能剖切到的高窗，则不断开墙线，用虚线绘制。门窗的编号可直接注写于门窗旁边。

5）建筑平面图的尺寸标注

建筑施工图的尺寸标注，可以分为外部尺寸和内部尺寸两种。

（1）外部尺寸。在建筑物四周，沿外墙应标注三道尺寸，最靠近建筑的一道是表示外墙细部的尺寸，如门窗洞口及墙垛的宽度及定位尺寸等；中间一道用于标注轴线尺寸，如房间的开间和进深；最外一道则标注整个建筑的总尺寸。

（2）内部尺寸。除外部尺寸外，图上还应当有必要的局部尺寸，如墙体厚度和位置、洞口位置和宽度、踏步位置和宽度等。

6）建筑平面图的标高

建筑平面图中应标注不同楼地面、房间及室外地坪等标高。一般取底层室内地坪为零点标高，其他各处室内楼地面，凡竖向位置不同的都应标注其相对标高。底层平面图还应标注室外标高。

7）建筑平面图的文字说明

常见的文字说明有图名、比例、门窗编号、构配件名称、做法引注等。平面图中各房间的用途也宜用文字标出，如"起居室""卧室""客厅""卫生间"等。

8）建筑平面图的索引符号

建筑平面图中如需另画详图或引用标准图集来表达局部构造，应在图中的相应部位以索引符号建立索引，包括剖切索引和指向索引。相同的建筑构造或配件，索引符号可仅在一处绘出。

10.4.2　底层平面图识读

底层（一层、首层）平面图表示房屋建筑底层的布置情况，在底层平面图上还需反映室外可见的台阶、散水、花台、花池等。应将剖切平面选放在房屋的一层地面与从一楼通向二楼的休息平台之间，且要尽量通过该层上所有的门窗洞，还应标注剖切符号及指北针。图10－4所示为某小区综合住宅楼的底层平面图。

1. 了解图名及比例

由图10－4可知，该平面图为某小区综合住宅楼的底层平面图，比例为1:100。左下角绘有指北针，可知房屋坐北朝南。

2. 了解定位轴线及编号、内外墙的位置和平面布置

该平面图中，横向定位轴线编号为①～⑮，纵向定位轴线编号为Ⓐ～Ⓒ。

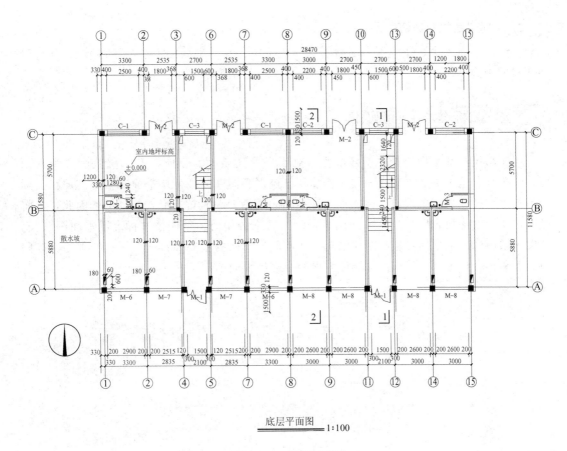

底层平面图 1:100

图 10－4　底层平面图

3．了解门窗的位置、编号及数量

为了便于识读，在图中采用专门的代号标注门窗，其中门的代号为 M，窗的代号为 C，门联窗的代号为 MC，代号后面用数字表示它们的编号，如 M－1、…、C－1、…、MC－1、…。一般每个工程的门窗规格、型号、数量都由门窗表说明。本工程的门窗表见表 10－11。

4．了解该房屋的平面尺寸和各地面的标高

（1）外部尺寸。最外一道是外包尺寸，表示房屋外轮廓的总尺寸，即从一端的外墙边到另一端的外墙边的总长和总宽的尺寸，图中分别为 28470mm 和 11580mm；中间一道是轴线间的尺寸，表示各房间的开间和进深的大小，如 3300mm、3000mm、2835mm、2100mm 和 5880mm、5700mm 等；最里面的一道是细部尺寸，表示门窗洞的大小及它们到定位轴线的距离。

（2）内部尺寸。主要标注室内门洞的大小和定位。

（3）具体构造尺寸。底层平面图中还应标出室外台阶、散水等尺寸。该工程底层平面中外墙四周做有散水，南北宽 1500mm，东西宽 1200mm。

（4）建筑平面图中的标高。除特殊说明外，通常都采用相对标高，并将底层室内主要房间地面定为±0.000。在该建筑底层平面图中，商业门面室内地坪定为标高零点（±0.000），室外地坪标高为－0.150m。

5. 了解剖面图的剖切位置、投影方向等

在底层平面图中，还应画上剖面图的剖切位置（其他平面图上省略不画），以便与剖面图对照查阅。该底层平面图上标有 1—1、2—2 等剖面图的剖切符号。

10. 4. 3   标准层平面图识读

由于房屋内部平面布置的差异，所以对于多层建筑而言，应该有一层就画一个平面图，其名称就用本身的层数来命名，例如"二层平面图"或"五层平面图"等。但在实际的建筑设计过程中，多层建筑往往存在许多相同或相近平面布置形式的楼层，因此，可将相同或相近的楼层合用同一张平面图来表示，这张合用的图就叫做"标准层平面图"。它可以表示房屋建筑中间各层的布置情况，还需画出本层的室外阳台和下一层的雨篷、遮阳板等。图 10-5 所示为某小区综合住宅楼的标准层平面图。

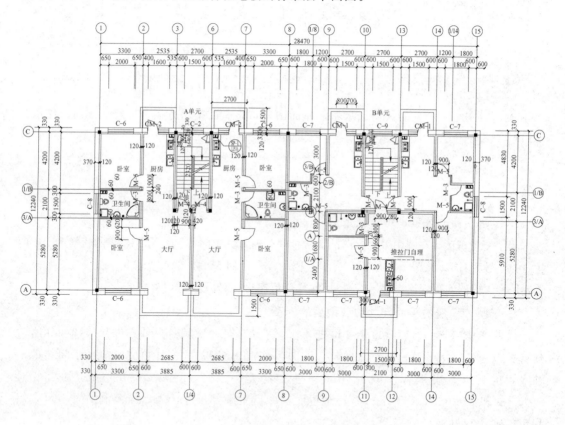

标准层平面图 1∶100

图 10-5　标准层平面图

（1）了解图名及比例。由图 10-5 可知，该平面图为某小区综合住宅楼的标准层平面图，比例为 1∶100。

（2）了解定位轴线、内外墙的位置和平面布置。该平面图中，横向定位轴线有①～⑮，纵向定位轴线有Ⓐ～Ⓒ。

该楼二层以上为民用住宅，均为一梯两户，北面中间入口为楼梯间，每户有两室一厅一厨一厕，对称分布，南北各有一阳台。朝南的居室开间为 3.3m，进深为 5.28m。客厅开间为 3.885m，进深为 5.28m。朝北的居室开间为 3.3m，进深为 4.2m。楼梯和厨房开间都为 2.7m，楼梯两侧墙厚为 240mm，外墙厚度为 490mm，其余内墙厚度均为 240mm。

（3）与底层平面图相比，其他层平面图要简单一些。已在底层平面图中表示清楚的构配件，可不在其他图中重复绘制。

10.4.4 顶层平面图识读

顶层平面图是指将房屋的顶部单独向下所作的俯视图，主要用来表示房屋建筑最上面一层的平面布置情况，也可用相应的楼层数来命名。

10.4.5 屋顶平面图识读

图 10-6 所示为某小区综合住宅楼的屋顶平面图，比例为 1∶100。在屋顶平面图中，应了解屋顶的外形，屋面处的天窗、水箱，屋面出入口，屋面排水方向、坡度、檐沟、泛水、雨水下水口等的位置、尺寸及构造情况。该建筑屋顶采用有组织排水，均为外排水，纵向坡度不小于 1%，为四坡排水，分别布置有四根水落管，水落管采用标准图集 304/03J930-1。

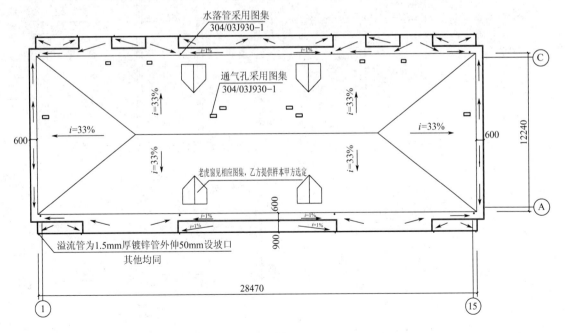

屋顶平面图 1∶100

图 10-6　屋顶平面图

10.4.6 局部平面图识读

由于在各层建筑平面图中采用的比例较小，一般为 1∶100，所表示出的某些细部图形太小，无法清晰表达，所以需要对其放大比例绘制，选择的比例一般为 1∶50 或 1∶20，以此来反映如客厅、卧室、厨房、卫生间的详细布置与尺寸标注，这种图样称为局部平面图，如图 10 - 7 所示。

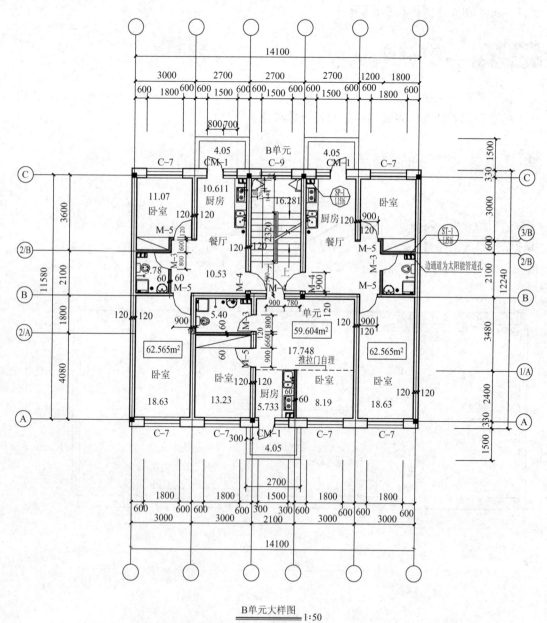

B单元大样图 1:50

图 10 - 7　局部平面图

任务 10.5 建筑立面图识读

10.5.1 概述

1. 建筑立面图的形成

用正投影法，将建筑物的墙面向与该墙面平行的投影面投影所得到的投影图，称为建筑立面图，简称立面图，如图 10-8 所示。

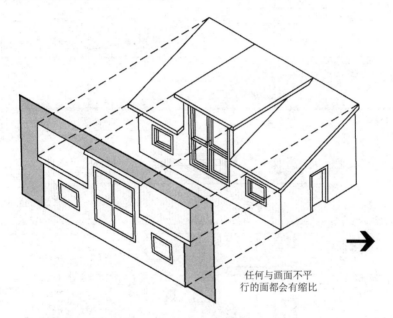

任何与画面不平行的面都会有缩比

图 10-8 建筑立面图的形成

2. 建筑立面图的作用

立面图主要反映房屋的长度、高度、层数等外貌，和外墙装修构造，门窗的位置、形式和大小，以及窗台、阳台、雨篷、檐口等构造和配件各部位的标高等。在施工过程中，建筑立面图是实施外墙面装修及阳台、雨篷等做法的重要图样，如图 10-9 所示。

3. 建筑立面图的名称

建筑立面图的数量视房屋各立面的复杂程度而定，一般为四个立面图。立面图常用以下三种方式命名。

（1）用立面图中首尾两端轴线编号来命名，如①～⑮立面图、Ⓐ～Ⓒ立面图等。

（2）用房屋的朝向命名，如南立面图、北立面图等。

（3）根据房屋主出入口所在的墙面为正面来命名，如正立面图、背立面图、侧立面图。

三种命名方式各有特点，"国标"规定：有定位轴线的建筑物，宜根据两端轴线号来

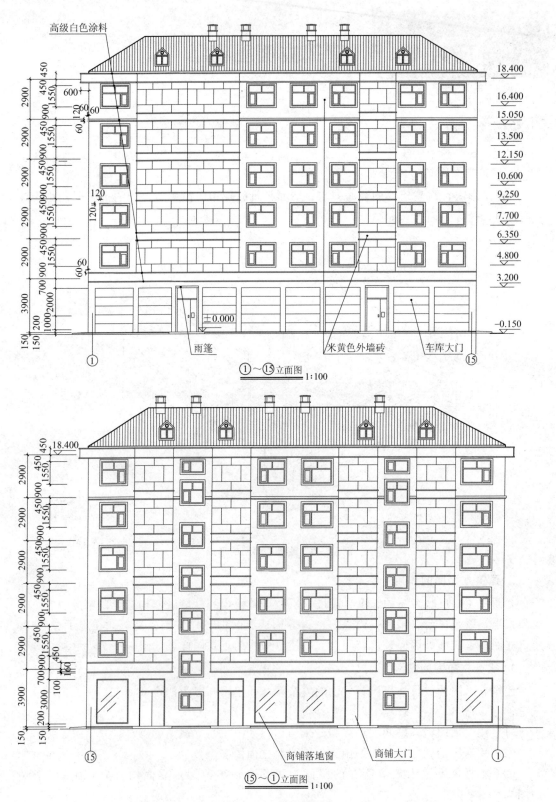

高级白色涂料

18.400
16.400
15.050
13.500
12.150
10.600
9.250
7.700
6.350
4.800
3.200

±0.000

−0.150

雨篷

米黄色外墙砖

车库大门

①～⑮立面图 1:100

18.400

商铺落地窗

商铺大门

⑮～①立面图 1:100

图 10-9　建筑立面图

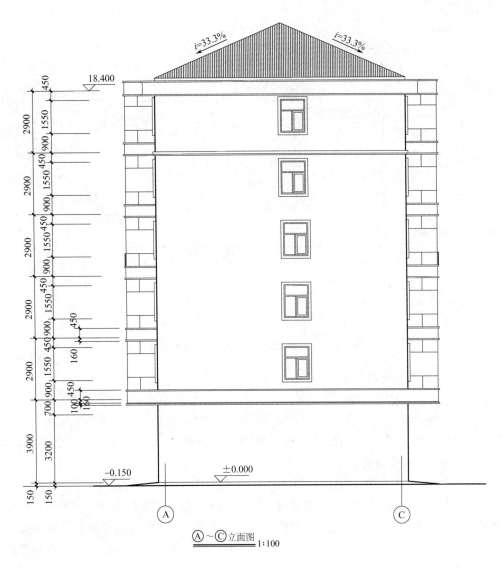

图 10 - 9　建筑立面图（续）

编注立面图的名称，便于阅读图样时与平面图对照了解，如图 10 - 10 所示。

10. 5. 2　建筑立面图的图示内容与图示方法

1. 建筑立面图的图示内容

（1）室外地坪线及房屋的勒脚、台阶、花池、门窗、雨篷、阳台、檐口、女儿墙、墙外分格线、雨水管、屋顶上可见的排烟口、水箱间等对象。

（2）尺寸标注。立面图上一般只需标注房屋外墙各主要结构的相对标高和必要的尺寸，如室外地坪、台阶、窗台、门窗洞口顶端、阳台、雨篷、檐口、女儿墙顶、屋顶等的标高。

（3）标注房屋总高度与各关键部位的高度，一般用相对标高表示。

（4）外墙面装修。节点详图索引及必要的文字说明。

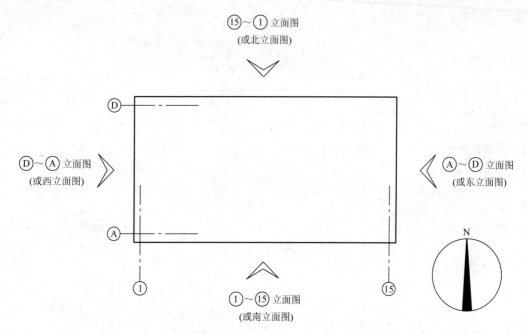

⑮~① 立面图
(或北立面图)

Ⓓ~Ⓐ 立面图
(或西立面图)

Ⓐ~Ⓓ 立面图
(或东立面图)

①~⑮ 立面图
(或南立面图)

N

图 10−10　建筑立面图的投影方向与名称

2. 建筑立面图的图示方法

1）建筑立面图的图名和比例

立面图应按"国标"规定命名，有定位轴线的建筑物，宜根据两端轴线号编注立面图的名称，如①~⑮立面图。立面图的比例一般应与平面图选用的比例一致，常用 1∶50、1∶100、1∶200 的比例绘制。

2）建筑立面图的线型

为使建筑立面图主次分明、外形清晰、图面美观，通常将建筑物的不同部位采用粗细不同的线型来表示。用粗实线表示立面图的最外轮廓线，用加粗实线表示室外地坪线，用中实线表示所有凸出墙面的雨篷、阳台、柱子、窗台、窗楣、台阶、花池等。其余部分用细实线表示。

3）建筑立面图的轴线及其编号

在立面图中一般只要求绘制出房屋外墙两端的定位轴线及编号，以便与平面图对照，从而了解某立面图的朝向。

4）建筑立面图的尺寸标注

（1）竖直方向。标注建筑物的室内外地坪、门窗洞口上下口、台阶顶面、雨篷底、房檐下口、屋面、墙顶等处的标高。在竖直方向标注三道尺寸，最里面的一道尺寸标注房屋的室内外高差、门窗洞口高度、垂直方向窗间墙、窗下墙高、檐口高度等；中间一道尺寸标注层高；最外一道尺寸标注总高尺寸。注写时要上下对齐，并尽量使它们位于同一条铅垂线上。

（2）水平方向。立面图水平方向一般不注尺寸，但需要标出立面图最外两端墙的轴线及编号。

5）建筑立面图的文字说明

建筑立面图在施工过程中，主要用于室外装修。立面图上应当使用引出线和文字表明建筑外立面各部位的饰面材料、颜色和装修做法等。也可以不注写在立面图中，而在建筑设计总说明中列出外墙面的装修做法，以保证立面图的完整美观。

6）建筑立面图的索引符号

如需另画详图或引用标准图集来表达局部构造，应在图中的相应部位用索引符号建立索引，以引导施工和方便识读。

10.5.3　建筑立面图的识读举例

现以图 10-9 所示的建筑立面图为例，介绍立面图的识读。

1. 了解图名及比例

从图名或轴线的编号可知，该图是按首尾两端轴线编号来命名的，如①～⑮立面图，比例 1∶100。

2. 了解房屋的体型和外貌特征

从图中可看出该综合住宅楼为六层，立面外形规则，造型简单，在建筑的主要出入口处设有一悬挑雨篷。底层为商业门市，顶层上部有一层阁楼。也可从图中了解该综合住宅楼的屋面形式、门窗、阳台、檐口等细部形式及位置。

3. 了解门窗的形式、位置及数量

该综合住宅楼的一层商铺采用落地窗，二层以上窗户均为塑钢单扇推拉窗，上有一固定窗和一上悬外开气窗。阳台门为单扇内开门，入户门为双扇带亮子的平开门。可对照平面图及门窗表查阅。

4. 了解房屋各部分的高度尺寸及标高

立面图上一般应在室内外地坪、阳台、檐口、门、窗、台阶等处标注标高，并宜沿高度方向注写某些部位的高度尺寸。从图中可看出该综合住宅楼的底层层高为 3.900m，其他各层层高为 2.900m，房屋室外地坪处标高−0.150m，屋顶最高处标高 18.400m。其他各主要部位的标高在图中均已注出。

5. 了解房屋外墙面的装饰等

由图可知，该住宅楼外墙面主色调采用高级白色涂料，装饰用米黄色外墙砖，屋顶及雨篷为红色琉璃瓦。阳台外贴装饰线 60mm×60mm，外加铁艺高 600mm。

6. 了解水落管的位置

结合屋顶平面图 10-6，可了解水落管的位置。如图 10-11 所示为某高校学生宿舍立面图。

图 10-11　某高校学生宿舍立面图

任务 10.6 建筑剖面图识读

10.6.1 概述

1. 建筑剖面图的形成

剖面图是指房屋的垂直剖面图。假想用一个或几个剖切平面在建筑平面图横向或纵向沿建筑的主要入口、窗洞口、楼梯等需要剖切的部位将建筑垂直地剖开，移去靠近观察者的部分，对剩余部分所做的正投影图即称为建筑剖面图，简称剖面图，如图 10-12 所示。

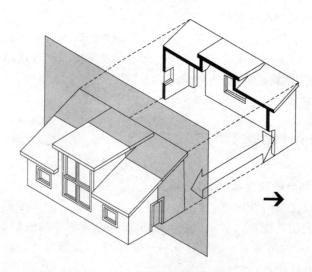

图 10-12 建筑剖面图的形成

2. 建筑剖面图的作用

剖面图同平面图、立面图一样，是建筑施工图中最重要的图纸之一，表示建筑物的整体情况。剖面图主要用来表达建筑物内部垂直方向的高度、楼层分层情况及简要的结构形式和构造方式。它与建筑平面图、立面图相配合，是建筑施工、概预算等的重要依据，如图 10-13 所示。

3. 建筑剖面图的名称

剖面图图名要与对应的平面图（常见于底层平面图）中标注的剖切符号的编号一致，常采用 1∶50、1∶100、1∶200 的比例绘制，如图 10-13 所示。

10.6.2 建筑剖面图的图示内容与图示方法

1. 建筑剖面图的图示内容

（1）被剖到的墙或柱的定位轴线及轴线编号。

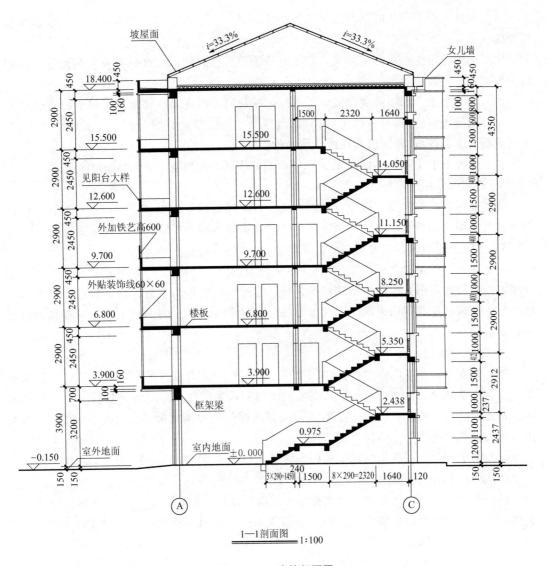

图 10 – 13 建筑剖面图

（2）剖切到的屋面、墙体、楼面、梁等轮廓及材料做法。

（3）建筑物内部的分层情况及层高、水平方向的分隔。

（4）投影可见部分的形状、位置等。

（5）屋顶的形式及排水坡度。

（6）详图索引符号、标高及必须标注的局部尺寸。

（7）必要的文字说明。

2. 建筑剖面图的图示方法

1）建筑剖面图的图名及比例

剖面图的比例常与平面图、立面图一致，即采用 1∶50、1∶100、1∶200 的比例绘制。

2）建筑剖面图的图例

不同比例的剖面图，其抹灰层、楼地面、材料图例的省略画法，应符合下列规定。

（1）比例大于1∶50的剖面图，应画出抹灰层与楼地面、屋面的面层线，并宜画出材料图例。

（2）比例等于1∶50的剖面图，宜画出楼地面、屋面的面层线，抹灰层的面层线应根据需要而定。

（3）比例小于1∶50的剖面图，可不画出抹灰层，但宜画出楼地面、屋面的面层线。

（4）比例为（1∶100）～（1∶200）的剖面图，可画简化的材料图例（如砌体墙涂红、钢筋混凝土涂黑等），宜画出楼地面、屋面的面层线。

（5）比例小于1∶200的剖面图，可不画材料图例，楼地面、屋面的面层线也可不画出。

3）建筑剖面图的线型

建筑剖面图的线型按"国标"规定，凡是被剖到的墙身、板、梁、楼梯、阳台、雨篷等构件的剖切线用粗实线表示，而未剖到的其他构件常用中实线、细实线表示。

4）建筑剖面图的剖切位置

剖面图的剖切位置是标注在建筑物的底层平面图上，如图10-4中的1—1、2—2。剖面图的剖切位置应根据房屋的结构状况，较好地反映建筑物的全貌、内部构造、门窗洞口的位置，合理地选择剖切平面。识读剖面图时应与平面图、立面图相结合，对照其相互之间的关系。

5）建筑剖面图的尺寸标注

（1）竖直方向。在图形外部标注三道尺寸：最外一道为总高尺寸，从室外地坪起标到檐口或女儿墙顶止，标注建筑物的总高度；中间一道为层高尺寸，标注各层层高（两层之间楼地面的垂直距离称为层高，某层的楼面到该层的顶棚面之间的尺寸称为净高）；最里边一道为细部尺寸，标注墙段及洞口尺寸。

（2）水平方向。一般标注剖到的墙、柱及剖面图两端的轴线编号及轴线间距。

6）建筑剖面图的其他标注

（1）由于剖面图比例较小，某些部位如墙脚、窗台、过梁、墙顶等节点不能得到详细表达，可在剖面图上的该部位处，画上详图索引标志，另用详图来表示其细部构造尺寸。此外，楼地面及墙体的内外装修，可用文字分层标注。

（2）应标注建筑物的室内外地坪、各层楼面、门窗的上下口及檐口、女儿墙顶的标高。图形内部的梁等构件的下口标高也应标注，楼地面的标高应尽量标注在图形内。

10.6.3 建筑剖面图的识读举例

现以图10-13所示的建筑剖面图为例，介绍剖面图的识读。

1. 了解图名及比例

由图10-13可知，该图为某小区综合住宅楼的1—1剖面图，比例为1∶100，与平面图一致。

2. 了解剖面图位置及投影方向

该剖面图在建筑底层平面图上的剖切位置和投影方向如图10-4所示。

3. 了解房屋的结构形式

从1—1剖面图上的材料图例可以看出，该房屋的楼板、屋面板、楼梯、框架梁等承重构件均采用钢筋混凝土材料，其中钢筋混凝土构件断面较窄，可涂黑表示，墙体采用砖砌筑，为砖混结构房屋。

4. 了解其他未剖切到的可见部分

未剖切到的可见部分，如可见的楼梯梯段、栏杆扶手，可见的每层大门、阳台的形状和位置，可见的踢脚和室内的各种装饰等，均用中实线绘制。

5. 了解地、楼、屋面的构造

由于另有详图表示，所以在1—1剖面图中，只示意地用两条线表示了地面、楼面和屋面位置等。

6. 了解楼梯的形式和构造

从1—1剖面图中可以大致了解到楼梯的形式和构造，该楼梯为平行双跑式，每层有两个梯段。图中涂黑部分表示剖切到的楼梯，底层至二层的第一梯段共有十五级踏步、第二梯段有九级踏步；二层以上每个梯段均为九级踏步。楼梯梯段为板式楼梯，其休息平台和楼梯均为现浇钢筋混凝土结构。

7. 了解各部分的尺寸和标高

剖面图中的外部尺寸也分为如下三道。

（1）最里边一道为细部尺寸，标注门窗洞的高度和定位尺寸。如图10-13所示，在图的左侧注明了Ⓐ轴线所在外墙上的阳台门洞的高度为2450mm，二层阳台门下边距其外地面的定位尺寸为3740mm，门上圈梁的高度为450mm。

（2）中间一道为楼房的层高尺寸。所谓层高是指两层之间楼地面的垂直距离，在本图中，一层层高为3.900m，其他各层层高均为2.900m。

（3）最外一道为建筑的总高尺寸。如图10-13所示，该楼总高为18.400m。

任务 10.7 建筑详图识读

10.7.1 概述

1. 建筑详图的形成

建筑平、立、剖面图是建筑施工图的基本图样，都是用较小的比例绘制的，主要表达建筑全局性的内容，对建筑物的细部构造及构配件的形状、构造关系等无法表达清楚。因此，为了满足施工要求，对建筑的细部构造及配件的形状、材料、尺寸等可用较大的比例详细地绘制表达出来，相应的图样称为建筑详图或大样图。

2. 建筑详图的类型

（1）局部构造详图，如楼梯详图、墙身详图、厨房和卫生间等的详图。

（2）构件详图，如门窗详图、阳台详图等。

（3）装饰构造详图，如墙裙构造详图、门窗套装饰构造详图等。

10.7.2 建筑详图的图示内容与图示方法

1. 详图的比例

详图的比例宜用 1∶1、1∶2、1∶5、1∶10、1∶20 及 1∶50 几种。必要时也可选用 1∶3、1∶4、1∶25、1∶30 等。

2. 详图符号与详图索引符号

为了便于识读，常采用详图符号和索引符号。建筑详图必须加注图名（或详图符号），详图符号应与被索引的图样上的索引符号相对应，在详图符号的右下侧注写比例。

3. 建筑标高与结构标高

建筑标高是指在建筑施工图中标注的标高，它已将构造的粉饰层的层厚包括在内；结构标高是指结构施工图中的标高，它标注结构构件未装修前的上表面或下表面的高度。由图 10 - 14 可以看出建筑标高和结构标高的区别。

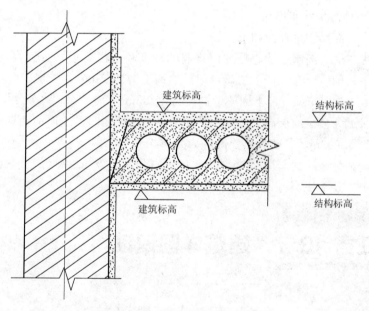

图 10 - 14 建筑标高与结构标高

10.7.3 建筑详图的识读举例

1. 楼梯详图识读

1）楼梯平面图的识读举例

现以图 10 - 15 所示的楼梯平面图为例，介绍楼梯平面图的识读方法。

（1）了解楼梯在建筑平面图中的位置及有关轴线的布置。由图 10 - 4 所示的底层平面图可知，此楼梯位于横向⑩～⑬轴线、纵向Ⓑ～Ⓒ轴线之间。

（2）了解楼梯间、梯段、梯井、休息平台的平面形式和尺寸，以及楼梯踏步的宽度和踏步数。该建筑楼梯间平面为矩形。楼梯井宽 60mm，梯段长 2320mm、1450mm、宽

1260mm；平台宽 1640mm。

（3）了解楼梯间处的墙、柱、门窗的平面位置及尺寸。该建筑楼梯间处承重墙宽240mm，外墙宽490mm，外墙窗宽1500mm。

（4）了解楼梯的走向及上、下起步的位置。由各层平面图上的指示线，可看出楼梯的走向。

（5）了解各层平台的标高。该建筑一、二、三层平台的标高分别为 2.438m、5.350m、8.250m。

（6）在楼梯平面图中了解楼梯剖面图的剖切位置。

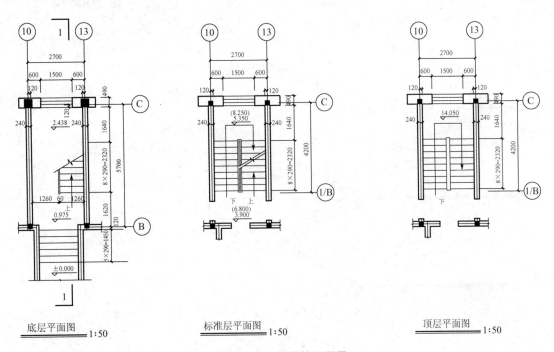

底层平面图 1:50   标准层平面图 1:50   顶层平面图 1:50

图 10-15 楼梯的平面图

2）楼梯剖面图的识读举例

现以图 10-16 所示的楼梯剖面图为例，介绍楼梯剖面图的识读。

（1）了解图名、比例。由楼梯底层平面图可以找到相应的剖切位置和投影方向，可知其图名为 1—1 剖面图，比例为 1:100，如图 10-16 所示。

（2）了解楼梯的水平尺寸。图 10-16 中标注了被剖切墙的轴线编号Ⓒ、中间平台的宽度 1640mm，梯段长度为 $8×290mm=2320mm$。

（3）了解楼梯的竖向尺寸和各处标高。图中标注了每个梯段高，如"$15×162.5=2437.5$"，其中"15"表示步级数，"162.5"表示踢面高。图中还标注了各层楼面、地面、休息平台的标高，其中"3.900"表示二层楼面标高，并且标出楼梯间的窗洞高度为 1500mm。

（4）了解踏步、扶手、栏板的详图索引符号。从图 10-16 中的索引符号可知，扶手、栏板和踏步从标准图集中选用或在本图中找到。

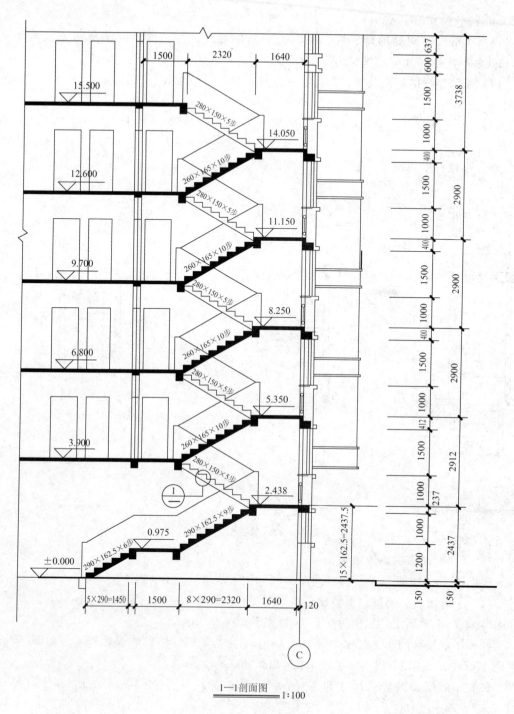

1—1剖面图 1:100

图 10-16 楼梯的剖面图

2. 外墙详图识读

1）概述

外墙详图实质上是建筑剖面图中外墙身部分的局部放大图，又称外墙身详图或墙身大样图。外墙详图主要表示地面、楼面、屋面与墙体的关系，同时也表示排水沟、散水、勒脚、窗台、天沟、女儿墙、雨水口等的位置及构造做法。图10-17所示为某小区综合住宅楼外墙身详图。外墙身详图与平面图配合，是砌墙、室内外装修、门窗安装、编制施工预算及材料估算的重要依据。

2）外墙身详图的图示内容与图示方法

（1）外墙身详图一般采用1：20的比例绘制，对一般的多层建筑而言，其节点图应包括底层、顶层和中间层三部分。

（2）外墙身详图上所标注的定位轴线编号应与其他图中所表示的部位一致，其详图符号也要和相应的索引符号对应。有时一个外墙身详图可适用于几个轴线。"国标"规定：当一个详图适用于几个轴线时，应同时注明各有关轴线的编号。通用详图的定位轴线应只画圆，不注写轴线编号。

（3）图中同时要注明门窗洞口、底层窗下墙、窗间墙、檐口、女儿墙等的高度，室内外地坪、防潮层、檐口、圈梁、过梁、阳台、墙顶及各层楼面、屋面的标高和详图索引符号。

（4）屋面、楼面、地面等为多层次构造时，用分层说明的方法标注其构造做法。

（5）墙身详图的线型与剖面图一样，由于比例较大，所有内外墙应用细实线画出粉刷线以及标注材料图例。

3）外墙身详图的识读举例

现以图10-17所示的建筑剖面图为例，介绍剖面图的识读。

（1）了解图名、比例。由图10-17可知，该图为某小区综合住宅楼外墙身详图，比例为1：20。

（2）了解墙体的厚度及其与墙身的关系。该详图为通用详图，其轴线只画圆，不注写轴线的编号。砖墙的厚度为370mm。

（3）了解屋面、楼面、地面的构造层次和做法。

从图10-17可知，屋面做法从上至下依次为：0.4mm厚彩色瓦楞板；轻型钢檩条；天棚内墙升到檩条，做圈梁，设埋件；天棚上部为40mm厚炉渣；保温层为100mm厚苯板；隔汽层为油膏一道；找平层为20mm厚1：2.5水泥砂浆；屋面板为180mm厚现浇钢筋混凝土板；20mm厚1：2.5水泥砂浆。

楼面做法从上至下依次为：20mm厚1：2.5水泥砂浆；120mm厚现浇钢筋混凝土板；20mm厚1：2.5混合砂浆；刷白色涂料两道。

首层地面做法从上至下依次为：20mm厚1：2.5水泥砂浆；20mm厚防水砂浆；60mm厚C20混凝土；素土夯实。

（4）了解各部位的标高、高度方向的尺寸和墙身细部尺寸。墙身详图应标注室内外地面、各层楼面、屋面、窗台、圈梁或过梁以及檐口等处的标高。从图10-17可知，该建筑的室外标高为0.150m，标准层楼面标高分别为6.800m、9.700m、12.600m、15.500m，二层窗台标高为4.800m。同时还应标注窗台、檐口等部位的高度尺寸及细部尺寸。在详图中，应画出抹灰及装饰构造线，并画出相应的材料图例。

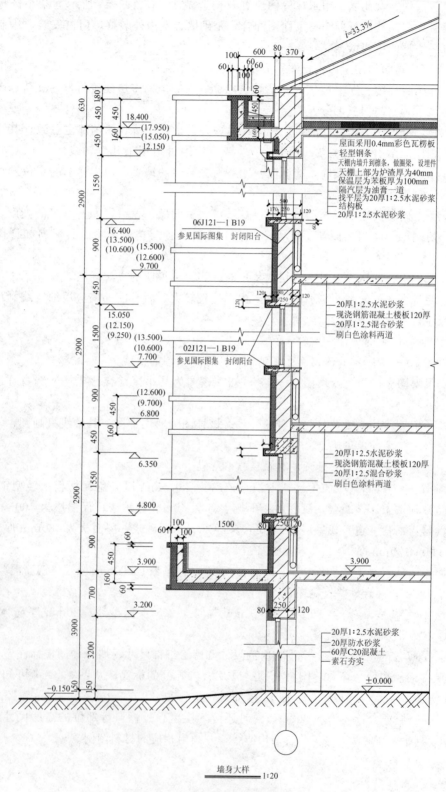

i=33.3%

80 370
100 600
60 60
60 60
100
60

630 180
450 450
18.400
(17.950)
160
(15.050)
450
12.150

屋面采用0.4mm彩色瓦楞板
轻型钢条
天棚内墙升到檩条, 做圈梁, 设埋件
天棚上部为炉渣厚为40mm
保温层为苯板厚为100mm
隔汽层为油膏一道
找平层为20厚1:2.5水泥砂浆
结构板
20厚1:2.5水泥砂浆

1550

06J121—1 B19
参见国际图集 封闭阳台

170 80
120
60

2900

16.400
(13.500) (15.500)
(10.600) (12.600)
900
9.700

450

120
120
80 250 120

20厚1:2.5水泥砂浆
现浇钢筋混凝土楼板120厚
20厚1:2.5混合砂浆
刷白色涂料两道

1500

15.050
(12.150)
(9.250) (13.500)
(10.600)
7.700

02J121—1 B19
参见国际图集 封闭阳台

2900

900

(12.600)
450
(9.700)
6.800

160

450
6.350

20厚1:2.5水泥砂浆
现浇钢筋混凝土楼板120厚
20厚1:2.5混合砂浆
刷白色涂料两道

1550

4.800

2900

100
60 1500 80 250 120
100

900

60
60
450
3.900

3.900

160
60
700
3.200

80 250 120

20厚1:2.5水泥砂浆
20厚防水砂浆
60厚C20混凝土
素石夯实

±0.000

3900

3200

150 -0.150

150

墙身大样 1:20

图 10-17 某小区综合住宅楼外墙身详图

项目小结

　　根据投影原理、标准或有关规定，用来表示工程对象并有必要的技术说明的图称为图样。建筑界常称其为"图纸"。工程图样是工程界的技术语言，是工程技术人员用来表达设计意图、交流技术思想的重要工具。

　　用一个假想的水平剖切平面沿着门、窗洞口且略高于窗台的部位剖切房屋，移去上面部分，将剩余部分向水平面做正投影而得到的水平投影图，称为建筑平面图，简称平面图。

　　建筑平、立、剖面图是建筑施工图的基本图样，都是用较小的比例绘制的，主要表达建筑全局性的内容，对建筑物的细部构造及构配件的形状、构造关系等无法表达清楚。为了满足施工要求，对建筑的细部构造及配件的形状、材料、尺寸等用较大的比例详细地表达出来的图样称为建筑详图或大样图。

练习题

一、填空题

1. 施工图首页图主要包括_____、_____、构造做法表、门窗表等。

2. 用一个假想的水平剖切平面沿着门、窗洞且略高于窗台的部位剖切房屋，移去上面部分，将剩余部分向水平面做正投影而得到的水平投影图，称为_____。

3. _____主要用来表示房屋的平面布置，在施工过程中，它是放线、砌墙和安装门窗和编制预算的重要依据。

4. _____是确定建筑构配件位置及相互关系的基准线，也是施工中定位和放线的重要依据。

5. 在施工图中，主要承重构件（如墙、柱、梁）用_____编号。非承重构件（如非承重墙、隔墙等）用_____编号。

6. 建筑施工图的尺寸标注可以分为_____和_____两种。

7. _____主要反映房屋的长度、高度、层数等外貌和外墙装修构造，门窗的位置和形式、大小，以及窗台、阳台、雨篷、檐口等构造和配件各部位的标高等。

8. _____主要用来表达建筑物内部垂直方向的高度、楼层分层情况及简要的结构形式和构造方式。

9. 外墙身详图实质上是建筑剖面图中外墙身部分的局部放大图，又称为_____。

二、选择题

1. 下列关于建筑设计使用年限的表述中，_____是正确的。

A. 建筑设计使用年限分为三级

B. 建筑设计使用年限是根据建筑物的重要程度确定的

C. 建筑设计使用年限是根据建筑物的高度确定的

D. 建筑设计使用年限是根据建筑物的主体结构确定的

2. 在城市一般建设地区，_____应计入建筑控制高度部分。

A. 主体建筑的女儿墙　　B. 电梯机房　　C. 水箱间　　D. 烟囱

3. 下列有关建筑物设计使用年限的表述中，_____是错误的。

A. 四级设计使用年限为 100 年　　　　B. 三级设计使用年限为 50 年

C. 二级设计使用年限为 25 年　　　　D. 一级设计使用年限为 15 年以下

4. 在进行建筑设计时，一般在_____组成项目组赴现场进行实地调查，进行资料收集工作。

A. 项目建议书阶段　　　　　　　　B. 方案阶段

C. 初步设计阶段　　　　　　　　　D. 可行性研究阶段

5. 下列几种平面图中，不属于建筑施工图的是_____。

A. 总平面图　　　　　　　　　　　B. 一层平面图

C. 基础平面图　　　　　　　　　　D. 屋顶平面图

6. 在建筑初步设计阶段开始前，最先应取得的资料应为_____。

A. 项目建议书　　　　　　　　　　B. 工程地质报告

C. 施工许可证　　　　　　　　　　D. 可行性研究报告

7. 建设项目的投资估算是指对建设工程预期造价所进行的优化、计算核定，该工作内容属于_____。

A. 可行性研究阶段　　　　　　　　B. 初步设计阶段

C. 施工图设计阶段　　　　　　　　D. 设计任务书阶段

8. 在建筑策划阶段，城市规划部门提出的规划条件中，往往不提_____。

A. 容积率　　　　B. 建筑限高　　　　C. 建筑层数　　　　D. 建筑密度

9. 初步设计文件是根据_____资料进行编制的。

A. 工程设计的基本条件　　　　　　B. 审定的设计方案

C. 设计基础资料　　　　　　　　　D. 设计任务书或批准的可行性研究报告

10. 综合医院不适宜选址在_____区域。

A. 交通方便，面临两条城市道路　　B. 地形较规整

C. 便于利用城市基础设施　　　　　D. 临近小学校

【项目10　在线答题】

项目 **11** 绿色建筑

思维导图 ▶

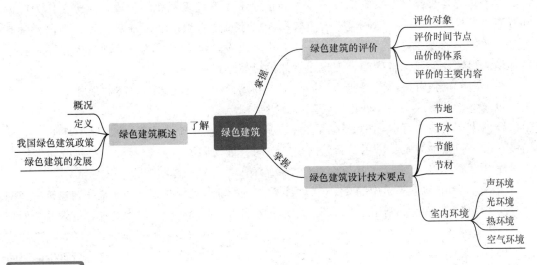

任务提出

随着社会的不断进步发展，人们越来越注重生活质量。注重生活质量多是对于良好的生存居住环境的向往，其中一个重要的体现就是人与自然环境的和谐相处，而绿色建筑正是这一体现的代表。"绿色建筑"是应时代号召兴起的，是低碳经济的必然要求，也是可持续发展的理想建筑模式。绿色建筑的发展在国内越来越多地引起人们的关注，但是，很多人不能真正理解绿色建筑，而是简单地认为绿色建筑等于豪宅。认识绿色建筑、了解绿色建筑的评价应是现代工程人的必备知识。

任务 11.1 绿色建筑概述

11.1.1 绿色建筑的概念

当代科学技术进步和社会生产力的高速发展，加速了人类文明的发展进程，与此同时，人类社会也面临着一系列重大环境与发展问题的严重挑战。人口剧增、资源过度消耗、气候变异、环境污染和生态破坏等问题威胁着人类的生存和发展。而人们对高水平生活的追求越来越强烈，这种消费升级使得人们对建筑的要求越来越高，人均耗能越来越高，产生的二氧化碳废弃物也越来越多，这与全球倡导的保护环境的理念相违背。据不完全统计，全球有40%的能源用于建筑，同时人类从自然界所获得的40%以上的物质原料也是用来建造各类建筑及其附属设施。我国正处于经济快速发展的阶段，建筑业作为能源和资源消耗量大的产业，对环境有着重大影响。建筑业必须改变当前高投入、高消耗、高污染、低效率的模式，从建筑全寿命周期的角度出发，全面审视建筑活动对生态环境和住区环境的影响，采取综合措施，实现建筑业的可持续发展。

为了不断增强可持续发展能力，提高资源利用效率，促进人与自然和谐相处。建筑业想要走上生态良好的文明发展道路，就必须发展绿色建筑。

绿色建筑指在全寿命期内，节约资源（节能、节地、节水、节材）、保护环境、减少污染，为人们提供健康、适用、高效的使用空间，最大限度地实现人与自然和谐共生的高质量建筑。

由概念可知，绿色建筑中的"绿色"并非简单的指建筑的绿化程度，而是强调建筑的经济效益性和环境友好性，如利用自然资源的水平及节能水平；同时，指出建筑的环境效益，如是否减少环境污染、减少二氧化碳的排放；此外，也兼顾了建筑的社会效益，比如"健康""适用"和"高效"。绿色建筑一定是节能建筑，并且是在节能建筑的基础上同时考虑可再生能源的利用、节水、节材、节地、室内环境质量和智能控制的内容，更加强调可持续性。

11.1.2 我国绿色建筑的相关政策

20世纪80年代，随着建筑节能的提出，绿色建筑概念开始进入我国。我国自1992年巴西里约热内卢联合国环境与发展大会以来，就相续颁布了若干相关纲要、导则和法规，大力推动绿色建筑的发展。2004年9月，原建设部启动了"全国绿色建筑创新奖"，标志着中国的绿色建筑发展进入了全面发展阶段。2006年6月1日，原建设部出台了GB/T 50378—2006《绿色建筑评价标准》，第一次为绿色建筑贴上了标签（图11-1）；2006年和2007年，原建设部又出台了《绿色建筑评价技术细则（试行）》和《绿色建筑评价标识管理办法》等，逐步完善了适合中国国情的绿色建筑评价体系。2008年，住房和城乡建设部组织推动绿色建筑评价标识和绿色建筑示范工程建设等一系列措施，助力绿色建筑进

一步发展。2011 年中国绿色建筑评价标识项目数量得到了大幅度的增长，绿色建筑技术水平不断提高，呈现出良性发展的态势。2013 年 1 月 6 日，国务院发布了《国务院办公厅关于转发发展改革委、住房城乡建设部绿色建筑行动方案的通知》，提出"十二五"期间完成新建绿色建筑 10 亿平方米，到 2015 年末，20％的城镇新建建筑达到绿色建筑标准要求，中国绿色建筑进入规模化发展时代。"十三五"规划指导思想中提到：牢固树立和贯彻落实创新、协调、绿色、开放、共享的发展理念，推进生态文明建设，涉及的重点生态建设绿色建筑，主要是提高建筑节能标准，推广绿色建筑和建材。2019 年 8 月 1 日，住房和城乡建设部正式实施了 GB/T 50378—2019《绿色建筑评价标准》，作为推动城市高质量发展系列标准之一，旨在适应中国经济由高速增长阶段转向高质量发展阶段的新要求，绿色建筑的发展在我国势在必行。

图 11-1　绿色建筑标识

11.1.3　绿色建筑的发展

1. 绿色建筑的发展要求

发展绿色建筑，应倡导城乡统筹、循环经济的理念和紧凑型城市空间的发展模式；全社会参与，挖掘建筑节约资源的潜力；正确处理节约资源、环保及满足建筑功能三者之间的辩证关系；应坚持技术创新，走高科技含量、低资源消耗、少环境污染的新型工业化道路；应注重经济性，从建筑的全寿命周期综合核算效益和成本，引导市场发展需求，适应地方经济状况，朴实简约；应注重地域性，尊重民族习俗，因地制宜地创造出具有时代特点和地域特征的绿色建筑；应注重历史性和文化特色，尊重历史，加强对已建成环境和历史文脉的保护和再利用。

绿色建筑的建设必须符合国家相关的法律法规，实现经济效益、社会效益和环境效益的统一。

2. 绿色建筑的发展原则

绿色建筑应始终坚持"可持续发展"的建筑理念。保持理性的设计思维方式，这是提高绿色建筑环境效益、社会效益和经济效益的基本保证。绿色建筑除了满足传统建筑的一般要求外，还应遵循以下原则。

（1）关注建筑的全寿命周期。

建筑从最初的规划、设计，到之后的施工建设、运营管理以及最终的拆除，形成一个完整的全寿命周期。关注建筑的全寿命周期，意味着不仅需要在规划设计阶段充分考虑环境因素，利用已有环境，而且需要确保施工过程中减少对环境的影响，而在运营管理阶段，能为人们提供健康舒适、无害低耗的空间，在拆除后又将对环境的危害降到最低，并尽可能地将拆除材料再循环利用。

（2）适应自然，保护自然。

绿色建筑应充分利用建筑场地周边的自然条件，尽量保留现有的地形、地貌、植被和自然水系，并对现有的适宜的自然环境进行合理利用；在建筑的规划方面，应充分考虑当地气候特征和生态环境；建筑的风格与规模应与周围环境保持协调，保持历史文化与景观的连续性；尽可能地减少对自然环境的负面影响，减少对生态环境的破坏。

（3）创建适用与健康的环境。

绿色建筑应以使用者的适度需求为优先考虑对象，努力创造优美和谐的环境；在保障使用安全的基础上，降低环境污染，改善室内的环境质量；不仅要满足人们生理和心理的需求，而且要为人们提高工作效率创造条件。

（4）加强资源节约与综合利用，减轻环境负荷。

通过提升设计和管理，优化生产工艺，采用适用技术、材料和产品，合理优化资源配置，改变消费方式等方法，减少对资源的占有和消耗；因地制宜，尽量利用本地材料与资源；最大限度地提高资源的利用效率，积极促进资源的综合循环利用；尽可能使用可再生的、清洁的资源和能源。

任务 11.2　绿色建筑设计技术要点

11.2.1　节地与室外环境

1. 建筑场地

优先选用已开发且具城市改造潜力的用地，场地环境应安全可靠，保护自然生态环境，充分利用原有场地上的自然生态条件，注重建筑与自然生态环境的协调。避免建筑行为造成水土流失或其他灾害。新加坡的经典绿色建筑义顺邱德拔医院如图 11-2 所示。

【新加坡义顺邱
德拔医院】

图 11-2　新加坡义顺邱德拔医院

2. 节地

建筑用地适度密集，适当提高公共建筑的建筑密度；强调土地的集约化利用，充分利用周边的配套公共建筑设施，合理规划用地；高效利用土地，如开发利用地下空间，采用新型结构体系与高强轻质结构材料，提高建筑空间的使用率。我国第一家绿色三星级标准的地下空间、全国单体规模最大的地下空间工程吴中太湖新城地下空间已于 2019 年 11 月通过住建部绿色施工科技示范工程验收，如图 11-3 所示。

【吴中太湖新城
地下空间项目】

图 11-3 吴中太湖新城地下空间项目

3. 降低环境负荷

减少建筑产生的废水、废气、废物的排放；利用园林绿化和建筑外部设计以
减少热岛效应；减少建筑外立面和室外照明引起的光污染；采用雨水回渗措施，
维持土壤水生态系统的平衡。

【热岛效应】

4. 绿化

优先种植本地区植物，采用维护少、耐气候性强的植物以减少日常维护的费用；采用
生态绿地、墙体绿化、屋顶绿化等多样化的绿化方式，对乔木、灌木和攀缘植物进行合理
配置，以形成多层次的复合型的生态结构，并起到遮阳、降低能耗的作用；绿地配置合
理，达到局部环境内保持水土、调节气候、降低污染和隔绝噪音的目的。2018 年度最佳
建筑奖新加坡海军部村庄项目如图 11-4 所示。

【新加坡海军
部村庄项目】

图 11-4 新加坡海军部村庄项目

5. 交通

充分利用公共交通网络；合理布置人流、车流，减少人车干扰；地面停车场可采用透
水地面，并结合绿化为车辆遮阴。

11.2.2 节能与能源利用

1. 降低能耗

合理考虑楼距和建筑朝向，充分利用自然通风和天然采光；提高建筑围护结构的保温

隔热性能，如采用由高效保温材料制成的复合墙体（图 11-5）、屋面、门窗等；采用用能调控和计量系统，以利于能源的节约。

图 11-5　轻质复合墙板

2. 提高用能效率

采用高效的建筑能源供应和能源使用系统和设备；优化用能系统，采用能源回收技术。

3. 使用可再生能源

充分利用自然资源条件，开发利用可再生能源，如太阳能、水能、风能、地热能、海洋能、生物质能、潮汐能以及通过热泵等先进技术取自自然环境的能量。可再生能源的应用见表 11-1。

表 11-1　可再生能源的应用

可再生能源	利 用 方 式
太阳能	太阳能发电
	太阳能供暖与热水
	太阳能光利用（不含采光）于干燥、炊事等较高温用途热量的供给
	太阳能制冷
地热（100%回灌）	地热发电+梯级利用
	地热梯级利用技术（地热直接供暖-热泵供暖联合利用）
	地热供暖技术
风能	风能发电技术
生物质能	生物质能发电
	生物质能转换热利用
其他	地源热泵技术
	污水和废水热泵技术
	地表水水源热泵技术
	浅层地下水热泵技术
	浅层地下水直接供冷技术
	地道风空调

11.2.3 节水与水资源的利用

1. 做好节水规划

根据当地水资源状况，因地制宜地制定节水规划方案，如中水、雨水回用等。如西安庆丰公园回用中水以节约水资源。如图 11-6 所示。

【中水回用】

图 11-6 西安庆丰公园的中水回用

2. 提高用水效率

高质高用、低质低用，生活用水、景观用水和绿化用水等，按所需水质分质供水、梯级处理回用；采用节水系统、节水器具和设备，如卫生间采用低水量冲洗便器、感应出水龙头或缓闭冲洗阀等；采用节水的景观和绿化浇灌设计，如景观用水可利用河湖水、收集的雨水，绿化浇灌采用微灌、滴灌等节水措施。

3. 雨水、污水综合利用

采用雨水、污水分流系统，以利于污水处理和雨水的回收再利用；在水资源短缺的地区，合理采用雨水和中水回用技术，以提升水资源的利用率；合理规划雨水径流途径，尽量减少地表径流，采用渗透措施增加雨水的渗透量，以固土、保土。

11.2.4 节材与材料资源

1. 节材

采用高性能、低材耗、耐久性好的新型建筑体系；选用可循环、可回用和可再生的建材；推行装配式施工，减少现场作业。如湖南长沙"小天城"利用装配式施工 19 天建成，如图 11-7 所示。

【"小天城"的中国速度】

2. 使用绿色建材

绿色建材是指在全寿命期内可减少对资源的消耗、减轻对生态环境的影响，具有节能减排、安全健康、便利和可循环等特征的建筑材料。

在选用绿色建材时，应尽可能选用蕴能低、高性能、高耐久性和本地建材，

【绿色建材】

图 11-7 湖南长沙"小天城"

选用可降解、对环境污染少的建材，使用原料消耗量少和采用废弃物生产的建材，使用可节能的功能性建材。

11.2.5　室内环境质量

1. 光环境

设计采光性能最佳的建筑朝向，利用天井、庭院、中庭的采光作用，充分发挥天然光的照明作用；采用自然光调控设施，如采用反光板、反光镜等，改善室内的自然光分布；室内照明如不具备自然采光条件，可利用光导纤维引导照明，如北京科技大学体育馆的导光管照明系统，如图 11-8 所示。尽量减少白天对人工照明的依赖，采用高效、节能的光源、灯具和电器附件。

【北京科技大学体育馆导光管照明系统】

图 11-8　北京科技大学体育馆

2. 热环境

优化建筑外围护结构的热工性能，设置室内温度和湿度调控系统，对室内的热舒适度进行有效的调控，也对建筑物内的加湿和除湿系统进行有效调节。

3. 声环境

采取动静分区的原则进行建筑的平面布置和空间划分，如办公或居住空间不与空调机房等设备用房相邻，减少噪声干扰；合理选用建筑围护结构构件，采取有效的隔声、减噪措施，保证室内噪声级和隔声性能符合 GB 50118—2010《民用建筑隔声设计规范》的要求；综合控制机电系统和设备的运行噪声，如选用低噪声设备，控制噪声的产生和传播。

4. 室内空气品质

结合建筑设计提高自然通风效率，如采用可开启窗扇自然通风、利用穿堂风、竖向拔风作用通风等；合理设置风口位置，有效组织气流，采取有效措施防止串气、泛味，采用全部和局部换气相结合，避免厨房、卫生间、吸烟室等处的受污染空气循环使用；室内装饰、装修材料对空气质量的影响应符合 GB 50325—2010《民用建筑工程室内环境污染控制规范》的要求。

任务 11.3 绿色建筑的评价

11.3.1 绿色建筑的评价概述

绿色建筑的评价应该以单栋建筑或建筑群作为评价对象。对于评价对象，应该落实法定规划及专项规划提出的绿色发展要求；涉及整体性、系统性的指标时，还应以建筑所属工程项目的总体为基础进行评价。

绿色建筑评价应该在建筑工程竣工后进行，如果建筑工程施工图设计完成后，也可进行预先评价。

申请评价的一方应对参评建筑进行全寿命周期的技术和经济进行分析，选用适宜的技术、设备、材料，对规划、设计、施工、运行的全寿命阶段进行全过程控制，并应在评价时提交相关分析、测试等报告文件。

评价机构一方应该对申请评价一方所提供的资料文件进行审查，出具评价报告，确定绿色建筑等级。

11.3.2 绿色建筑的评价体系

1. 绿色建筑评价的指标体系

绿色建筑评价的指标体系由安全耐久、健康舒适、生活便利、资源节约及环境宜居五类指标共同组成。每类指标均包括控制项和评分项，评价指标体系还统一设置了加分项，以适应新技术的发展。控制项的评定结果为达标或者不达标，而评分项和加分项的评定结果为相应的分值。绿色建筑评价的分值设定见表 11 - 2。

表 11 - 2 绿色建筑评价的分值设定

	控制项基础分值	评价指标评分项满分值					提高与创新加分项满分值
		安全耐久	健康舒适	生活便利	资源节约	环境宜居	
预评价分值	400	100	100	70	200	100	100
评价分值	400	100	100	100	200	100	100

2. 绿色建筑的等级划分

绿色建筑的等级自低向高划分为基本级、一星级、二星级、三星级共四个等级。当满足全部的控制项要求时，绿色建筑等级为基本级。对于一星级、二星级、三星级三个等级的绿色建筑，均应进行全装修，全装修质量应符合国家现行有关标准的规定；均应满足全部控制项的要求，且每类指标的评分项分值不能小于该项满分的 30%，当满足表 11 - 3 中的规定且总得分达到 60 分时，为一星级绿色建筑，达到 70 分为二星级绿色建筑，达到 85 分，为三星级绿色建筑。

绿色建筑评价的总得分按式 11 - 1 进行计算。

$$Q = \frac{(Q_0 + Q_1 + Q_2 + Q_3 + Q_4 + Q_5 + Q_A)}{10} \quad (11-1)$$

式中　Q——总得分；

　　Q_0——控制项基础分值，满足所有控制项的要求时取 400；

　$Q_1 \sim Q_5$——分别为评价指标体系物类指标（安全耐久、健康舒适、生活便利、资源节约、环境宜居）评分得分；

　　Q_A——提高与创新加分项得分。

表 11 - 3 一星级、二星级、三星级绿色建筑的技术要求

	一星级	二星级	三星级
围护结构热工性能的提高比例，或建筑供暖空调负荷降低比例	围护结构提高 5%，或负荷降低 5%	围护结构提高 10%，或负荷降低 10%	围护结构提高 20%，或负荷降低 15%
严寒和寒冷地区住宅建筑外窗传热系数降低比例	5%	10%	20%
节水器具用水效率等级	3 级	2 级	
住宅建筑隔声性能		室外与卧室之间、分户墙（楼板）两侧卧室之间的空气声隔声性能以及卧室楼板的撞击声隔声性能达到低限标准和高要求标准限制的平均值	室外与卧室之间、分户墙（楼板）两侧卧室之间的空气声隔声性能以及卧室楼板的撞击声隔声性能达到高要求标准限制的平均值

（续）

	一星级	二星级	三星级
室内主要空气污染物浓度降低比例	10%	20%	
外窗气密性能	符合国家现行相关节能设计标准的规定，且外窗洞口与外窗本体的结合部位应严密		

注：1. 围护结构热工性能的提高基准、严寒和寒冷地区住宅建筑外窗传热系数降低基准均为国家现行相关建筑节能设计标准的要求。

2. 住宅建筑隔声性能对应的标准为现行国家标准 GB 50118—2010《民用建筑隔声设计规范》。

3. 室内主要空气污染物包括氨、甲醛、苯、总挥发性有机物、氡、可吸入颗粒物等，其浓度降低基准为 GB/T 18883—2002《室内空气质量标准》的有关要求。

11.3.3 绿色建筑评价的主要内容

绿色建筑评价时，评分项的五项内容为安全耐久、健康舒适、生活便利、资源节约与环境宜居，提高与创新为加分项。除加分项外的评价每项均包含控制项和评分项。

1. 安全耐久的评价

控制项主要对以下项目进行评定。

（1）场地的位置、应有的基础设施、场地内危险源的控制。

（2）建筑结构的承载力和建筑功能要求，如建筑外墙、屋面、门窗、幕墙及外保温等围护结构的安全、耐久、防护的要求。

（3）外部设施应与建筑主体结构的统一设计，外部设施有外遮阳、太阳能设施、空调室外机位等。

（4）建筑内部的非结构构件、设备及附属设施。

（5）门窗、防水防潮、同行空间的疏散要求以及警示、引导标识。

评分项主要对安全和耐久两大部分进行评分，主要评分项及其分值见表 11-4。

表 11-4 安全耐久主要评分项

	主要评分项	分 值
安全	建筑的抗震设计和抗震性能	10
	采取保障人员安全的防护措施	15
	采用具有安全防护功能的产品或配件	10
	室内外地面或路面设置防滑措施	10
	人车分流措施及交通系统的照明	8
耐久	采取提升建筑适变性的措施	18
	采取提升建筑部件耐久性的措施	10
	提高建筑结构材料的耐久性措施	10
	合理采用耐久性好、易维护的装饰装修建筑材料	9

2. 健康舒适

控制项主要对以下项目进行评定。

（1）室内空气中的污染物浓度。

（2）空气与污染物防串通措施。

（3）给水排水系统的设置。

（4）主要功能房间的室内噪音声级和隔声性能。

（5）建筑照明的要求。

（6）保障室内热环境的措施。

（7）围护结构的热工性能提出了相关要求。

评分项主要对室内空气品质、水质、声环境与光环境、室内热湿环境进行评分，主要评分项及其分值见表 11-5。

表 11-5　健康舒适主要评分项

	主要评分项	分　值
室内空气品质	室内主要空气污染物的浓度的控制	12
	选用的装饰装修材料满足国家现行绿色产品评价标准中对有害物质的限量的要求	6
水质	建筑中用水水质满足国家现行有关标准的要求	8
	储水设施采取措施满足卫生要求	9
	给水、排水管道标识清晰、明确	8
声环境与光环境	采取措施优化主要功能房间的室内声环境	8
	主要功能房间的隔声性能良好	10
	充分利用天然光	12
室内热湿环境	具有良好的室内热湿环境	8
	优化建筑空间和平面布局，改善自然通风效果	8
	设置可调节遮阳设施，改善室内热舒适	9

3. 生活便利

控制项主要对以下项目进行评定。

（1）建筑、室外场地、绿地及城市道路相互之间应设置无障碍步行系统。

（2）场地人行出入口附近设有公共交通站点。

（3）停车场具有电动汽车充电设施或安装条件。

（4）自行车停车场所应位置合理。

（5）建筑设备管理系统具有自动监控管理，设置信息网络系统。

评分项主要对出行与无障碍、服务设施、智慧运行、物业管理进行评分，主要评分项及其分值见表 11-6。

表 11 - 6　生活便利主要评分项

	主要评分项	分　值
出行与无障碍	场地与公共交通站点联系便捷	8
	建筑室内外公共区域满足全年龄化设计要求	8
服务设施	提供便利的公共服务	10
	城市绿地、广场、公共运动场等开敞空间，步行可达	5
	合理设置健身场地和空间	10
智慧运行	设置分类、分级用能自动传计量系统，系统能对建筑能耗监测、分析、管理	8
	设置 PM10、PM2.5、CO_2 浓度的空气质量监测系统	5
	设置用水远传计量系统、水质在线监测系统	7
	具有智能化服务系统	9
物业管理	指定完善的节能、节水、节材、绿化的操作规程、应急预案，实施能源资源管理激励机制，并有效实施	5
	建筑平均日用水量满足《民用建筑节水设计标准》中的节水用水定额要求	3
	定期对建筑运营效果进行评估并进行运行优化	12
	建立绿色教育宣传和实践机制，编制绿色设施使用手册，定期开展使用者满意度调查	8

4. 资源节约

控制项主要对以下项目进行评定。

(1) 结合场地自然条件和建筑功能需求，对建筑进行节能设计并符合国家有关技能设计的要求。

(2) 采取措施降低部分负荷、空间使用下的供暖、空调体统能耗。

(3) 应根据建筑空间功能设置分区温度，合理降低室内过渡区空间的温度设计标准。

(4) 主要功能房间、公共区域的照明符合相关要求，冷热源、输配系统和照明等各部分独立分项计量。

(5) 垂直电梯、自动扶梯采取相应的节能控制措施。

(6) 制定水资源利用方案，统筹利用各种水资源。

(7) 建筑造型简约，无大量装饰性构件，不应采用建筑形体和布置严重不规则的建筑结构。

评分项主要对节地与土地利用、节能与能源利用、节水与水资源利用、节材与绿色建材进行评分，主要评分项及其分值见表 11 - 7。

表 11-7　资源节约主要评分项

	主要评分项	分　值
节地与土地利用	节约集约利用土地	20
	合理开发利用地下空间	12
	采用机械式停车设施、地下停车库或地面停车楼以节约土地	8
节能与能源利用	优化建筑围护结构的热工性能	15
	供暖空调系统的冷、热源机组能效优于现行标准《公共建筑节能设计标准》的要求	10
	采取有效措施降低供暖空调系统的末端系统和输配系统的能耗	5
	采用节能型电气设备及节能控制措施	10
	采取措施降低建筑能耗	10
	结合当地气候和自然资源条件合理利用可再生能源	10
节水与水资源利用	使用较高用水效率等级的卫生器具	15
	绿化灌溉及空调冷却水系统采用节水设备或技术	12
	综合利用雨水营造景观水体，采用保障水体水质的生态水处理技术	8
	使用非传统水源	15
节材与绿色建材	建筑所有区域实施土建工程和装修工程一体化设计、施工	8
	合理选用建筑结构材料与构件	10
	建筑装修选用工业化内装部品	8
	选用可再循环材料、可再利用材料及利废建材	12
	选用绿色建材	12

5. 环境宜居

控制项主要对以下项目进行评定。

（1）建筑规划布局满足日照标准并不降低周边建筑的日照标准。

（2）室外热环境满足国家有关标准的要求。

（3）配建的绿地符合所在城乡规划的要求。

（4）场地的竖向设计有利于雨水的收集或排放，能有效组织雨水的径流或再利用。

（5）建筑内外设置便于识别和使用的标识系统。

（6）场地内无排放超标的污染源，生活垃圾分类收集，垃圾容器、收集点与周围景观协调。

评分项主要对场地生态与景观、室外物理环境进行评分，主要评分项及其分值见表 11-8。

表 11-8　环境宜居主要评分项

	主要评分项	分　值
场地生态与景观	充分保护或修复场地生态环境，合理布局建筑及景观	10
	规划场地地表和屋面雨水径流，对场地雨水实施外排总量控制	10
	充分利用场地空间设置绿化用地	16
	室外吸烟区布置合理	9
	设置绿色雨水基础设施	15
室外物理环境	环境噪音优于现行标准《声环境质量标准》的规定	10
	建筑及照明设计避免产生光污染	10
	场地内风环境有利于室外行走、活动舒适和建筑的自然通风	10
	采取措施降低热岛强度	10

6. 提高与创新

在绿色建筑评价时，应对该项进行评价，该项得分为加分项得分之和，当得分大于 100 分时，则取 100 分，主要加分项及其最大分值见表 11-9。

表 11-9　提高与创新主要加分内容及最大分值

序　号	主要加分项内容	最大分值
1	采取措施进一步降低建筑供暖空调系统的能耗	30
2	采用适宜地区特色的建筑风貌设计	20
3	合理选用废弃场地进行建设或充分利用尚可使用的旧建筑	8
4	场地绿容积率不低于 3.0	5
5	采用符合工业化建造要求的结构体系与建筑构件	10
6	应用建筑信息模型（BIM）技术	15
7	进行建筑碳排放计算分析，采取措施降低单位建筑面积碳排放强度	12
8	按照绿色施工的要求进行施工与管理	20
9	采用建设工程质量潜在缺陷保险产品	20
10	采取节约资源、保护生态环境、保证安全健康、智慧友好运行、传承历史文化等其他创新，并有明显效益	40

◖ 项目小结 ◗

　　绿色建筑指的是在全寿命期内，节约资源（节能、节地、节水、节材）、保护环境、减少污染，为人们提供健康、适用、高效的使用空间，最大限度地实现人与自然和谐共生的高质量建筑。

　　绿色建筑的发展原则：关注建筑的全寿命周期；适应自然，保护自然；创建适用与健康的环境；加强资源节约与综合利用，减轻环境负荷。

　　绿色建筑规划设计主要从节地与室内环境、节能与能源利用、节水与水资源利用、节材与材料资源、室内环境质量五方面考虑。

　　节地与室内环境主要注重建筑场地的综合利用、提升居住环境质量、提高交通布局、降低环境负荷几方面。

　　节能与能源利用主要从降低能耗、提高用能效率、使用可再生能源以达到节约能源。节水与水资源利用主要从水资源的规划、利用、废污水回用三方面加强水资源综合利用。

　　节材与材料资源主要从建筑工艺、体系的提高和使用绿色建材以提升材料的利用率。

　　室内环境质量主要关注室内的光环境、热环境、声环境和室内空气品质。

　　绿色建筑评价应该以单栋建筑或建筑群作为评价对象。绿色建筑评价应该在建筑工程竣工后进行。如果建筑工程施工图设计完成后，也可进行预先评价。

　　绿色建筑评价的指标体系由安全耐久、健康舒适、生活便利、资源节约、环境宜居五类指标共同组成，每类指标均包括控制项和评分项。

　　绿色建筑的等级自低向高划分为基本级、一星级、二星级、三星级共四个等级。

◖ 练习题 ◗

一、填空题

1. 建筑的全寿命周期主要包括_____、_____、_____和_____几个阶段。
2. 为了充分利用自然采光，可以合理地考虑楼房间的_____和_____。
3. 在水资源短缺的地区可采用_____技术，以提升水资源的利用率。
4. 绿色建筑应以_____或_____作为评价对象。
5. 绿色建筑的评价指标有_____、_____、_____、_____、_____五项内容。
6. 绿色建筑的等级可分为_____个等级，当建筑所有的控制项均合格时，为_____绿色建筑。

二、选择题

1. 绿色建筑的"绿色"应该贯穿与建筑物_____过程。
A. 全寿命周期　　B. 原料的开采　　C. 拆除　　D. 建设

2. 以下说法正确的是_____。

A. 绿色建筑不一定是节能建筑
B. 节能建筑一定是绿色建筑
C. 低碳建筑一定是绿色建筑
D. 绿色建筑一定是低碳建筑

3. 下列不属于建筑节水措施的有_____。

A. 降低供水管网漏损率
B. 强化节水用具的维护应用
C. 再生利用、中水回用和雨水回灌
D. 采用地源热泵技术

4. 进行绿色建筑评价，应先审查是否全部满足_____的要求，否则不能通过初审。

A. 控制项   B. 一般项   C. 优选项   D. 必选项

【项目11　在线答题】

参 考 文 献

[1] 中华人民共和国国家标准. 房屋建筑制图统一标准（GB/T 50001—2017）[S]. 北京：中国计划出版社，2017.

[2] 中华人民共和国国家标准. 总图制图标准（GB/T 50103—2010）[S]. 北京：中国计划出版社，2011.

[3] 中华人民共和国国家标准. 建筑制图标准（GB/T 50104—2010）[S]. 北京：中国计划出版社，2011.

[4] 中华人民共和国国家标准. 建筑结构制图标准（GB/T 50105—2010）[S]. 北京：中国建筑工业出版社，2011.

[5] 中华人民共和国国家标准. 民用建筑设计统一标准（GB 50352—2019）[S]. 北京：中国建筑工业出版社，2019.

[6] 中华人民共和国国家标准. 无障碍设计规范（GB 50763—2012）[S]. 北京：中国建筑工业出版社，2012.

[7] 中华人民共和国国家标准. 建筑模数协调标准（GB/T 50002—2013）[S]. 北京：中国建筑工业出版社，2014.

[8] 国家建筑标准设计图集. 绿色建筑评价标准应用技术图示（15J904）[S]. 北京：中国计划出版社，2015.

[9] 赵研. 建筑识图与构造 [M]. 北京：中国建筑工业出版社，2004.

[10] 王强，张小平. 建筑工程制图与识图 [M]. 北京：机械工业出版社，2003.

[11] 同济大学. 房屋建筑学 [M]. 北京：中国建筑工业出版社，2006.

[12] 周佳新，姚大鹏. 建筑结构识图 [M]. 北京：化学工业出版社，2008.

[13] 魏明. 建筑构造与识图 [M]. 北京：机械工业出版社，2008.

[14] 王志清，王枝胜，张启香. 房屋建筑学 [M]. 北京：北京理工大学出版社，2009.

[15] 裴丽娜，王连威，陈翔. 建筑识图与房屋构造 [M]. 北京：北京理工大学出版社，2009.

[16] 孙伟. 建筑识图快速入门 [M]. 北京：机械工业出版社，2010.

[17] 何培斌. 民用建筑设计与构造 [M]. 北京：北京理工大学出版社，2010.

[18] 肖芳. 建筑构造 [M]. 2版. 北京：北京大学出版社，2016.

北京大学出版社高职高专土建系列教材书目

序号	书 名	书 号	编著者	定价	出版时间	配套情况
	"互联网+"创新规划教材					
1	建筑工程概论(修订版)	978-7-301-25934-4	申淑荣等	41.00	2019.8	PPT/二维码
2	建筑构造(第二版)(修订版)	978-7-301-26480-5	肖 芳	46.00	2019.8	App/PPT/二维码
3	建筑三维平法结构图集(第二版)	978-7-301-29049-1	傅华夏	68.00	2018.1	App
4	建筑三维平法结构识图教程(第二版)(修订版)	978-7-301-29121-4	傅华夏	69.50	2019.8	App/PPT
5	建筑构造与识图	978-7-301-27838-3	孙 伟	40.00	2017.1	App/二维码
6	建筑识图与构造	978-7-301-28876-4	林秋怡等	46.00	2017.11	PPT/二维码
7	建筑结构基础与识图	978-7-301-27215-2	周 晖	58.00	2016.9	App/二维码
8	建筑工程制图与识图(第三版)	978-7-301-30618-5	白丽红等	42.00	2019.10	App/二维码
9	建筑制图习题集(第三版)	978-7-301-30425-9	白丽红等	28.00	2019.5	App/答案
10	建筑制图(第三版)	978-7-301-28411-7	高丽荣	39.00	2017.7	App/PPT/二维码
11	建筑制图习题集(第三版)	978-7-301-27897-0	高丽荣	36.00	2017.7	App
12	AutoCAD 建筑制图教程(第三版)	978-7-301-29036-1	郭 慧	49.00	2018.4	PPT/素材/二维码
13	建筑装饰构造(第二版)	978-7-301-26572-7	赵志文等	42.00	2016.1	PPT/二维码
14	建筑工程施工技术(第三版)	978-7-301-27675-4	钟汉华等	66.00	2016.11	App/二维码
15	建筑施工技术(第三版)	978-7-301-28575-6	陈雄辉	54.00	2018.1	PPT/二维码
16	建筑施工技术	978-7-301-28756-9	陆艳侠	58.00	2018.1	PPT/二维码
17	建筑施工技术	978-7-301-29854-1	徐 淳	59.50	2018.9	App/PPT/二维码
18	高层建筑施工	978-7-301-28232-8	吴俊臣	65.00	2017.4	PPT/答案
19	建筑力学(第三版)	978-7-301-28600-5	刘明晖	55.00	2017.8	PPT/二维码
20	建筑力学与结构(少学时版)(第二版)	978-7-301-29022-4	吴承霞等	46.00	2017.12	PPT/答案
21	建筑力学与结构(第三版)	978-7-301-29209-9	吴承霞等	59.50	2018.5	App/PPT/二维码
22	工程地质与土力学(第三版)	978-7-301-30230-9	杨仲元	50.00	2019.3	PPT/二维码
23	建筑施工机械(第二版)	978-7-301-28247-2	吴志强等	35.00	2017.5	PPT/答案
24	建筑设备基础知识与识图(第二版)(修订版)	978-7-301-24586-6	靳慧征等	59.50	2019.7	二维码
25	建筑供配电与照明工程	978-7-301-29227-3	羊 梅	38.00	2018.2	PPT/答案/二维码
26	建筑工程测量(第二版)	978-7-301-28296-0	石 东等	51.00	2017.5	PPT/二维码
27	建筑工程测量(第三版)	978-7-301-29113-9	张敬伟等	49.00	2018.1	PPT/答案/二维码
28	建筑工程测量实验与实训指导(第三版)	978-7-301-29112-2	张敬伟等	29.00	2018.1	答案/二维码
29	建筑工程资料管理(第二版)	978-7-301-29210-5	孙 刚等	47.00	2018.3	PPT/二维码
30	建筑工程质量与安全管理(第二版)	978-7-301-27219-0	郑 伟	55.00	2016.8	PPT/二维码
31	建筑工程质量事故分析(第三版)	978-7-301-29305-8	郑文新等	39.00	2018.8	PPT/二维码
32	建设工程监理概论(第三版)	978-7-301-28832-0	徐锡权等	48.00	2018.2	PPT/答案/二维码
33	工程建设监理案例分析教程(第二版)	978-7-301-27864-2	刘志麟等	50.00	2017.1	PPT/二维码
34	工程项目招投标与合同管理(第三版)	978-7-301-28439-1	周艳冬	44.00	2017.7	PPT/二维码
35	工程项目招投标与合同管理(第三版)	978-7-301-29692-9	李洪军等	47.00	2018.8	PPT/二维码
36	建设工程项目管理(第三版)	978-7-301-30314-6	王 辉	40.00	2019.6	PPT/二维码
37	建设工程法规(第三版)	978-7-301-29221-1	皇甫婧琪	45.00	2018.4	PPT/二维码
38	建筑工程经济(第三版)	978-7-301-28723-1	张宁宁等	38.00	2017.9	PPT/答案/二维码
39	建筑施工企业会计(第三版)	978-7-301-30273-6	辛艳红	44.00	2019.3	PPT/二维码
40	建筑工程施工组织设计(第二版)	978-7-301-29103-0	鄢维峰等	37.00	2018.1	PPT/答案/二维码
41	建筑工程施工组织实训(第二版)	978-7-301-30176-0	鄢维峰等	41.00	2019.1	PPT/二维码
42	建筑施工组织设计	978-7-301-30236-1	徐运明等	43.00	2019.1	PPT/二维码
43	建设工程造价控制与管理(修订版)	978-7-301-24273-5	胡芳珍等	46.00	2019.8	PPT/答案/二维码
44	建筑工程计量与计价——透过案例学造价(第二版)	978-7-301-23852-3	张 强	59.00	2017.1	PPT/二维码
45	建筑工程计量与计价	978-7-301-27866-6	吴育萍等	49.00	2017.1	PPT/二维码
46	安装工程计量与计价(第四版)	978-7-301-16737-3	冯 钢	59.00	2018.1	PPT/答案/二维码
47	建筑工程材料	978-7-301-28982-2	向积波等	42.00	2018.1	PPT/二维码
48	建筑材料与检测(第二版)	978-7-301-25347-2	梅 杨等	35.00	2015.2	PPT/答案/二维码
49	建筑材料与检测	978-7-301-28809-2	陈玉萍	44.00	2017.11	PPT/二维码
50	建筑材料与检测实验指导(第二版)	978-7-301-30269-9	王美芬等	24.00	2019.3	二维码
51	市政工程概论	978-7-301-28260-1	郭 福等	46.00	2017.5	PPT/二维码
52	市政工程计量与计价(第三版)	978-7-301-27983-0	郭良娟等	59.00	2017.2	PPT/二维码
53	市政管道工程施工	978-7-301-26629-8	雷彩虹	46.00	2016.5	PPT/二维码

序号	书 名	书 号	编著者	定价	出版时间	配套情况
54	✐市政道路工程施工	978-7-301-26632-8	张雪丽	49.00	2016.5	PPT/二维码
55	✐市政工程材料检测	978-7-301-29572-2	李继伟等	44.00	2018.9	PPT/二维码
56	✐中外建筑史(第三版)	978-7-301-28689-0	袁新华等	42.00	2017.9	PPT/二维码
57	✐房地产投资分析	978-7-301-27529-0	刘永胜	47.00	2016.9	PPT/二维码
58	◎城乡规划原理与设计(原城市规划原理与设计)	978-7-301-27771-3	谭婧婧等	43.00	2017.1	PPT/素材/二维码
59	✐BIM 应用：Revit 建筑案例教程(修订版)	978-7-301-29693-6	林标锋等	58.00	2019.8	App/PPT/二维码/试题/教案
60	✐居住区规划设计(第二版)	978-7-301-30133-3	张 燕	59.00	2019.5	PPT/二维码
61	✐建筑水电安装工程计量与计价(第二版)(修订版)	978-7-301-26329-7	陈连姝	62.00	2019.7	PPT/二维码
62	✐建筑设备识图与施工工艺(第2版)(修订版)	978-7-301-25254-3	周业梅	48.00	2019.8	PPT/二维码
63	✐地基处理	978-7-301-30666-6	王仙芝	54.00	2020.1	PPT/二维码
64	✐建筑装饰材料(第三版)	978-7-301-30954-4	崔东方等	42.00	2020.1	PPT/二维码
65	✐建筑工程施工组织	978-7-301-30953-7	刘晓丽等	44.00	2020.1	PPT/二维码
66	✐工程造价控制(第2版)(修订版)	978-7-301-24594-1	斯 庆	42.00	2020.1	PPT/二维码/答案
	"十二五"职业教育国家规划教材					
1	★✐建设工程招投标与合同管理(第四版)(修订版)	978-7-301-29827-5	宋春岩	44.00	2019.9	PPT/答案/试题/教案
2	★✐工程造价概论(修订版)	978-7-301-24696-2	周艳冬	45.00	2019.8	PPT/答案/二维码
3	★建筑装饰施工技术(第二版)	978-7-301-24482-1	王 军	39.00	2014.7	PPT
4	★建筑工程应用文写作(第二版)	978-7-301-24480-7	赵 立等	50.00	2014.8	PPT
5	★建筑工程经济(第二版)	978-7-301-24492-0	胡六星等	41.00	2014.9	PPT/答案
6	★建设工程监理(第二版)	978-7-301-24490-6	斯 庆	35.00	2015.1	PPT/答案
7	★建筑节能工程与施工	978-7-301-24274-2	吴明军等	35.00	2015.5	PPT
8	★土木工程实用力学(第二版)	978-7-301-24681-8	马景善	47.00	2015.7	PPT
9	★✐建筑工程计量与计价(第三版)(修订版)	978-7-301-25344-1	肖明和等	60.00	2019.9	App/二维码
10	★建筑工程计量与计价实训(第三版)	978-7-301-25345-8	肖明和等	29.00	2015.7	
	基础课程					
1	建设法规及相关知识	978-7-301-22748-0	唐茂华等	34.00	2013.9	PPT
2	建筑工程法规实务(第二版)	978-7-301-26188-0	杨陈慧等	49.50	2017.6	PPT
3	建筑法规	978-7301-19371-6	董 伟等	39.00	2011.9	PPT
4	建设工程法规	978-7-301-20912-7	王先恕	32.00	2012.7	PPT
5	AutoCAD 建筑绘图教程(第二版)	978-7-301-24540-8	唐英敏等	44.00	2014.7	PPT
6	建筑 CAD 项目教程(2010 版)	978-7-301-20979-0	郭 慧	38.00	2012.9	素材
7	建筑工程专业英语(第二版)	978-7-301-26597-0	吴承霞	24.00	2016.2	PPT
8	建筑工程专业英语	978-7-301-20003-2	韩 薇等	24.00	2012.2	PPT
9	建筑识图与构造(第二版)	978-7-301-23774-8	郑贵超	40.00	2014.2	PPT/答案
10	房屋建筑构造	978-7-301-19883-4	李少红	26.00	2012.1	PPT
11	建筑识图	978-7-301-21893-8	邓志勇等	35.00	2013.1	PPT
12	建筑识图与房屋构造	978-7-301-22860-9	贠 禄等	54.00	2013.9	PPT/答案
13	建筑构造与设计	978-7-301-23506-5	陈玉萍	38.00	2014.1	PPT/答案
14	房屋建筑构造	978-7-301-23588-1	李元玲等	45.00	2014.1	PPT
15	房屋建筑构造习题集	978-7-301-26005-0	李元玲	26.00	2015.8	PPT/答案
16	建筑构造与施工图识读	978-7-301-24470-8	南学平	52.00	2014.8	PPT
17	建筑工程识图实训教程	978-7-301-26057-9	孙 伟	32.00	2015.12	PPT
18	◎建筑工程制图(第二版)(附习题册)	978-7-301-21120-5	肖明和	48.00	2012.8	PPT
19	建筑制图与识图(第二版)	978-7-301-24386-2	曹雪梅	38.00	2015.8	PPT
20	建筑制图与识图习题册	978-7-301-18652-7	曹雪梅等	30.00	2011.4	
21	建筑制图与识图(第二版)	978-7-301-25834-7	李元玲	32.00	2016.9	PPT
22	建筑制图与识图习题集	978-7-301-20425-2	李元玲	24.00	2012.3	PPT
23	新编建筑工程制图	978-7-301-21140-3	方筱松	30.00	2012.8	PPT
24	新编建筑工程制图习题集	978-7-301-16834-9	方筱松	22.00	2012.8	
	建筑施工类					
1	建筑工程测量	978-7-301-16727-4	赵景利	30.00	2010.2	PPT/答案
2	建筑工程测量实训(第二版)	978-7-301-24833-1	杨凤华	34.00	2015.3	答案
3	建筑工程测量	978-7-301-19992-3	潘益民	38.00	2012.2	PPT
4	建筑工程测量	978-7-301-28757-6	赵 昕	50.00	2018.1	PPT/二维码
5	建筑工程测量	978-7-301-22485-4	景 铎等	34.00	2013.6	PPT

序号	书　名	书　号	编著者	定价	出版时间	配套情况
6	建筑施工技术	978-7-301-16726-7	叶　雯等	44.00	2010.8	PPT/素材
7	建筑施工技术	978-7-301-19997-8	苏小梅	38.00	2012.1	PPT
8	基础工程施工	978-7-301-20917-2	董　伟等	35.00	2012.7	PPT
9	建筑施工技术实训(第二版)	978-7-301-24368-8	周晓龙	30.00	2014.7	
10	PKPM软件的应用(第二版)	978-7-301-22625-4	王　娜等	34.00	2013.6	
11	◎建筑结构(第二版)(上册)	978-7-301-21106-9	徐锡权	41.00	2013.4	PPT/答案
12	◎建筑结构(第二版)(下册)	978-7-301-22584-4	徐锡权	42.00	2013.6	PPT/答案
13	建筑结构学习指导与技能训练(上册)	978-7-301-25929-0	徐锡权	28.00	2015.8	PPT
14	建筑结构学习指导与技能训练(下册)	978-7-301-25933-7	徐锡权	28.00	2015.8	PPT
15	建筑结构(第二版)	978-7-301-25832-3	唐春平等	48.00	2018.6	PPT
16	建筑结构基础	978-7-301-21125-0	王中发	36.00	2012.8	PPT
17	建筑结构原理及应用	978-7-301-18732-6	史美东	45.00	2012.8	PPT
18	建筑结构与识图	978-7-301-26935-0	相秉志	37.00	2016.2	
19	建筑力学与结构	978-7-301-20988-2	陈水广	32.00	2012.8	PPT
20	建筑力学与结构	978-7-301-23348-1	杨丽君等	44.00	2014.1	PPT
21	建筑结构与施工图	978-7-301-22188-4	朱希文等	35.00	2013.3	PPT
22	建筑材料(第二版)	978-7-301-24633-7	林祖宏	35.00	2014.8	PPT
23	建筑材料与检测(第二版)	978-7-301-26550-5	王　辉	40.00	2016.1	PPT
24	建筑材料与检测试验指导(第二版)	978-7-301-28471-1	王　辉	23.00	2017.7	PPT
25	建筑材料选择与应用	978-7-301-21948-5	申淑荣等	39.00	2013.3	PPT
26	建筑材料检测实训	978-7-301-22317-8	申淑荣等	24.00	2013.4	
27	建筑材料	978-7-301-24208-7	任晓菲	40.00	2014.7	PPT/答案
28	建筑材料检测试验指导	978-7-301-24782-2	陈东佐等	20.00	2014.9	PPT
29	◎地基与基础(第二版)	978-7-301-23304-7	肖明和等	42.00	2013.11	PPT/答案
30	地基与基础实训	978-7-301-23174-6	肖明和等	25.00	2013.10	PPT
31	土力学与基础工程	978-7-301-23590-4	宁培淋等	32.00	2014.1	PPT
32	土力学与地基基础	978-7-301-25525-4	陈东佐	45.00	2015.2	PPT/答案
33	建筑施工组织与进度控制	978-7-301-21223-3	张廷瑞	36.00	2012.9	PPT
34	建筑施工组织项目式教程	978-7-301-19901-5	杨红玉	44.00	2012.1	PPT/答案
35	建筑施工工艺	978-7-301-24687-0	李源清等	49.50	2015.1	PPT/答案
		工程管理类				
1	建筑工程经济	978-7-301-24346-6	刘晓丽等	38.00	2014.7	PPT/答案
2	建筑工程项目管理(第二版)	978-7-301-26944-2	范红岩等	42.00	2016.3	PPT
3	建设工程项目管理(第二版)	978-7-301-28235-9	冯松山等	45.00	2017.6	PPT
4	建筑施工组织与管理(第二版)	978-7-301-22149-5	翟丽旻等	43.00	2013.4	PPT/答案
5	建设工程合同管理	978-7-301-22612-4	刘庭江	46.00	2013.6	PPT/答案
6	工程招投标与合同管理实务	978-7-301-19290-0	郑文新等	43.00	2011.8	PPT
7	工程招投标与合同管理	978-7-301-17455-5	文新平	37.00	2012.9	PPT
8	建筑工程安全管理(第2版)	978-7-301-25480-6	宋　健等	43.00	2015.8	PPT/答案
9	施工项目质量与安全管理	978-7-301-21275-2	钟汉华	45.00	2012.10	PPT/答案
10	工程造价管理(第二版)	978-7-301-27050-9	徐锡权等	44.00	2016.5	PPT
11	建筑工程造价管理	978-7-301-20360-6	柴　琦等	27.00	2012.3	PPT
12	工程造价管理(第2版)	978-7-301-28269-4	曾　浩等	38.00	2017.5	PPT/答案
13	工程造价案例分析	978-7-301-22985-9	甄　凤	30.00	2013.8	PPT
14	◎建筑工程造价	978-7-301-21892-1	孙咏梅	40.00	2013.2	PPT
15	建筑工程计量与计价	978-7-301-26570-3	杨建林	46.00	2016.1	PPT
16	建筑工程计量与计价综合实训	978-7-301-23568-3	龚小兰	28.00	2014.1	
17	建筑工程估价	978-7-301-22802-9	张　英	43.00	2013.8	PPT
18	安装工程计量与计价综合实训	978-7-301-23294-1	成春燕	49.00	2013.10	素材
19	建筑安装工程计量与计价	978-7-301-26004-3	景巧玲等	56.00	2016.1	PPT
20	建筑安装工程计量与计价实训(第二版)	978-7-301-25683-1	景巧玲等	36.00	2015.7	
21	建筑与装饰装修工程工程量清单(第二版)	978-7-301-25753-1	翟丽旻等	36.00	2015.5	PPT
22	建设项目评估(第二版)	978-7-301-28708-8	高志云等	38.00	2017.9	PPT
23	钢筋工程清单编制	978-7-301-20114-5	贾莲英	36.00	2012.2	PPT
24	建筑装饰工程预算(第二版)	978-7-301-25801-9	范菊雨	44.00	2015.7	PPT
25	建筑装饰工程计量与计价	978-7-301-20055-1	李茂英	42.00	2012.2	PPT
26	建筑工程安全技术与管理实务	978-7-301-21187-8	沈万岳	48.00	2012.9	PPT

序号	书 名	书 号	编著者	定价	出版时间	配套情况
		建 筑 设 计 类				
1	建筑装饰 CAD 项目教程	978-7-301-20950-9	郭 慧	35.00	2013.1	PPT/素材
2	建筑设计基础	978-7-301-25961-0	周圆圆	42.00	2015.7	
3	室内设计基础	978-7-301-15613-1	李书青	32.00	2009.8	PPT
4	设计构成	978-7-301-15504-2	戴碧锋	30.00	2009.8	PPT
5	设计色彩	978-7-301-21211-0	龙黎黎	46.00	2012.9	PPT
6	设计素描	978-7-301-22391-8	司马金桃	29.00	2013.4	PPT
7	建筑素描表现与创意	978-7-301-15541-7	于修国	25.00	2009.8	
8	3ds Max 效果图制作	978-7-301-22870-8	刘 晗等	45.00	2013.7	PPT
9	Photoshop 效果图后期制作	978-7-301-16073-2	脱忠伟等	52.00	2011.1	素材
10	3ds Max & V-Ray 建筑设计表现案例教程	978-7-301-25093-8	郑恩峰	40.00	2014.12	
11	建筑表现技法	978-7-301-19216-0	张 峰	32.00	2011.8	PPT
12	装饰施工读图与识图	978-7-301-19991-6	杨丽君	33.00	2012.5	PPT
13	构成设计	978-7-301-24130-1	耿雪莉	49.00	2014.6	PPT
14	装饰材料与施工(第2版)	978-7-301-25049-5	宋志春	41.00	2015.6	PPT
		规 划 园 林 类				
1	居住区景观设计	978-7-301-20587-7	张群成	47.00	2012.5	PPT
2	园林植物识别与应用	978-7-301-17485-2	潘 利等	34.00	2012.9	PPT
3	园林工程施工组织管理	978-7-301-22364-2	潘 利等	35.00	2013.4	PPT
4	园林景观计算机辅助设计	978-7-301-24500-2	于化强等	48.00	2014.8	PPT
5	建筑·园林·装饰设计初步	978-7-301-24575-0	王金贵	38.00	2014.10	PPT
		房 地 产 类				
1	房地产开发与经营(第2版)	978-7-301-23084-8	张建中等	33.00	2013.9	PPT/答案
2	房地产估价(第2版)	978-7-301-22945-3	张 勇等	35.00	2013.9	PPT/答案
3	房地产估价理论与实务	978-7-301-19327-3	褚菁晶	35.00	2011.8	PPT/答案
4	物业管理理论与实务	978-7-301-19354-9	裴艳慧	52.00	2011.9	PPT
5	房地产营销与策划	978-7-301-18731-9	应佐萍	42.00	2012.8	PPT
6	房地产投资分析与实务	978-7-301-24832-4	高志云	35.00	2014.9	PPT
7	物业管理实务	978-7-301-27163-6	胡大见	44.00	2016.6	
		市 政 与 路 桥				
1	市政工程施工图案例图集	978-7-301-24824-9	陈亿琳	43.00	2015.3	pdf
2	市政工程计价	978-7-301-22117-4	彭以舟等	39.00	2013.3	PPT
3	市政桥梁工程	978-7-301-16688-8	刘 江等	42.00	2010.8	PPT/素材
4	市政工程材料	978-7-301-22452-6	郑晓国	37.00	2013.5	PPT
5	路基路面工程	978-7-301-19299-3	偶昌宝等	34.00	2011.8	PPT/素材
6	道路工程技术	978-7-301-19363-1	刘 雨等	33.00	2011.12	PPT
7	城市道路设计与施工	978-7-301-21947-8	吴颖峰	39.00	2013.1	PPT
8	建筑给排水工程技术	978-7-301-25224-6	刘 芳等	46.00	2014.12	PPT
9	建筑给水排水工程	978-7-301-20047-6	叶巧云	38.00	2012.2	PPT
10	数字测图技术	978-7-301-22656-8	赵 红	36.00	2013.6	PPT
11	数字测图技术实训指导	978-7-301-22679-7	赵 红	27.00	2013.6	PPT
12	道路工程测量(含技能训练手册)	978-7-301-21967-6	田树涛等	45.00	2013.2	PPT
13	道路工程识图与 AutoCAD	978-7-301-26210-8	王容玲等	35.00	2016.1	PPT
		交 通 运 输 类				
1	桥梁施工与维护	978-7-301-23834-9	梁 斌	50.00	2014.2	PPT
2	铁路轨道施工与维护	978-7-301-23524-9	梁 斌	36.00	2014.1	PPT
3	铁路轨道构造	978-7-301-23153-1	梁 斌	32.00	2013.10	PPT
4	城市公共交通运营管理	978-7-301-24108-0	张洪满	40.00	2014.5	PPT
5	城市轨道交通车站行车工作	978-7-301-24210-0	操 杰	31.00	2014.7	PPT
6	公路运输计划与调度实训教程	978-7-301-24503-3	高福军	31.00	2014.7	PPT/答案
		建 筑 设 备 类				
1	水泵与水泵站技术	978-7-301-22510-3	刘振华	40.00	2013.5	PPT
2	智能建筑环境设备自动化	978-7-301-21090-1	余志强	40.00	2012.8	PPT
3	流体力学及泵与风机	978-7-301-25279-6	王 宁等	35.00	2015.1	PPT/答案

注：🖰 为"互联网+"创新规划教材；★ 为"十二五"职业教育国家规划教材；◎ 为国家级、省级精品课程配套教材，省重点教材。如需相关教学资源如电子课件、习题答案、样书等可联系我们获取。联系方式：010-62756290，010-62750667，pup_6@163.com，欢迎来电咨询。